a.
地球深部探査船「ちきゅう」
下北八戸沖にて（JAMSTEC）

b.
掘削で用いられる
ドリルビット
（JAMSTEC）

c.
海底堆積物に存在する
微生物細胞（緑色）の
蛍光顕微鏡写真
（JAMSTEC）

d.

IODP第337次研究航海「下北八戸沖石炭層生命圏掘削調査」で採取された堆積物コアの例

（JAMSTEC / IODP）

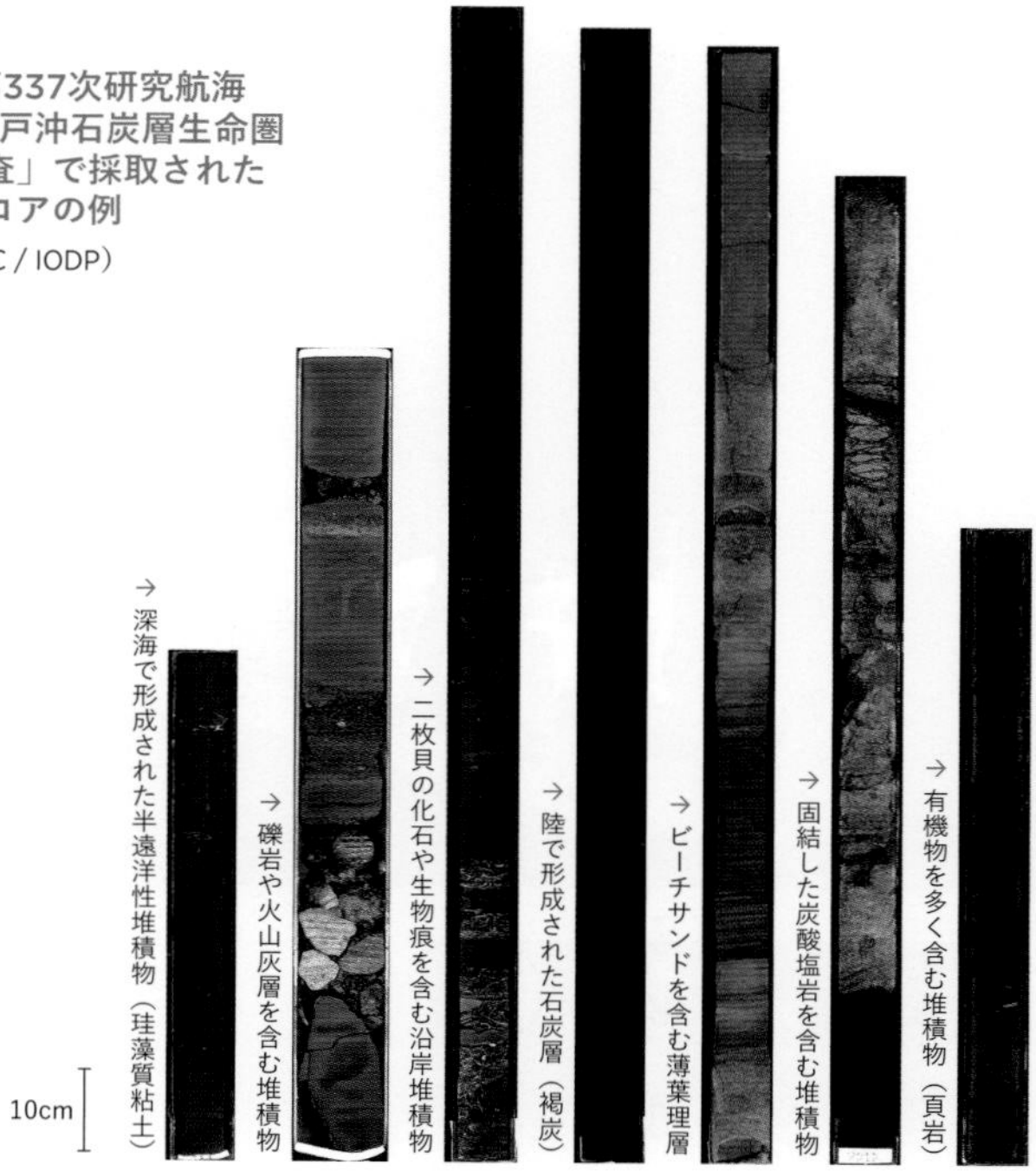

e.

海底堆積物コアサンプルのX線CTイメージ

（**A**）IODP第337次研究航海「下北八戸沖石炭層生命圏掘削調査」により海底下約2450メートルから採取された石炭層とパイライト（黄鉄鉱：矢印）。

（**B**）IODP第370次研究航海「室戸沖限界生命圏掘削調査」により海底下約860メートルから採取された泥岩とバライト（重晶石：矢印）。

（ともにJAMSTEC / IODP）

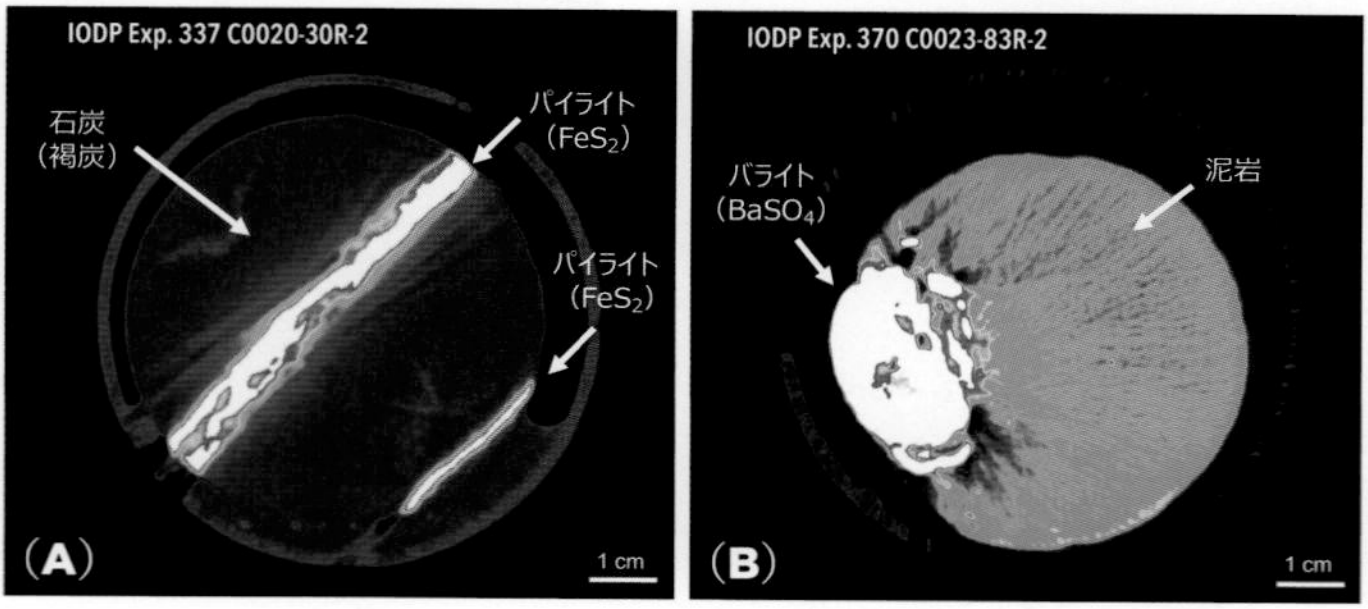

DEEP LIFE
海底下生命圏

生命存在の限界はどこにあるのか

稲垣史生　著

ブルーバックス

装幀／児崎雅淑（芦澤泰偉）
本文図版／鈴木知哉
（P5, 16, 25, 39, 47, 65, 128, 137, 232, 237, 252）
本文・目次・口絵デザイン／浅妻健司

プロローグ 海底下の世界にようこそ！

深い海の底のさらに下、海底下には生命が存在しない化石の世界が広がっていると考えられてきました。しかし、今では、私たちが暮らす地表の世界だけではなく、深海底のさらにその下にも、独自の進化を遂げた生命が暮らしていることがわかっています。

海底下の住人の主役は、たった1個の細胞からなる単細胞の微生物たちです。微生物たちは、泥の粒と粒の狭い隙間や、岩石の割れ目などに、ひっそりと暮らしています。現在、地球全体の海底下に生息する微生物の数は、290,000,000,000,000,000,000,000,000,000と推定されています。29の後にゼロが28個も並ぶ、膨大な数です。数が非常に多いことのたとえとして「星の数ほど」と言いますが、これは宇宙で確認されている恒星の数の1万倍以上の天文学的な数です。海底下には星の数をはるかに超える微生物たちが暮らしているのです。

私たちが暮らす地表は、太陽の光が降り注いで明るく、生命が生きていくための栄養がたくさんある、開放的な世界です。それに対して海底下は、太陽の光が届かない暗黒の世界。栄養も乏しく、数千年から数千万年といった地質学的な時間をかけて積み重なった堆積物や岩石に囲まれた、高圧のキッツキツの世界です。そのような地表の世界とは全く別の超極限的な環境で暮らす生命とは、いったい何者で、どのように生きているのでしょうか。そして、そんなところで、何をしているのでしょうか。

ここで、海底下の世界を大まかに紹介します。

海底面から数ミリ〜数センチメートルのごく浅いところに暮らす微生物たちは、生存をかけた激しい戦いの日々を送っています。海底には、海洋に暮らす生物の死骸や排泄物《はいせつぶつ》などから成るマリンスノーが降り積もっていきます。それが、微生物たちにとってのごちそうです。しかし、マリンスノーは海水中にいる生物たちの食べ残しのため、おいしいもの（食べやすいもの）はあまり残っていません。そのため、少しでも栄養のあるものを食べようと、微生物たちの間で競争が起こっているのです。

では、もう少し深いところ、海底下数メートル程度の地層に暮らす微生物たちは、どのように暮らしているのでしょうか。例えば、深海底にマリンスノーや泥が堆積していく速度が1000年で5センチメートル程度だとすると、海底下1メートルのところにある堆積物は2万年前に降り積もったものです。もともと少ない栄養なのに、数千年、数万年もの時間をかけて微生物たちが食べ続け、さらに減ってしまいました。わずかに残った栄養も、ミネラルとくっついてガッチガチに固まり、とても食べられそうにありません。それでも微生物たちは栄養を少しでも得ようと、必死で生存競争を繰り広げています。

さらに深部まで進んでみましょう。海底下では、深くなるにつれて圧力が高くなり、堆積物はギュッと押しつぶされて、泥の粒と粒の隙間がどんどん狭くなります。当然、そこに暮らす微生物たちも身動きが取れなくなっていきます。この間に、数万年以上の時間が過ぎています。海底からある程度以上の深さになると、微生物たちは、「ああ、食べるものがほとんどないし、なんか息苦しいし、もう争いごとにエネルギーを使うのは疲れた。無駄だし、やめようよ。ともに助け合っていこうよ」と話し合いを始めます。たぶん、微生物たちはそう言っています。

私たち人間は、呼吸によって体内に酸素を取り入れています。その酸素を用いて有機物を分解

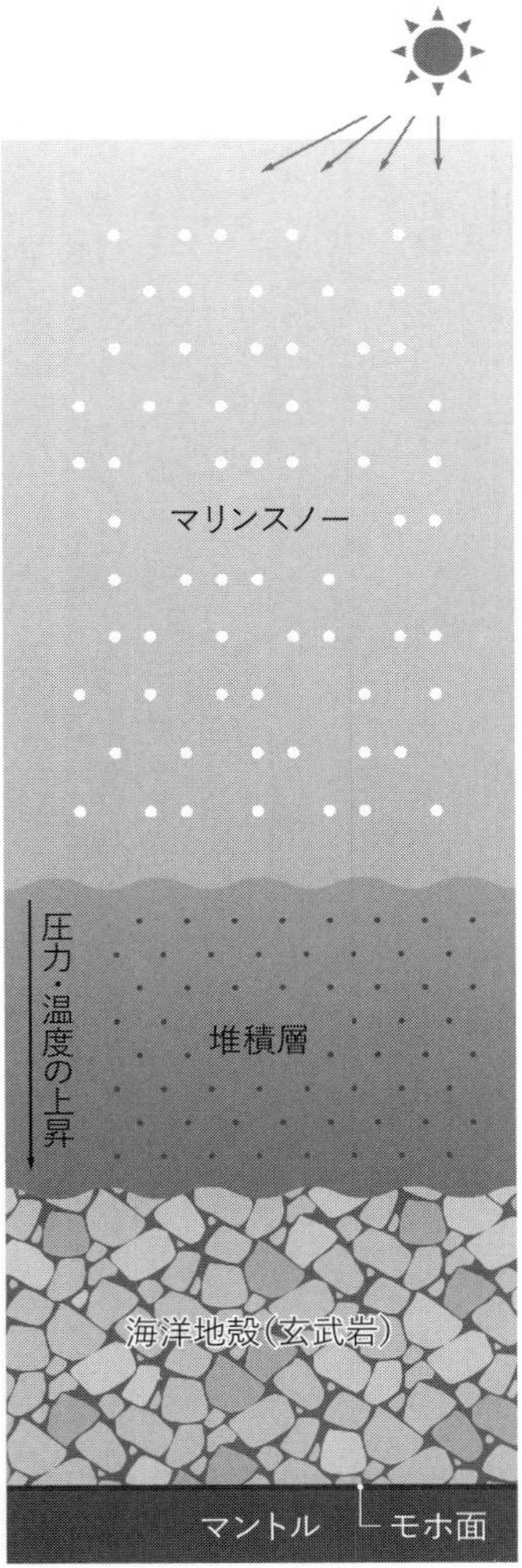

することで、生きるためのエネルギーを得ています。微生物たちも同じです。生きていくためのエネルギーを得るには、酸素や硝酸、硫酸などの酸化物質が必要です。酸化物質は海水に豊富に含まれています。それらの酸化物質は、海底の表面からじわじわと堆積物へと染み込んでいきます。しかし、堆積物に染み込んだ酸化物質は、表層の微生物たちの呼吸によってすぐに消費されるので、深くなるほど酸化物質は少なくなります。高い山に登ると酸素濃度が低くなって、息苦しくなるでしょう。それと同じように、酸化物質の濃度が低い海底下深くでは、微生物たちは呼吸することが難しくなります。これは死活問題です。

そこで微生物たちは、競争をやめ、共存共栄のための方法を模索し始めます。まず、異なる種類の微生物同士でパートナーシップを結び、生きていくために必要なことを分担します。さらに、パートナーシップを結んだ微生物たちが集まり、コミュニティー・ネットワークを形成することで、効率化を図ります。限りなく無駄をなくし、栄養や酸化物質が少ない環境でも平和に生きていけるようにするのです。

そうこうしている間にも、海底にはマリンスノーや泥が少しずつ積み重なっていきます。そして、数十万年、数百万年、数千万年もたつと、海底下数十メートルから数百メートル以上の深さまで、どんどん埋もれて深くなっていきます。圧力はどんどんと高くなり、微生物たちは堆積物の狭い隙間に閉じ込められ、もはや動くこともできません。酸化物質はほとんどなく、呼吸をするのも難しい状況です。

そのような厳しい環境であっても、海底下の微生物たちは、あきらめません。酸素や硫酸の代わりに、マンガンや鉄など、地層に含まれる金属を使い、生きるために必要なエネルギーを何とか確保します。かつて浅いところではたくさんいた仲間たちも、深くなるにつれて、その環境に適応した微生物だけが生き残り、数が少なくなっていきます。そして究極的には、二酸化炭素や堆積物や岩石から発生する微量の電子やイオンなど、地層に存在する物質を少しずつ利用しながら、地表の世界では考えられないような「エコ」な生活に突入します。

極めてエコな生活をしている微生物たちといえども、生命の機能として絶対に欠かすことができないDNAやタンパク質については、ダメージを防いだり修復したりすることが必要です。しかし、そのために、あるはずもないごちそうを探して動き回るなど、無駄なことをする余裕は一切ありません。海底下の過酷な環境で暮らす微生物たちは、生命の維持に必要なギリギリのエネルギーしか使っていないようです。理論的には、1個の微生物が1日あたり数十個程度の電子しか使っていないと推測されています。これは、私たちの身近にいる納豆菌や乳酸菌などの1000億分の1程度、もしくはそれ以下です。海底下深部の微生物たちは、地球表層のあらゆる生命と比べて、極めて質素で、エコで、平和な、超スローライフを送っているといえるでしょう。

海底下深部で超スローライフを送る微生物たちは、究極のサバイバル・テクニックを持つ長生きのスペシャリストに違いありません。陸の土壌や海水などの地球表層の生命圏は、自然淘汰による絶滅と、環境適応による進化を繰り返して形成されたものです。もしかすると、海底下生命圏には、表層の生命圏とは違う、海底下に固有の進化の摂理や法則があるのかもしれません。遠い将来、地球が太陽にのみ込まれ終焉《しゅうえん》に至るとき、おそらく、最後に残るのは地下の微生物たちでしょう。海底下生命圏は、生命を宿す惑星システムの一つとして、自然界がつくり出した「究極のサステイナブル・エコシステム（持続可能な生態系）」なのです。

では、その微生物たちが住むことができる限界や、究極のサバイバル・テクニックとは何なのでしょうか？　私たち人間が、そこから学ぶべき点も多いはずです。

本書で紹介する、深海底のさらに奥深くの「海底下生命圏の世界」を調べていくには、深海底をボーリングして、科学的な分析のために用いる地層のサンプルを採取することが必要です。そこで、過去20年以上の研究生活で、私が参加したいくつかの代表的な海底下生命圏掘削調査プロジェクトとともに、そこから得られた科学的成果や発見などを紹介していきながら、この海底下生命圏について、皆さんと一緒に考えていきたいと思います。

本書を読み終えた時、海底下に広がる、私たちが過ごす地表の世界とは別の驚くべき微生物たちの世界があることを知っていただければ幸いです。

もくじ

第3章　生命存在の限界を探る
——下北八戸沖石炭層生命圏掘削調査　77

※本書の「参考文献」は左記特設サイト内に収録しています。
➔https://bluebacks.kodansha.co.jp/books/9784065319338/appendix/

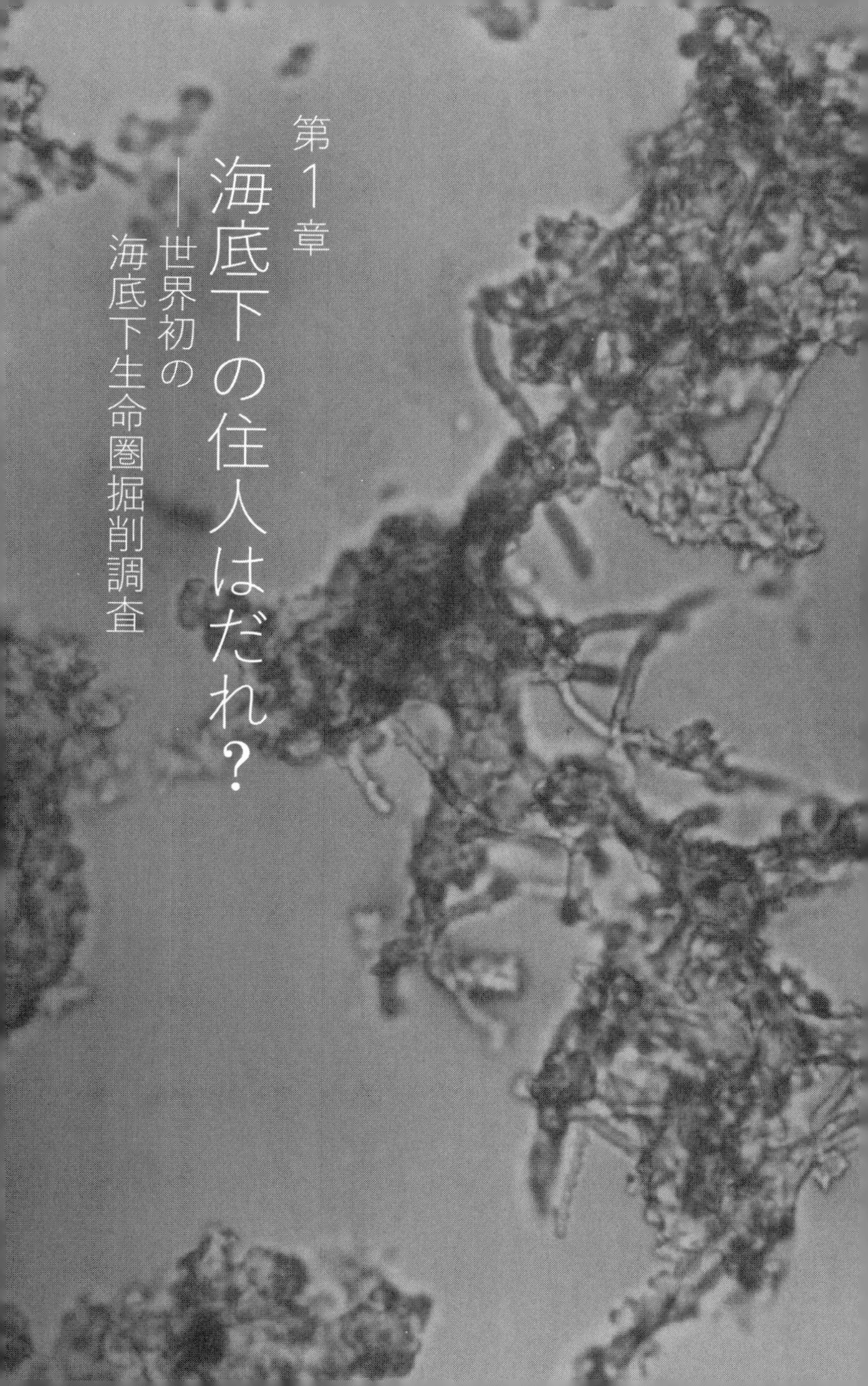

第1章 海底下の住人はだれ？

――世界初の海底下生命圏掘削調査

1994年、私が九州大学農学部の大学院生であったある日のこと、ルーティンで通っていた図書館の窓際の席でパラパラと科学誌「nature」をめくっていると、衝撃的な論文を目にしました。イギリス・ブリストル大学（当時）のジョン・パークス教授らによるもので、それまで無生物の化石の世界と思われてきた「海底下518メートルまでの堆積物中に、1立方センチメートルあたり100万を超える膨大な数の微生物が存在する」というのです（図1－1）。

パークス教授らは、それらの微生物たちは、堆積物中に含まれる有機物の分解を担い、海水から供給される硫酸を硫化物に還元するなど、地球規模の元素循環に重要な役割を果たしているのかもしれないとその論文の中で指摘していました。さらに、微生物が生息する深さは海底下518メートルにとどまらず、もっと深くにまで広がっている可能性があり、未知の生命圏が広がっていると書かれています。

この短い論文に、当時の私は「ビビビッ！」ときました。深海のさらに奥深くにいる微生物たちとは、いったいどのような種類で、何をしているのでしょうか？　そもそも、本当に生きているのだろうか？　生きているとすれば、どうやって生きているのだろう？　そして、どれくらいの深さまで生命は存在しているのでしょうか？

今でも木漏れ日の図書館の片隅で雑誌のページをめくり、この論文に出会った瞬間を鮮明に思い出すことができます。私にとって、その論文との偶然の出会いこそが、その後20年以上におよぶ海底下生命圏フロンティアへの挑戦の始まりだったのです。

地球微生物学との出会い

本書のテーマである海底下生命圏の話をはじめる前に、少しだけ、1990年代の大学院時代のお話をしたいと思います。

私は学部時代を九州大学農学部農芸化学科で3年間過ごし、4年次から独立専攻大学院の遺伝子資源工学専攻という、いわばバイオテクノロジーを研究する大学院の講座に所属していました。指導教官である緒方靖哉教授から与えられた研究テーマは、「放線菌」と呼ばれる抗生物質を生産する細菌で

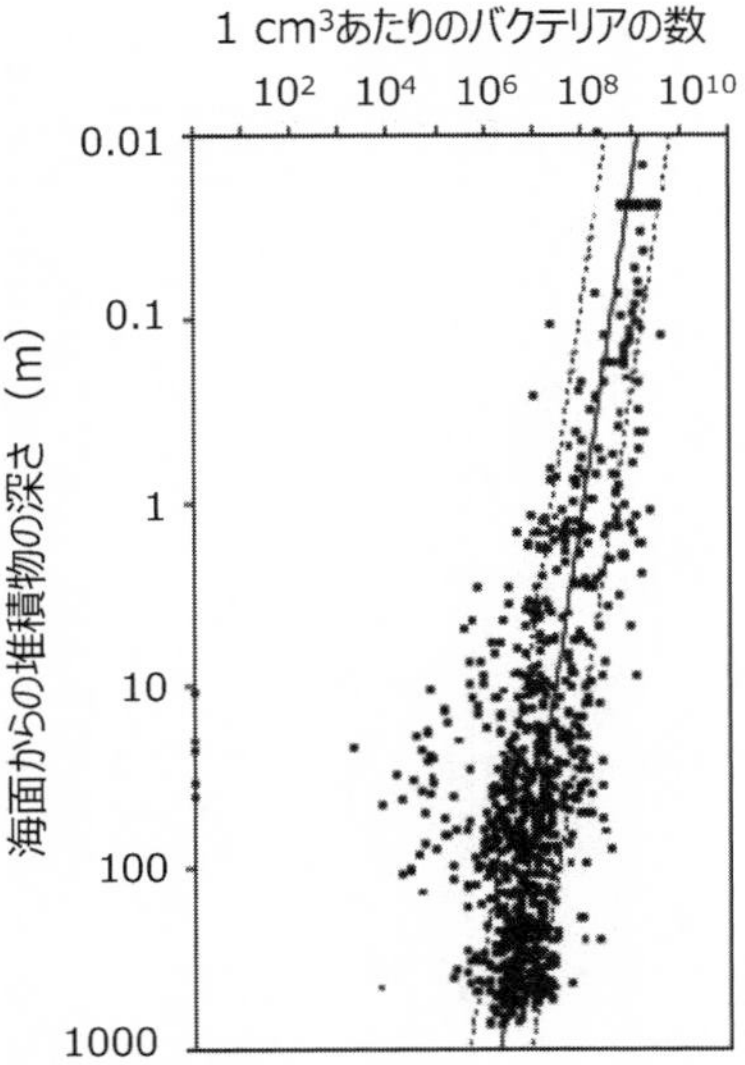

図1-1　海底堆積物の深さに対する微生物細胞の密度（Parkes et al., 1994を改変）。

す。放線菌は、土壌や海水など、多くの自然環境中に分布する細菌です。

地球上の全ての生物は、大きく原核生物と真核生物に分けられます。原核生物とは、細胞内に遺伝情報を担うゲノムＤＮＡを格納する核を持たず、ＤＮＡが細胞内の原形質にそのままの状態で存在しています。細菌（バクテリア）や古細菌（アーキア）と呼ばれる微生物は、原核生物に分類されます。一方、真核生物は細胞の中に核やその他の膜で区切られたミトコンドリアなどの細胞小器官（膜構造体）を持っています（図１－２）。一般的に真核生物の細胞は原核細胞よりもサイズが大きく、より複雑な機能を保持しています。私たちヒトや動植物などの多細胞生物や、カビ・菌類、酵母などは真核生物です。

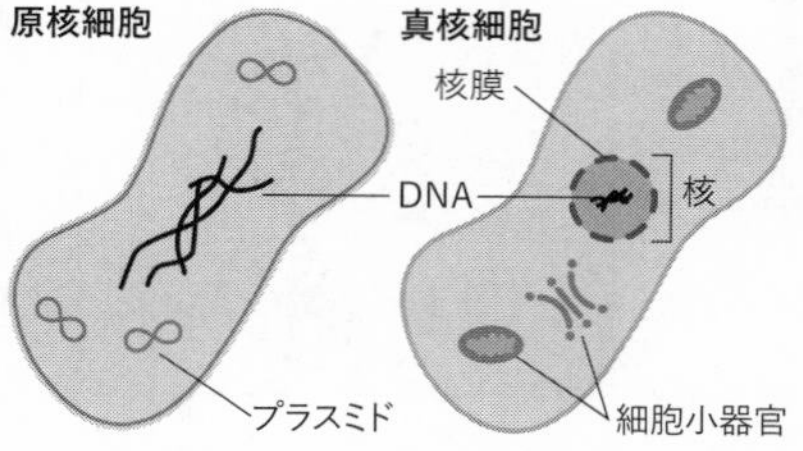

図1-2　真核細胞と原核細胞の違い。

しかし、放線菌は原核生物でありながら、真核生物であるカビと同様に、自らの細胞の形態を巧みに変化させながら生育します。また、生育の過程では、ある程度、栄養細胞である菌糸が発達すると、胞子を形成したり抗生物質を生産したりします。これを「形態分化」と呼びます。放線菌やカビなどの形態分化は、複雑な土壌の微生物生態系の中で、自らの種の繁栄や存続のために進化させてきた形質の一つです。

原核生物である放線菌の進化学的な系統は、真核生物であるカビとは全く違うはずなのに、なぜ同じような形態分化をするのだろうと思いました。その後、放線菌に圧力や重力をかけて、形態分化や抗生物質の生産力がどう変化するのか、プラスミドと呼ばれる小さなＤＮＡがどのように動くのかなど、環境ストレスの条件を変えながら、研究室にこもって悶々《もんもん》と試行錯誤し、培養と観察実験を続けていたのでした。

ある日、ちょうど研究が煮詰まってきたところ、鉱床学者の井澤英二教授と大学院博士課程の友人である林秀さんに、「巡検」なるものに一緒に行かないかと誘われました。大分県の阿蘇くじゅう国立公園にある地熱関連の地層を観察し、その後、九州電力八丁原《はっちょうばる》・大岳《おおたけ》地熱発電所を見学して地熱発電の仕組みを学ぶ（そして、一泊して地元の温泉に入り語り合う）、というコースでした。実験室内でひたすら培地作りとピペットワークに格闘していた当時の私にとって、「巡検」という意味不明の言葉は、何か甘美な響きがありました。そこで、当時流行《はや》りの紺ブレと白い開襟シャツにタッセルローファーの革靴で決めこみ、初めての「巡検」に臨んだのでした。しかし、すぐにそれが大きな間違いであることに気が付きます。

その巡検では、草刈り鎌を振りながら、ガシガシと阿蘇の道なき道（＝藪《やぶ》の中）を進んでいきます。だんだんと進むペースは早くなり、新参者にも容赦はありません。ドロドロのぬかるみも躊躇《ちゅうちょ》なく進み、「ヴー、ヴー」と何やらヤバイ音がすると思ったら、スズメバチの巣があるから迂《う》回《かい》して進むとか……。時折、足を止めると「この辺りは200万年くらい前に温泉が流れていたにちがいない。見てごらん、この美しいシンターを……」といった具合で次々と露頭を観察します。シンターとは「温泉沈殿物」のことです。さらに、電子顕微鏡分析が専門の本村慶信先生が「この石で薄片を作ると微生物みたいなものが見えるんだよ」と続けます。

結局、地熱発電所に着く頃には、私のタッセルローファーの革靴とチノパンは見事なまでに泥まみれになっていたのでした。

この巡検に着想を得た私は、熱水鉱床学・地球化学・微生物学の分野融合研究チームを結成し、本村先生の言う「微生物みたいなもの」を調べようと研究を進めました。指導教官の緒方教授も加わり、この異端の研究を認めてくれました。

図1-3　地熱発電所の還元井のパイプ内に付着したシリカスケール（上）。銅板上に形成したシリカスケール（下左）とその薄片の光学顕微鏡写真（下右）。

冒頭に紹介したパークス教授の「ｎａｔｕｒｅ」誌の論文に出会ったのも、ちょうどこの頃です。

その後の研究の結果、地熱発電所の熱水から沈澱するシリカスケールと呼ばれる鉱物の形成プロセス（図１－３）に、70～80℃で生育するサーマス（*Thermus*）属などの高度好熱性細菌が関与していることがわかりました。それは、地熱発電所のパイプラインのメンテナンスなどで問題となるシリカスケールの形成を抑制する上で有益な知見となりました。また、このような微生物と鉱物・地質形成との相互作用は、米国イエローストーン国立公園などの世界各地の地熱地帯でも普遍的に起きている現象のようだということがわかりました（図１－４）。

このダイナミックな自然環境で、地底から湧き出る熱水中に生息している微生物は、そもそもいったいどこからきて、どうしてそのような環境で生きることができるのか？

九州の雄大な自然の中で、革靴をドロドロにしながら歩いた阿蘇の巡検こそが、私の中に地圏と生命圏とをつなぐ新しい学問分野である「地球微生物学（Geomicrobiology）」が芽生えた瞬間だったのです。

図1-4　米国イエローストーン国立公園のオクトパス・スプリングで好熱性微生物の調査をする著者（許可を得て実施）。

⊕海洋科学掘削とその歴史

地球表層の約70％を覆う海洋――その海底のさらに下の世界は、堆積物や岩石（海洋地殻とマントル）から構成される固体地球の世界です。

深海の環境は、潜水調査艇などを用いて、分析用のサンプルを採取することができます。しかし、その下数百メートルの地下深部となると掘削する以外の手立てがありません。深海底を掘削し、その下の地層や岩石からサンプルを採取したり、掘削した穴（掘削孔）にセンサーなどの分析装置を設置したりして原位置のデータを得る手法を「海洋科学掘削」と呼びます。本節では、半世紀以上にわたり実施されてきた海洋科学掘削の歴史を紹介したいと思います。

1960年代から70年代にかけては、米ソ冷戦の時代であると同時に、宇宙や海洋といった人類・国家の活動範囲を拡大するフロンティア科学技術が飛躍的に進展した時代でした。

1961年、5社の石油会社が共同開発した掘削船「カス1号」が建造されました。これに伴い、人類初のマントルまでの掘削を目指す「モホール計画」というプロジェクトの試験航海がメキシコ沖で行われました（図1-5）。マントル上部と基盤岩の境界を示す地震波探査の反射面のことを「モホロビチッチ不連続面」（モホ面）と呼びます。モホール計画は、このモホ面までを掘削しようという挑戦でした。

計画では、水深３５５８メートルの深海底から、海底下約１８３メートルまで掘削し、海底表層から深さ１７０メートルまでの堆積物とその下13メートルの海洋地殻（上部玄武岩）のサンプル採取に成功しています。マントルに到達するにはまだまだ深さが足りないのですが、この歴史的成果に対して、当時のケネディ大統領から祝電が送られたそうです。その後、米国政府の科学予算がアポロ計画に傾注する中、モホール計画は、１９６６年にその目標を達成することなく終結したのでした。しかし、このモホール計画における多くの検討事項や技術開発は、その後の海域における石油・ガス資源開発や船舶工学に大きな影響を与え、同時に、数々の歴史的な発見と科学成果を創出する海洋科学掘削の礎を築くことにつながりました。

１９５５年、米国のスクリップス海洋研究所のリチャード・モリタ博士とクラウド・ゾーベル博士らは北太平洋環流域から赤道域の堆積物を調査し、「海底下の生命圏は深さ３・９〜７・５メートルほどで限界に達したと考えられる」と報告しています（図１－６）。時を経て、１９６８年、米国の掘削船「グローマー・チャレンジャー号」による深海掘削プロジェクト（ＤＳＤＰ：

図1-5　米国のモホール計画で用いられた掘削船「カス1号」(PeriscopeFilm)。

Deep Sea Drilling Project）がスタートしました。さらに1975年からは、国際深海掘削計画（IPOD：International Phase of Ocean Drilling）が開始され、日本人科学者も参加できるようになりました。

これらの黎明期《れいめいき》を経て、1985年から2003年までは、米国の掘削船「ジョイデス・レゾリューション号」による国際深海掘削計画（ODP：Ocean Drilling Program）が実施されました。その間、海洋科学掘削は、20世紀最大のパラダイムシフトとも呼ばれる「プレートテクトニクス理論」の実証や、プレート沈み込み帯の構造とダイナミクス、さらに小天体衝突による生物大量絶滅、白亜紀（約1億4500万～6600万年前）までの海洋・地球環境変動の復元など、多くの輝かしい成果をあげました。海洋科学掘削は、私たち人間が暮らす唯一の惑星である地球の構造やシステムを理解する上で、極めて重要な役割を果たしてきたといえるでしょ

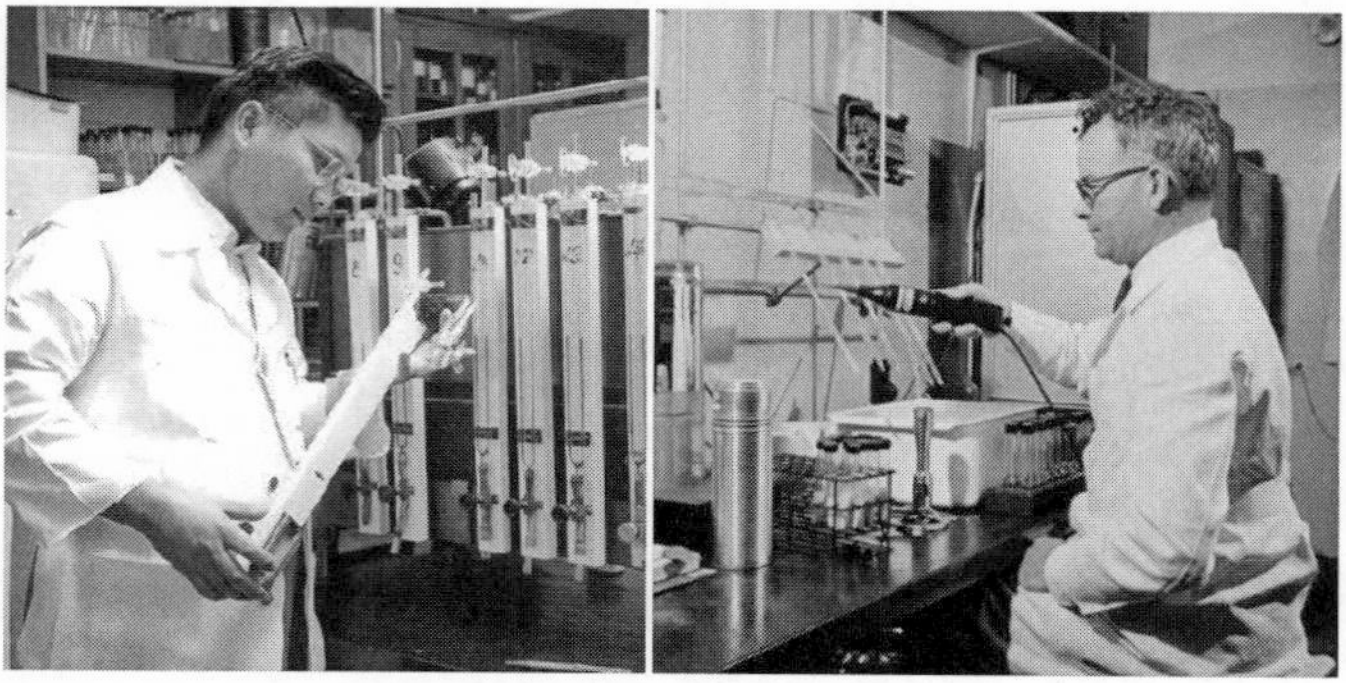

図1-6　リチャード・モリタ博士（左/Oregon State University）とクラウド・ゾーベル博士（右/UC San Diego）。

う。

そして、１９９４年のパークス教授らによる科学誌「ｎａｔｕｒｅ」の論文以降、海底下生命圏の実態の解明は、海洋科学掘削における主要な科学達成目標の一つとなりました。

２００３年10月からは、日本と米国が中心となり、ＯＤＰ後の新しい10ヵ年計画として統合国際深海掘削計画（ＩＯＤＰ：Integrated Ocean Drilling Program）がはじまりました。その後、欧州海洋研究掘削コンソーシアム（ＥＣＯＲＤ：European Consortium for Ocean Research Drilling）やオーストラリア、ニュージーランド、中国、インドなど20ヵ国以上が参加し、複数の掘削船プラットフォームを活用した国際的なプログラムの推進・管理体制が構築されました。

日本においては、２００３年2月に日本地球掘削科学コンソーシアム（Ｊ-ＤＥＳＣ）が組織され、２００５年7月には、当時最新鋭のライザー掘削システムを搭載した地球深部探査船「ちきゅう」が完成し、２００７年にＩＯＤＰでの国際運用が開始されました（「ちきゅう」については、第3章で詳しくご紹介します）。

ＩＯＤＰは２０１３年10月に国際深海科学掘削計画（ＩＯＤＰ：International Ocean Discovery Program）に移行し、地球環境変動や地球内部ダイナミクス、海底下生命圏の解明などに関する世界中の科学者からのプロジェクト提案に基づいてプログラムが進められ、現在も世界各地で最先端の研究活動がつづけられています。

海底を掘削する方法とは

海底下深くから研究用のサンプルを直接採取して調査するには、掘削船からドリルパイプを下ろして地層を掘り進めなければなりません。1960年代以降、いくつかの掘削手法が確立されているのですが、ここでは「ライザーレス掘削（ノンライザー掘削とも呼びます）」と「ライザー掘削」の違いについて簡単にご紹介します（図1-7）。

ライザーレス掘削は、掘削船上からドリルパイプを海底に降下し、ドリルビットで直接的に掘削していく手法です。主に海水をドリルパイプの先端から噴出しながら掘り進め、泥水《でいすい》と「カッティングス」と呼ばれる細かく砕けた岩石などは海底面にそのまま押し出されることになります。開放系で掘削を進めるため、現場の圧力をコントロールすることが難しく、比較的軟らかい浅めの堆積物を低コストで掘削するミッションに適しています。米国の掘削船ジョイデス・レゾリューション号は、ライザーレス掘削を採用している掘削船です。

ライザー掘削は、掘削船と海底をライザーパイプと呼ぶ二重管でつなぎ、海底にライザーパイプを連結させた噴出防止装置（BOP：Blow Out Preventer）を設置し、泥水を地層と船との間で循環させながら掘削していく手法です。地層と掘削船とがライザーパイプで連結しているため、密閉系で圧力をコントロールすることができ、地層の圧力などの特性に応じて調合した粘性

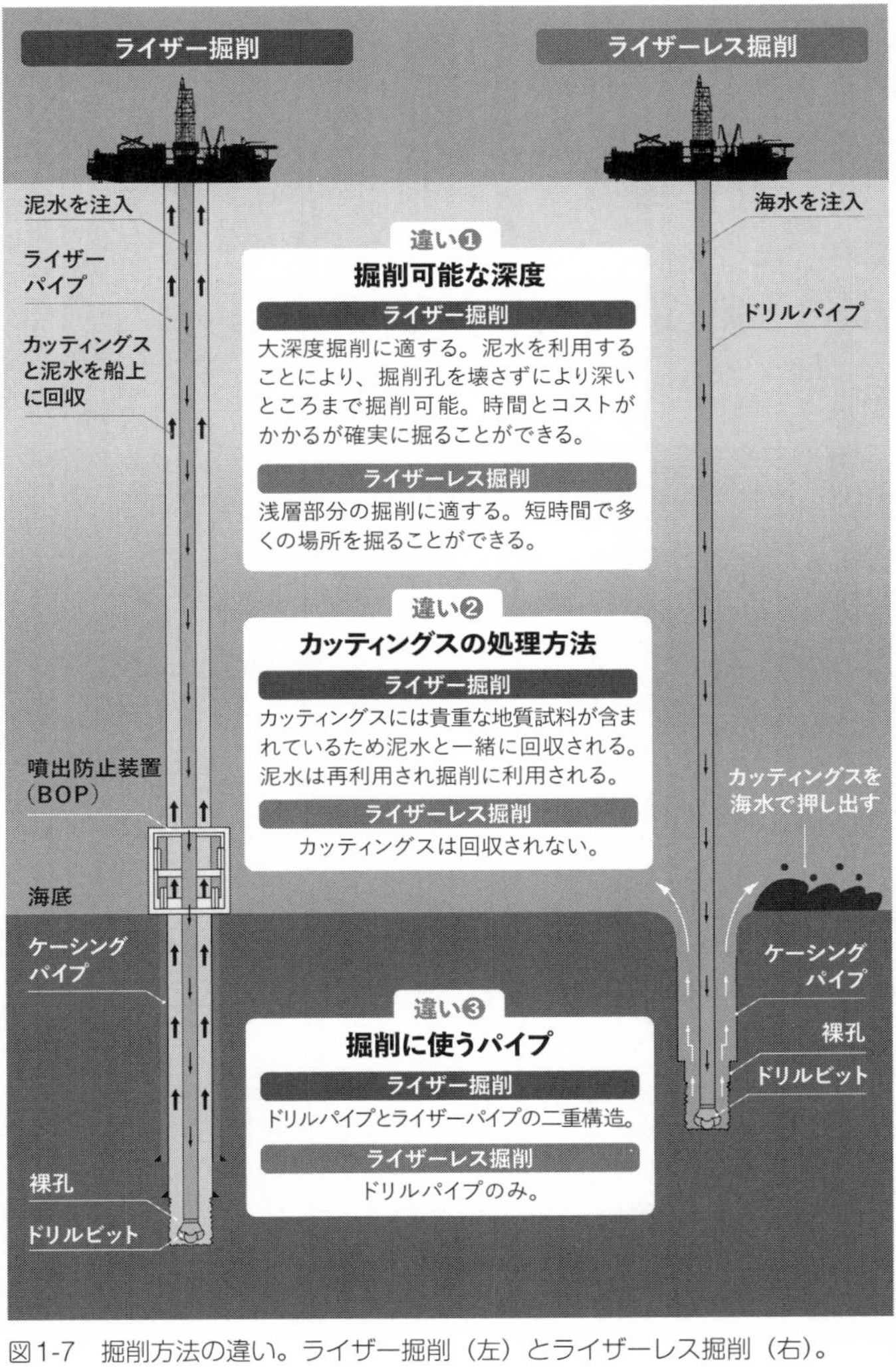

ライザー掘削
ライザーレス掘削
泥水を注入
ライザーパイプ
カッティングスと泥水を船上に回収
噴出防止装置（BOP）
海底
ケーシングパイプ
裸孔
ドリルビット
海水を注入
ドリルパイプ
カッティングスを海水で押し出す
ケーシングパイプ
裸孔
ドリルビット
違い❶
掘削可能な深度
ライザー掘削
大深度掘削に適する。泥水を利用することにより、掘削孔を壊さずにより深いところまで掘削可能。時間とコストがかかるが確実に掘ることができる。
ライザーレス掘削
浅層部分の掘削に適する。短時間で多くの場所を掘ることができる。
違い❷
カッティングスの処理方法
ライザー掘削
カッティングスには貴重な地質試料が含まれているため泥水と一緒に回収される。泥水は再利用され掘削に利用される。
ライザーレス掘削
カッティングスは回収されない。
違い❸
掘削に使うパイプ
ライザー掘削
ドリルパイプとライザーパイプの二重構造。
ライザーレス掘削
ドリルパイプのみ。

図1-7　掘削方法の違い。ライザー掘削（左）とライザーレス掘削（右）。

や比重の高い泥水を循環させることができます。また、そのような泥水を用いることで、坑井《こうせい》の孔壁を壊さずに、より深く、圧力が高い場所まで掘削することが可能で、ライザーレス掘削では到達することが難しい大深度の掘削を可能とする掘削手法です。地層から泥水により船上に運ばれてくるカッティングスは全て船上に回収され、貴重な地質サンプルとして分析されます。船上に回収された泥水は、ガス成分などの分析にも用いられ、地層の状態に合わせて粘性や比重が調整され、再利用されます。我が国が保有する地球深部探査船「ちきゅう」は、ライザーレス掘削とライザー掘削の両方を実施することが可能な掘削船です。

ライザーレス掘削もライザー掘削も、ドリルビットの先端にある穴から柱状の地層のコアサンプルを採取することができます。「コア」とは、掘削によって採取される堆積物や岩石などの地質試料のことです。通常、一回に回収できるコアの長さは10メートル程度であり、パイプの中を通してコアを回収するツール編成を往復させる必要があります。そのため、コアの採取には時間と労力を必要とします。このように、掘削船により採取されたコアは大変貴重な「人類の科学資産」です。現在、それらのコアは適切な温度・湿度環境の下で保管・管理され、世界中の科学者に提供されています。

⊕世界初の海底下生命圏掘削調査航海——ODP Leg201

話は今から20年以上前に遡ります。２００２年１月から３月にかけての２ヵ月間、海底下生命圏の解明を目的とした国際深海掘削計画（ＯＤＰ）Ｌｅｇ《レグ》２０１航海が、米国の掘削船ジョイデス・レゾリューション号を用いて東太平洋赤道域とペルー沖で実施されました。そして、私も満を持してこの航海に参加することとなりました。

私の〈ＯＤＰ Ｌｅｇ２０１〉航海での主な科学目的は、次の２つです。

① 海底下に暮らす微生物たちの多様性とその地理的空間分布を培養法に依存しない環境ＤＮＡ分析により明らかにすること。
② 海底下の微生物を培養して詳細にその特性を明らかにすること。

〈ＯＤＰ Ｌｅｇ２０１〉の乗船地は、アメリカ西海岸のサンディエゴ港です。私は乗船の前に、ロサンゼルス郊外にあるＮＡＳＡジェット推進研究所を訪ね、地球生物学や宇宙生物学のパイオニアであるケン・ニールソン教授（図１－８）や火星に由来する隕石に微生物に似た

図1-8　ケン・ニールソン教授。「ちきゅう」船上のウォルター・ムンク図書室にて（2012年9月）。

構造を発見したクリストファー・マッケイ博士らとともに、航海の展望について意見を交わしました。いろいろな人に紹介され、「ODP Leg201で地下生命探査だって？　そりゃ、すごい！」と言われたことを覚えています。ですが……、著名な科学者を前にアドレナリンが出過ぎていて、何を話したのか全く覚えていないのです。なんだか夢中になって話をして、興奮していたのでしょう。カリフォルニアらしいカラッとした青空が広がる気持ちの良い日のことでした。

サンディエゴ港には、掘削船ジョイデス・レゾリューション（JR）号が停泊していました（図1－9）。初めて見る掘削船は、そびえ立つ「櫓《やぐら》」が威厳に満ち、ものすごい迫力です！　この航海が、その後の人生をも左右する壮絶な2ヵ月間となるとは、このとき知るよしもなかったのです。

図1-9　米国の掘削船「ジョイデス・レゾリューション号」(IODP)。

初めてのジョイデス・レゾリューション号乗船記

鮮やかなブルーの船体に掛けられたタラップを登り、JR号に乗船しました。乗船者は、あのパークス教授をはじめ、環境微生物学や生物地球化学分野で世界トップクラスの成果論文を著名な科学誌に発表していた新進気鋭の若手研究者など、20人以上の錚々《そうそう》たるメンバーが集結しています。

共同首席研究者（コチーフと呼びます）は、米国ロードアイランド大学のスティーブ・ドーント教授とドイツ・マックスプランク海洋微生物学研究所のボー・バーカー・ヨルゲンセン教授です。また〈ＯＤＰ Ｌｅｇ２０１〉のＥＰＭ（航海プロジェクト・マネジャー）を務めるのはテキサスＡ＆Ｍ大学の地質学者ジェイ・ミラー博士でした。３人ともに、出航前の慌ただしい中、コチーフ部屋に挨拶に訪れた私をにこやかに歓迎してくれました。

ＪＲ号は世界各地から集結した科学者たちを乗せ、とても静かに、東太平洋赤道域に向けてサンディエゴ港を出港したのでした。

出港後まもなく、船上のミーティングルームで研究者チームが全員そろい、一人一人、自己紹介と何を目的として乗船したのかを話すことになりました。

筆者　私はＪＡＭＳＴＥＣという日本の研究所から来た深海・極限環境を専門とする地球微生物学者です。ＤＮＡサンプルは一定深度ごとにホール・ラウンド・コア（ＷＲＣ：半割にしない柱状のコア）で採取し、網羅的にシーケンスの分析をしたい。培養は、独立栄養から従属栄養まで、全て試したい。ベストを尽くしますので、よろしくお願いします！

私はつたない英語で、誠心誠意、この航海への意気込みを語ったつもりでした。

キックオフ・ミーティングが終わり、キャビンやラボの仕事場をセットアップしようとした時です。JR号の船内は慣れるまでは迷路のようで、私が日本から送った青いプラスチックコンテナをウロウロと探していると、EPMのジェイが私を呼び止め、テキサスなまりの早口の英語でこう説明しました。

「落ち着いて聞いてほしい。きみの送った荷物がこの船にはないんだよ。9・11テロの影響で、アンカレッジの検疫に引っかかったみたいなんだ」

私は、この2ヵ月の航海期間中の船上実験とサンプリングに備え、約7000本の微生物培養用の試験管と必要十分量の消耗品を準備していました。それが全てないのです。脳天を金槌《かなづち》で打たれたようなショックでした。

「でも、船にはサンプリングのための消耗品が十分に確保されているから、安心してほしい。事態の把握と君の荷物が早く空港からリリースされるよう、最善を尽くすから」

ジェイはフォローしてくれましたが、私はしばし呆然《ぼうぜん》としていました。船はすでに赤道に向かって走りだしています。しかし、少し落ち着きを取り戻すと、「そうかそうか。もう、何があっても驚かん」と気持ちを立て直しました。その時、私は掘越弘毅先生（当時JAMSTEC深海環境フロンティア長）から出航前に受けたアドバイスを思い出していました（図1－10）。

「これからあなたは未知の領域に挑戦して、いろんな経験をするでしょう。何があっても、私は驚かないよ。なぜなら、そこは何があってもおかしくない世界だから。例えば、一本鎖DNAを持つ微生物がいても、膨大な未知の生命体が地下深くにいたとしても、だれも見たことがないんだから、全くおかしくないわけだ。ただ、そこに何かがあることは確かだ。だから、その時に備えておきなさい」

掘越弘毅先生に関する数々のエピソードについては、著書『極限微生物と技術革新』（白日社）に詳細が書かれているのでご一読ください。

いよいよJR号は赤道を通過し、最初の掘削作業がはじまろうとしています。私の割り当ては12時間交代の夜シフトです。同じシフトには、1994年に「nature」の論文を書いたパークス教授もいます。掘削地点に着くまでの間、研究者同士でそれぞれの役割やサンプリング計画について話し合います。サンプルをめぐって、いろいろな交渉（バトル？）がありましたが、最終的に、コチーフのボー・ヨルゲンセン教授が下した判断は次のようなものでした。

図1-10　掘越弘毅先生
(Springer Japan, 1996)。

「全ての乗船研究者には、全てのサイトで自分の研究に必要なサンプルを採取する権利がある。ただ、限られた時間でプロジェクトを成功に導くには、チーム内のコンフリクト（衝突）をできるだけ避け、役割分担をした方が良い。それが難しければ、誰がどのサイトや分析にプライオリティを持つかについて整理してほしい。全員で協力しながらやっていこう」

ボーの冷静で物静かなメッセージの伝え方には品格と説得力があり、チームが一つにまとまった瞬間でした。

ガムシャラに未知の海底下生命圏を突き進め

この航海では、大きく2つの海域で掘削をする予定です。堆積物中の有機物濃度が低い（つまり、その上の表層海水中の基礎生産量が低い）と予想される「東太平洋赤道域」で2ヵ所、有機物濃度が高いと予想される「ペルー沖の海域」で5ヵ所の堆積物を基盤岩（玄武岩）まで掘削し、海底下生命圏の地質学的・地球化学的・微生物学的な特徴を明らかにすることを目指します。

やがて掘削地点に到着すると、JR号は動きを止め、掘削チームが作業するリグフロアの動きが慌ただしくなります。海底に向かって、掘削用のドリルパイプがどんどんと下げられていきます。そして、ついに、最初の掘削用のコアバレルが海底から引き上げられると、

"Core on deck!"（コア・オン・デッキ！）

ラボ全体にドリラーの威勢の良いアナウンスが響きました。しばらくすると、キャット・ウォーク・デッキと呼ばれる左舷側の細長い通路に、海底から引き上げられた堆積物コアが運び込まれてきます。掘削によって採取された長さ約10メートルほどの柱状の地質サンプルは、プラスチック・ライナーと呼ばれる容器の中に収められ、地層からドリルパイプの中を通じて船上まで運ばれてきます。ＪＲ号の船上では、熟練したラボ・テクニシャンたちが、慣れた手つきでテキパキとコアのセクション化（約10メートルの長さのコアを、約1メートルに分割する作業）をはじめます（図1－11）。

深海底から引き上げられた冷たい堆積物コアは、赤道直下の暖かい空気にさらされると、一瞬で温度が高くなってしまいます。何せ「生モノ」を扱う世界初の海底下生命圏の調査です。サンプルが温度の高い外気

図1-11　ODP Leg201のジョイデス・レゾリューション号の様子。堆積物から硫化水素が発生するためガスマスクをして作業をする（Ocean Drilling Program）。

にさらされ、微生物の活性などに影響を与えないよう、細心の注意が必要です。研究者により直ちに微生物と間隙水（地層の隙間に含まれる流体）のための高品質なコアのセクションが選別され、ＪＲ号の船底にある４℃の冷蔵室に運び込まれます。

高品質なコア・セクションの選別は、それまでの経験則（トップやボトムのセクションは攪乱《かくらん》頻度が高いため避ける）やビジュアル（プラスチック・ライナーの外側から観察し攪乱が少ないものを選ぶ）が基準となるのですが、じっくり観察して議論している余裕はありません。サンプルの品質は、時間との勝負で決まるのです。

研究者チームは、冷蔵室の中で微生物用の短いコアをプランに沿ってテキパキとカットし、ラベルをして袋に詰め、マイナス80℃のディープフリーザーに入れます。一部は、先端をカットした医療用の滅菌シリンジで取り分け、外部からのコンタミネーション（汚染）の評価や、培養用のスラリー（堆積物を人工海水などで懸濁したもの）などを調製します。「コア・オン・デッキ！」のアナウンスとともに、全力で、黙々と、ＪＲ号の船底の冷蔵室の中で働きました。

微生物学チームが冷蔵室でコアのサンプリングに格闘している中、ＪＲ号の地球化学ラボも大忙しです。ＪＲ号により採取されたコアを次から次へと連続的に処理し、ガスや間隙水の化学分析を進めていました。

それぞれの分析データは深度プロファイルの図としてまとめられ、次々と廊下の壁に貼られていきます。異なる専門分野を持つ乗船研究者がコーヒーを片手に廊下に立ち止まり、そのプロファイルの科学的解釈について熱い議論を交わします。私は、その様子に「ビビビッ！」と脳天から電気が走ったかのような、鮮烈な印象を受けたのを覚えています。全ての分析項目のデータプロファイルが横一列に並べられ、「科学の歯車」がカチカチと音を立てながら噛《か》み合っていくのです。その様子は、まさに、未知の海底下生命圏を開拓する最先端科学の現場そのものでした。

航海開始から約1ヵ月たったころ、ペルーからJR号に一機のヘリコプターが到着しました。

「グッド・ニュースだ！　きみの荷物がアンカレッジからリリースされて、今ヘリで届いたよ！」

ジェイの予測しない言葉に涙がでました。ことの真相はこのようです。私が準備していた少量の硫化水素を含む嫌気性培地の試験管の何本かが運搬の途中で割れてしまい、検疫探知犬に見つかったようです。9・11の同時多発テロのあと、炭疽菌《たんそきん》（病原菌）によるテロが起こっていたので、試験管を見るなり検疫官がギョッとしたのかもしれません。兎《と》にも角にも、やっとスタート地点に立てたという想いと、荷物の中に忍ばせていたペヤング・ソース焼きそばが、私に元気をくれました。

サンディエゴ港を出港してから2ヵ月間で、私たちは合計7ヵ所の掘削プログラムをほぼ完璧にやり遂げました。船上で得られた膨大な数の一次分析データも、下船までにレポートとしてまとめられています。

全ての乗船研究者が互いにリスペクトしあい、協力しあって海底下生命圏を理解していくのだという強い友情と結束力が生まれていたのです。特に、12時間に及んだ4℃の冷蔵庫でのコア処理をともに行ったチームメンバーの間には、年齢や人種、国境の枠などを超えた特別な絆ができていたのでした。航海最後の全体ミーティングで、航海経験豊富なEPMのジェイが、感極まって涙を流していたのが忘れられません。感情に流されやすい私も、涙をこらえることができませんでした。チリのバルパライソの港で下船した後、パークス教授からは「きみの英語力はこの2ヵ月で驚くべき上達を遂げた」と褒められました。そうならざるを得ない、壮絶で、素晴らしい航海であったのです。

世界初の海底下生命圏の解明を目的とした海洋科学掘削調査〈ODP Leg201〉は、その後の私の研究ビジョンのみならず、私の人生そのものに大きな影響を与える“Life-Changing Event”（人生を変える出来事）となりました。

⊕海底下の住人はだれ？

約2ヵ月間の〈ODP Leg201〉航海の間、パークス教授の同僚のバリー・クラッグ博士は、一人暗幕で閉ざされた顕微鏡室で、掘削された堆積物コアサンプルに含まれる微生物細胞の密度を測定していました。

アクリジンオレンジという蛍光色素で細胞を染色し、蛍光顕微鏡で赤〜黄色に染色された微生物細胞を観察する手法で、当時、陸域土壌などの環境微生物学の分野で使われていました。しかし、鉱物などの非生物的な物質に吸着するバックグラウンドの蛍光の影響が高く、また、染色された細胞の蛍光シグナルが退光する速度も早いため、特別なトレーニングが必要といわれる手法でした。私も、この方法を用いて堆積物中の微生物の数を数えようと試行錯誤したことがありますが、本当に光っている物体（粒子）が生命（微生物）なのか非生命（鉱物）であるのかがうまく区別がつかず、半信半疑の状態でいました（これについては第3章で詳しく紹介します）。

バリーは、揺れる船内にもかかわらず、ひたすら、カチカチ・カチカチと細胞の数をカウンターで数えていたのでした。すごい執念！　それにより、〈ODP Leg201〉航海で得られた海底表層から基盤岩（上部玄武岩）までの全ての深さの堆積物コアサンプルには、1994年のパークス教授らによる「nature」の論文に掲載されていたように、1立方センチメートルあたり10万細胞を超える密度の微生物細胞が存在していることが確認されました。また、有機物濃度が高いペルー沖の堆積物の方が、有機物濃度が低い東太平洋赤道域の堆積物よりも多く微生物細胞が存在していることが明らかになりました（この航海から約10年後に、遺伝子定量法や、改良された高精度細胞計数法によって、バリーの肉眼による細胞計数の結果が概《おおむ》ね正しいことが証明されています）。

また、堆積物に含まれる間隙水の化学成分の濃度プロファイルから、微生物のエネルギー呼吸代謝の活性が、数千年から数十万年、場合によってはそれ以上の地質学的な時間スケールで起きていることが明らかとなりました（図1－12）。

私たち人間は、ご飯を食べて酸素で呼吸をすることでエネルギーを得ています。それと同じく、海底下の微生物も、堆積物に含まれる有機物をご飯として、酸素の代わりに硝酸や硫酸、鉄、マンガンなどの酸化物質を用いて呼吸をしながらエネルギーを獲得して生きているようです。これを「嫌気呼吸」と呼びます。

さらに、海底下の微生物たちの中には、水素と二酸化炭素からメタンを作るメタン菌や、二種類の微生物がメタンを硫酸で酸化してエネルギーを得る「嫌気的メタン酸化反応」を担う微生物もいることが示唆されました。

また、通常、微生物にとってご飯となる有機物や呼吸のための酸化物質は、堆積物の上にある

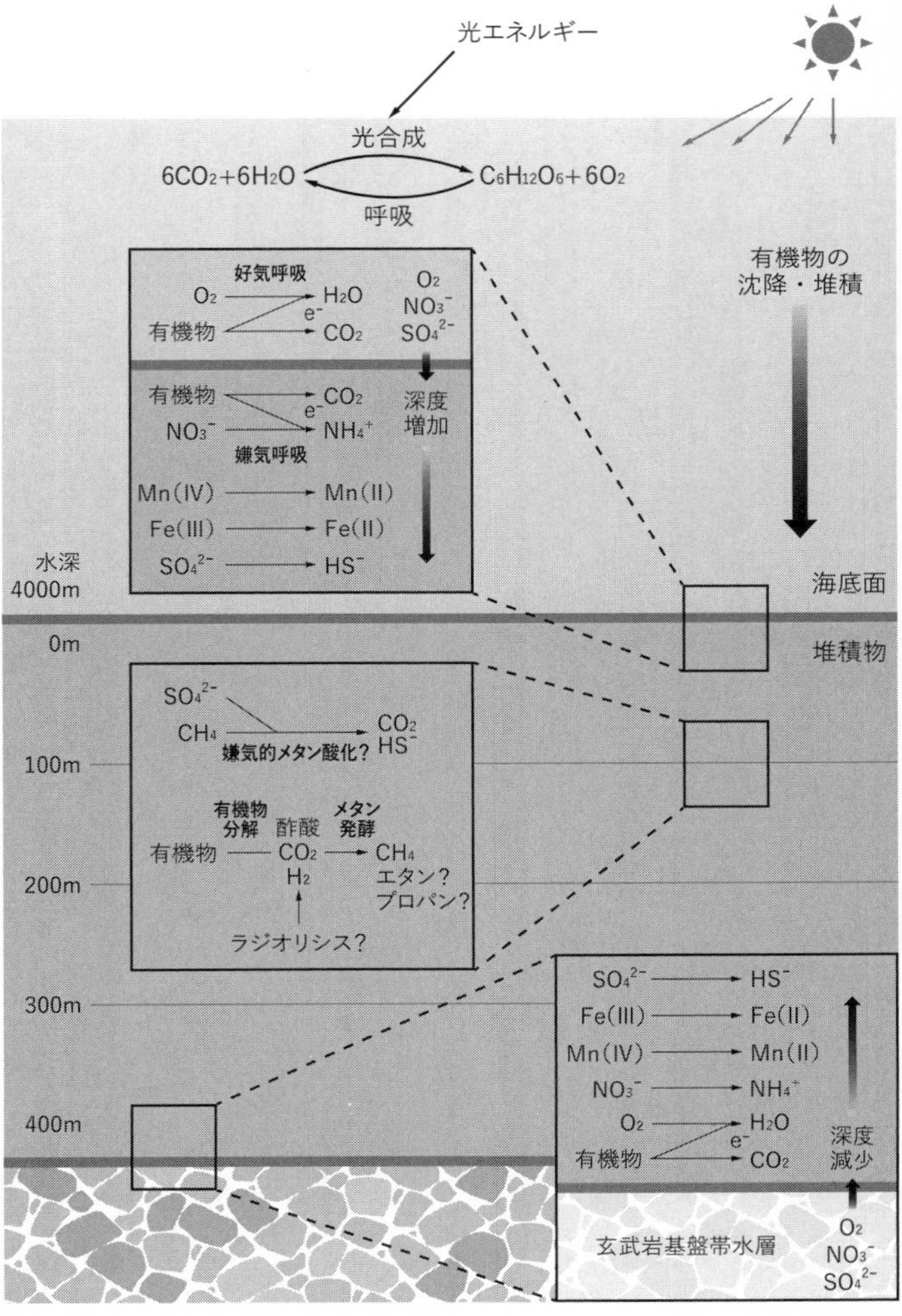

図1-12　海底堆積物中の微生物の呼吸代謝は、海水から供給される有機物の分解や間隙水中の化学成分の変化に大きな影響を与える（DeLong, 2005を改変）。

海水から供給されるものです。しかし、海底面から数百メートル下の基盤岩までいくと、岩の隙間から上側の堆積物に向けて供給される地下水に含まれる酸化物質が、海底下深部の微生物たちの呼吸を支えていることが発見されました。

海洋から物理的に隔てられた海底下の堆積物環境に存在する微生物は、地質学的な時間スケールをかけて、地球の元素・物質循環に重要な役割を果たしていたのです。これらの発見は、さまざまな著名な科学誌に論文として報告されました。

海底下に生きる微生物とは?

では、それらの微生物は、いったい何者なのでしょうか?

私たちは、帰国後に送られてきた大量の凍結コアサンプルから直接DNAを抽出しました。そのように、培養を介さずに、自然環境中から直接的に取り出したDNAを「環境DNA(eDNA)」と呼びます。その後、特定の遺伝子(細菌や古細菌が持つ16S リボソームRNAをコードする遺伝子)をPCR法で増幅しました。PCR法はコロナ禍で知られるようになりましたが、「ポリメラーゼ連鎖反応法」(Polymerase Chain Reaction)といい、生物の遺伝情報を持つDNAを複製し、増幅する方法です。そして、増幅された遺伝子を大腸菌にクローニング(細胞内のプラスミドに遺伝子組み換えを行い、大腸菌内に入れたものを培養して標的遺伝子量を増やすこと）し、その遺伝子配列をシーケンサーにより解読していきます。それにより、現場環境に存在する微生物群集の遺伝子系統（種類）を調べました。クローン化された遺伝子の塩基配列をデータベースに登録されている遺伝子配列と比較した結果、大変興味深いことがわかりました。

まず、海底下から検出された微生物の遺伝子系統は、大腸菌や納豆菌、放線菌、乳酸菌など、私たちが知っている地表の微生物の系統とは遠く離れた、性状が未知の微生物系統ばかりであったのです。これは、太陽の光が届かない海底下の過酷な環境に暮らす微生物たちが、エネルギー豊かな地表の微生物や、人間の腸内細菌などのように高等生物と共生する微生物たちとは大きく異なり、生命が誕生してから約40億年以上もの間、地下の世界に適応し、独自の進化を遂げてきた生命であることを物語っています。

次に、それぞれのサンプルから検出された微生物種のクローンの検出頻度を、東太平洋赤道域とペルー沖、北米オレゴン州カスカディア沖、南海トラフ渥美《あつみ》半島沖で比較しました。その結果、有機物濃度の高い沿岸域と低い東太平洋赤道域、メタンハイドレートが存在する場所とそうではない場所とでは検出頻度が異なることがわかりました（図1－13）。さらに、たとえ同じ場所であっても、堆積物の深さに対して微生物たちの種類やその割合が若干異なることもわかりました。

これらの発見は、有機物の供給元である海洋や陸などの条件が異なると、そこに暮らす微生物の種類や組成も変わってくること、そして、同じような環境条件では、たとえ数千キロはなれた場所であっても、同じような系統の微生物たちが存在していることを示しています。

その後、〈ODP Leg201〉やそれ以後に行われた海洋科学掘削調査プロジェクトで採取された堆積物コアサンプル（マイナス80℃以下に冷凍保管されたもの）を用いて、多くの分子生物学的手法による研究が行われました。さらに、DNAの塩基配列を解読するシーケンス技術が飛躍的に向上し、そのコストや速さ、正確性も改善されたことにより、海底下生命圏における微生物たちの理解も大きく拡大しました（第5章で詳

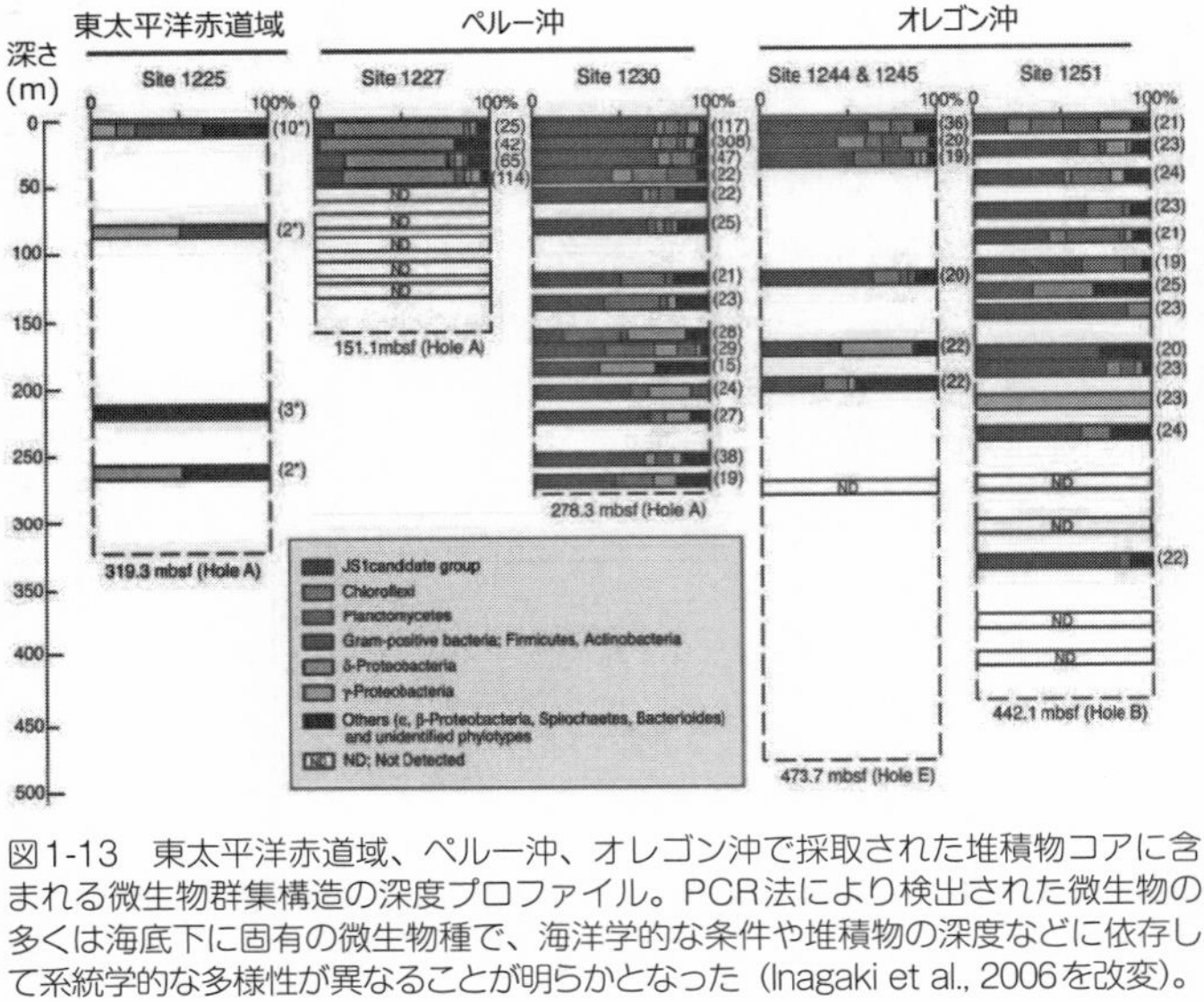

図1-13　東太平洋赤道域、ペルー沖、オレゴン沖で採取された堆積物コアに含まれる微生物群集構造の深度プロファイル。PCR法により検出された微生物の多くは海底下に固有の微生物種で、海洋学的な条件や堆積物の深度などに依存して系統学的な多様性が異なることが明らかとなった（Inagaki et al., 2006を改変）。

しく述べます）。

２００８年、〈ＯＤＰ Ｌｅｇ２０１〉の乗船研究者のクリス・ハウス教授（ペンシルバニア州立大学）とジェニファー・ビドゥル博士（現・デラウェア大学教授）らは、世界で初めて、〈ＯＤＰ Ｌｅｇ２０１〉により採取された深さ50メートルまでの堆積物コアサンプルを用いた「メタゲノム解析」に成功し、その成果を米国科学アカデミー紀要に発表しました。環境ＤＮＡの塩基配列を次世代シーケンサーにより網羅的に解読し、解読された遺伝子断片をつなぎ合わせ（アッセンブリと呼びます）、遺伝子データベースに登録されている既知の配列や遺伝子機能と比較することを「メタゲノム解析」と呼びます。

〈ＯＤＰ Ｌｅｇ２０１〉では、未培養のクロロフレキシ門に属するバクテリア（細菌）やクレンアーキオータ門に属するアーキア（古細菌）など、多くの性状未知の海底下微生物に由来するゲノム配列が解読されました。それにより、最大85％までの遺伝子がデータベースに登録されている既知の遺伝子と相同性を持たない未知の遺伝子であることが示されました。また、データベースと照合した既知の遺伝子には、アミノ酸や炭化水素の生合成を担う機能遺伝子や、窒素化合物の代謝に関連する遺伝子が多く検出されるといった特徴がありました。

これらのことから、海底下の堆積物に暮らす微生物たちは、陸や海水などの表層世界に暮らす微生物とはゲノム進化学的にも生理・生化学的にも異なる進化を遂げた生命であり、深海底のさらにその下は、新しい遺伝子資源の宝庫であるという側面を持っていることがわかりました。
オランダの菌類学・生態学者ローレンス・バス・ベッキング教授（図１－14）は、１９３４年の著書の中でこのような学説を唱えています。

"Everything is everywhere, but the environment selects."（全てはどこにでもいるが、環境が選択する）

図1-14　ローレンス・バス・ベッキング教授（Netherlands Institute for Biology）。

つまり、どこにでもいる微生物にとって、その空間的、時間的な分布と組成は環境が決めるものだという説です。これは、「生物地理的な分布は存在しない」と言っているのではなく、むしろ、「その環境に適応した微生物が生態系を作り、生命の居住可能性（ハビタビリティと呼びます）や生物多様性は、生息地の物理化学的な環境因子とその時間的変化により支配されている」と主張しているのだと私は理解しています。
海底下生命圏を含め、地球上のさまざまな環境における微生物の時空間分布や適応性・限界は、その環境を直接的に調べなければ理解できません。海底下生命圏には、一般的な生態学のモデルや原理が適応できていない部分があります。もしかしたら、ダーウィンの進化論では想定されていなかったような、驚くべき発見や新しい学説が生まれてもおかしくありません。それらについて次章以降で考察していきたいと思います。

コラム 1 海洋フロンティアの開拓

地球の表面積は5・1×10^{14}平方メートルであるのに対して、海洋が占める表面積は3・58×10^{14}平方メートルです。したがって、海洋は地球表層の約70％を占めています。また、深海と呼ばれる水深3500〜5500メートルの海底の面積は1・0×10^{14}平方メートルであり、地球全体の海底の面積の約28％を占めています。

それでは、海水面から海底までの深さ（水深）に対して、海底の面積がどのように変化するかをみましょう。

まず、海の表層（水深0メートル）から水深2500メートルまでの海底の面積は、水深が深くなるにつれてその割合が減少する傾向にあります。それとは逆に、水深2500〜6000メートルまでの海底の面積は、水深が深くなるにつれて面積の割合が増加する傾向にあります（特に、4000メートルを超えると急激に増加します）。また、超深海と呼ばれる水深6000メートルを超える場所は、海溝と呼ばれる細長い凹地《くぼち》にあたり、海底の面積は地球全体の約2％程度しかありません（図1-15）。

過去50年、海洋における「深さ」への挑戦は、科学技術が目指す大きな目標でした。

これまでに、深海フロンティアへの挑戦において、海洋研究開発機構（JAMSTEC）は大きな役割を担ってきました。

　水深6000メートルまでの深海、そしてそれより深い超深海にアクセス可能な技術開発を行い、有人潜水調査船「しんかい2000」や「しんかい6500」、遠隔操作型の無人探査機（ROV）「ハイパードルフィン」や「かいこう」、そして自律型無人潜水機（AUV）「うらしま」や「じんべい」などをその母船とともに開発・運用し、「この惑星のほぼ全ての海洋に人類は直接的にアクセスできる」という状況にまで到達しました。

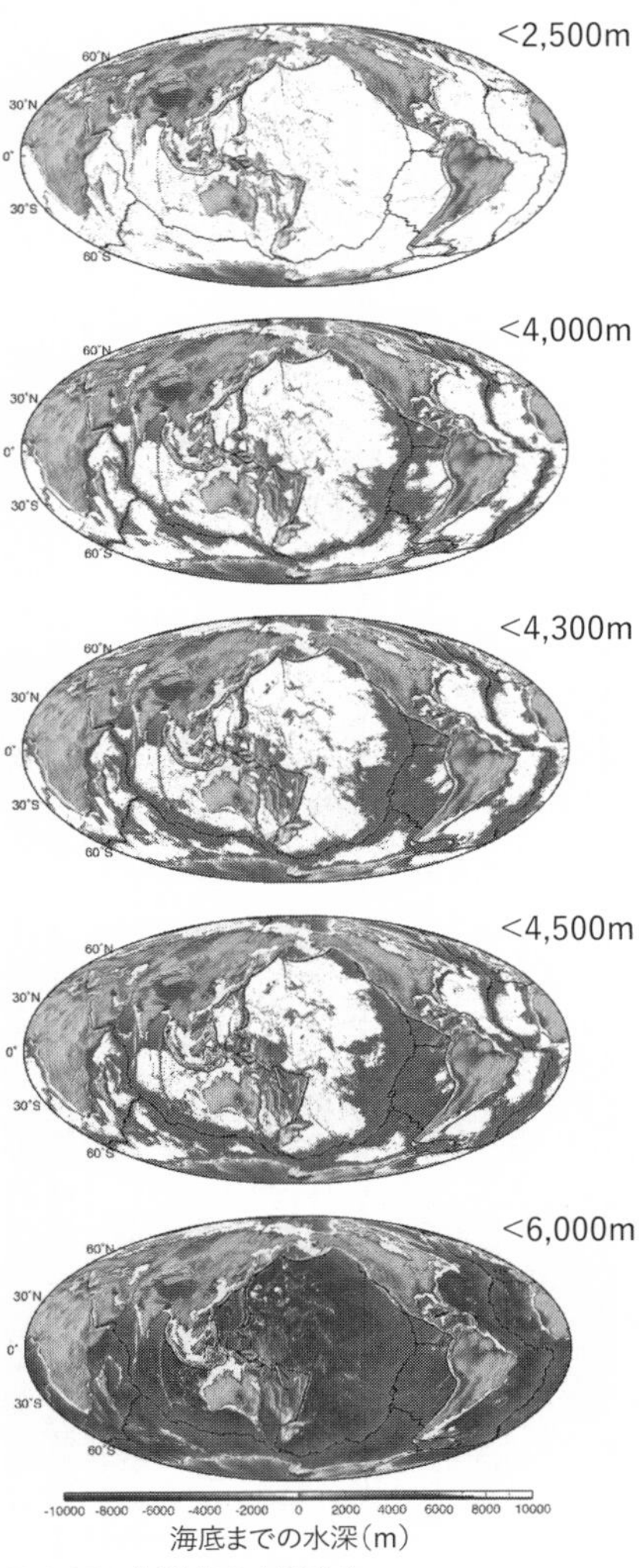

図1-15　海洋底の水深分布。

1998年5月、JAMSTECは無人探査機「かいこう」を用いて、世界で最も深いマリアナ海溝チャレンジャー海淵《かいえん》(水深約1万920メートル)の潜航調査を実施しました。そこで、世界で初めてヨコエビの採取や微生物の分析に成功するなどの成果をあげました。

2017年には、4Kカメラを搭載したフルデプスミニランダーと呼ばれる自動昇降式の観測装置を用いて、マリアナ海溝の水深8178メートルで遊泳する魚類(シンカイクサウオ)の映像を撮影することに成功し、世界を驚かせました(図1-16)。この深度は、体内浸透圧から推定される理論上の魚類の生息限界深度8200メートルに最も近い記録映像であったのです。その後、2022年8月15日に小笠原海溝の水深8336メートルで映像として捉えられたスネイルフィッシュが世界最深部で発見された魚としてギネス世界記録に認定されています(令和5年4月3日東京海洋大学他、プレスリリース:https://www.kaiyodai.ac.jp/upload-file/8ab43ca0cbc3a5800930d499662e295a736e165c.pdf)。

図1-16　マリアナ海溝の水深8178メートルの海底で撮影されたシンカイクサウオと餌に群がるヨコエビの仲間(JAMSTEC/NHK)。

第2章

1億年以上前から生きている⁉

——南太平洋環流域海底下生命圏掘削調査

２００２年、東太平洋赤道域とペルー沖で行われた世界初の海底下生命圏掘削調査〈ＯＤＰ Ｌｅｇ２０１〉によって、私たちが暮らす惑星地球における生命圏の理解が大きく拡大しました。一方で、それまでに微生物学的な研究が行われてきた掘削調査のほとんどが、表層の海水中で有機物が多く生産される肥沃な大陸沿岸海域の堆積物環境でした。

では、地球の海洋の大部分を占める外洋の海底下には生命が存在するのでしょうか？　もし存在するとすれば、どの程度の微生物細胞量（バイオマス）が存在し、どのような種類が分布しているのでしょうか？　全球規模の海底下生命圏の実像を把握することが、地球全体に広がる未知の生命圏を科学的に理解する上で、極めて大きな挑戦となったのです。

◆海の砂漠とは

日本列島の東側に位置する太平洋は、地球上で最も大きな海です。実は、太平洋はとても深く、その平均深度は４１８８メートルもあります。また、外洋には、深海平原と呼ばれる広大な深海底が広がっています。

太平洋にはフィリピン海プレートや北米プレート、オーストラリアプレートなど、広さの異なるいくつかの海洋プレートがあります。そして、北太平洋と南太平洋の双方にまたがる太平洋プレートが、太平洋の海洋地殻と上部マントルの大部分を占めています。世界で最も深いマリアナ海溝チャレンジャー海淵（深さ1万920メートル）は、太平洋プレートがフィリピン海プレートの下に沈み込んでできたものです。

太平洋の表層には、北太平洋側に時計回りの「北太平洋亜熱帯循環」、南太平洋側に反時計回りの「南太平洋亜熱帯循環」、そしてそれらがメキシコの沖合で合流し、赤道域を東から西に流れる「熱帯循環」といった海流が存在します。その他、ベーリング海付近の「亜寒帯循環」や南極大陸の周りを流れる「南極環流」といった海流もあります。日本近海を南から北に流れる黒潮は、北太平洋の亜熱帯循環の一部であり、北から南に流れる親潮は亜寒帯循環の一部です。

これらの表層海流には、珪藻《けいそう》や渦鞭毛藻《うずべんもうそう》などの植物プランクトンが暮らしています。植物プランクトンは、太陽光と水中に溶けている二酸化炭素から、光合成によって自分の細胞骨格となる有機物を作り出します。それを基礎生産と呼びます。植物プランクトンが作り出す有機物は、動物プランクトンやそれらを餌とするオキアミ（小さなエビのような甲殻類）、そしてそれを捕食する魚類やクジラなど、肥沃な海洋生態系を支えています。さらに、それらの生物の糞《ふん》や遺骸はマリンスノーと呼ばれる有機物の凝集物として沈降し、水塊中の微生物により分解を受けながら海底に埋没していきます。

大陸沿岸から赤道域にかけて輪を描くように流れる亜熱帯循環の内側には、表層海流の流れが弱い空洞のような場所が存在します。それを「環流域」と呼びます。この環流域は、北太平洋や南太平洋、北大西洋、南大西洋、インド洋にもあり、全海洋の約48％を占めています。とりわけ、全海洋で最も大きな範囲を占める「南太平洋環流域」は、表層の基礎生産量が極めて低い海域のため、「海の砂漠」と呼ばれるほどです。同時に、この海域は海水の透明度が極めて高く、「地球で最も碧《あお》い海」とも呼ばれます。マリンスノーもほとんど観察されず、堆積物に埋没する有機物もほとんどありません。海水から沈降する物質の量が極めて少ないため、堆積物が形成されるスピードも驚くほど遅く、10万年間にたったの10センチメートル程度です。つまり、深海底から10メートル掘削すると、すでに1000万年（！）の歴史を刻んだ堆積物が採取されることになるのです。

このように堆積速度が極めて遅いため、南太平洋環流域の堆積物の厚さは全体的に驚くほど薄く、1億年以上前に形成された基盤岩の上の堆積物でも、実は100メートル程度しかありません。

酸素の行方を追え——タヒチからオークランドへ

地球上の全ての海洋で最も広く、陸から最も遠くはなれ、最も透明度が高く、そして最も基礎生産量が低い南太平洋環流域の海底下に、はたして生命圏は存在するのでしょうか？　過去に実施された海底下生命圏掘削調査はほとんどが大陸沿岸域であったため、南太平洋環流域は、まさしく海底下生命圏フロンティアのミッシング・ピースを埋めるにふさわしい海域であったのです。

２０１０年10月から12月にかけての２ヵ月間、この海域での海底下生命圏の実態を調査するため、外洋における世界初の海洋科学掘削調査として、ＪＲ号による統合国際深海科学掘削計画（ＩＯＤＰ）第３２９次研究航海「南太平洋環流域海底下生命圏掘削調査」が行われました（図２－１）。

この航海のコチーフは、〈ＯＤＰ　Ｌｅｇ２０

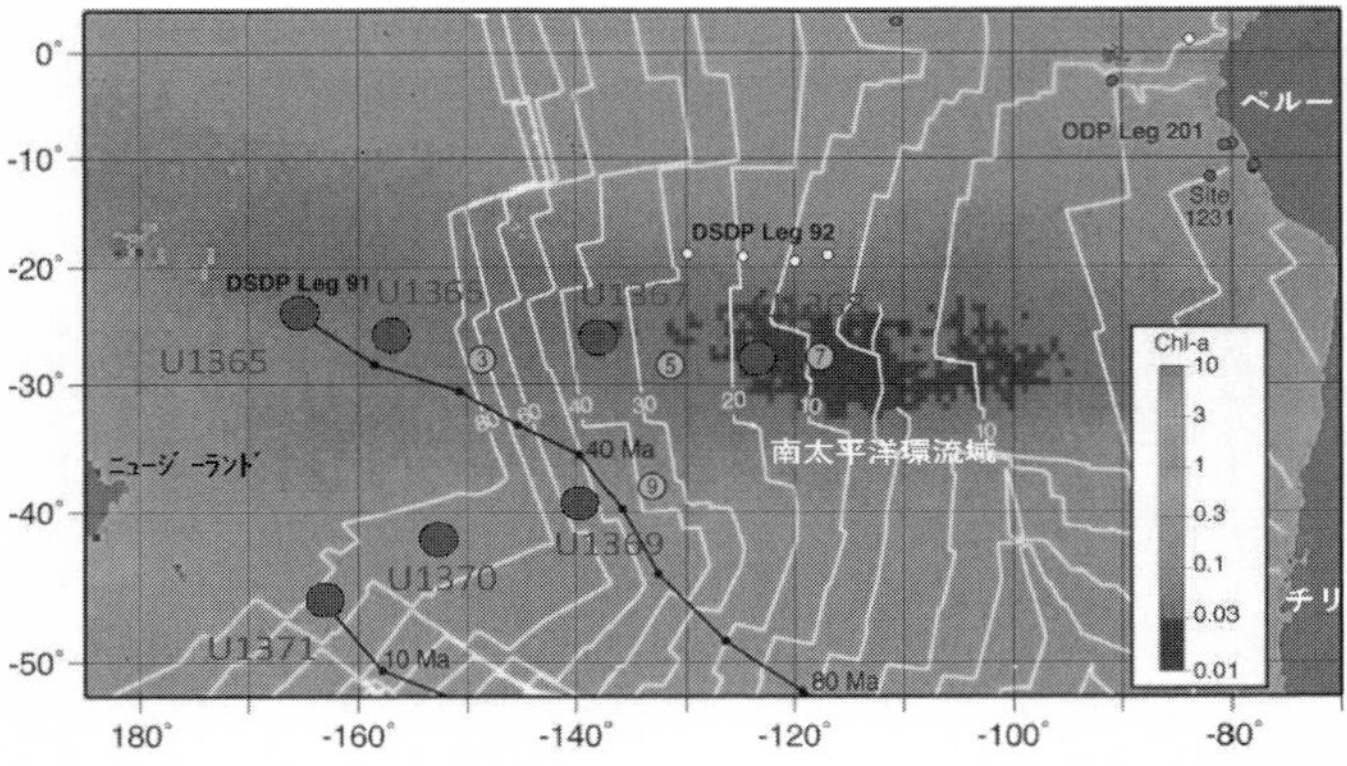

図2-1　統合国際深海掘削計画（IODP）第329次研究航海「南太平洋環流域海底下生命圏掘削調査」の掘削調査地点（U1365〜U1371）（D'Hondt et al.,2013を改変）。

１〉でもコチーフを務め、この航海の主筆提案者（リード・プロポーネント）でもあるロードアイランド大学のスティーブ・ドーント教授と私が務めました（図２－２）。

乗船研究者は、米国、イギリス、ドイツなど世界12ヵ国から選抜された微生物学者や地球化学者、地質学者たちです。日本からは、私の他に大学院博士課程の学生２名を含む新進気鋭の若手研究者７名が乗船し、合計28名の乗船研究者チームとなりました。

図2-2 スティーブ・ドーント教授（中央）、カルロス・ザリキアン博士（右）と著者（左）。JR号にて（IODP）。

私たちは、まず南国の楽園として知られるタヒチ島の都市パペーテに集い、この航海から何が発見されるのかといった期待を胸に抱きながら、百戦錬磨のＪＲ号に乗り込みました。余談ですが、タヒチといえば、フランスの画家ポール・ゴーギャンの晩年の作品「我々はどこから来たのか、我々は何者か、我々はどこへ行くのか」が有名です。微生物生態学の分野でも、その研究の理念と共通する部分があるため、よく紹介される絵画です。

ＪＲ号の乗船は、私にとって〈ＯＤＰ Ｌｅｇ２０１〉を含めて４回目でした。しかし、いつ出会ってもＪＲ号は大きく、ワクワク感を掻《か》き立てる不思議な力があります。

乗船日前日の天気は曇り。出港前日には、乗船研究者の皆さんとパペーテにある公共マーケットを散歩し、夕食では南国ならではのフルーツ、ローカルシーフードとビールを野外のテラス席で楽しみました。掘削船は「ドライ・シップ」といって、アルコール飲料はご法度、つまり、これから２ヵ月間は禁酒なのです！

本航海の主な科学目的は、要約すると次の３点です。

① 表層海水中の基礎生産量などの海洋学的な要因が、その下の堆積物に存在する微生物群集のバイオマスや代謝活動、遺伝子組成などにどのような影響を与えているかを明らかにする。

② 堆積物に含まれる放射性元素と水との非生物学的な反応により、どの程度のエネルギーが微生物に対して供給されているかを評価する。

③ 堆積物の下の玄武岩環境における微生物の居住可能性（ハビタビリティ）を明らかにする。可能であれば、岩石内の微生物群集が海嶺《かいれい》（海底火山が活発になり、海洋底にできた山脈のような地形の場所）から深海平原にかけての岩石の年代や変質に応じてどのように変化しているかを明らかにする。

２０１０年10月９日の朝、ＪＲ号は静かにパペーテを出港しました。私たちは、南太平洋環流域西側から環流域中央部に向けて4サイト、そして環流域中央部から南西側に向けてさらに3サイトの合計7地点の掘削調査を行い、全てのサイトで海底表層から基盤岩直上をヒットするまでの連続的な堆積物コアを採取しました（図2−1）。

7つのサイトのうちの1ヵ所（U1371）は、環流域の外側（南側）に位置する比較のための掘削地点（リファレンスサイト）で、亜熱帯循環と南極環流の収束域に位置しています。また、本航海では、3ヵ所のサイト（図2−1内：U1365、U1367、U1368）で、堆積物層の下にある基盤岩（上部玄武岩）を掘削し、形成年代の異なる岩石内の微生物の存在や、その活動を支えるエネルギー源としての放射性元素の含有量などを調査しました。

航海の途中、南太平洋に広がる紺碧《こんぺき》の海と青空の下、JR号の後部甲板で恒例のバーベキューをした際に、船の周りにヒレの先端が白くなっているサメがウロウロしているのを見かけました（図2−3）。

「そろそろ（環流域の中心に近づくので）食べるものがなくなるよー」とか声をかけながらその

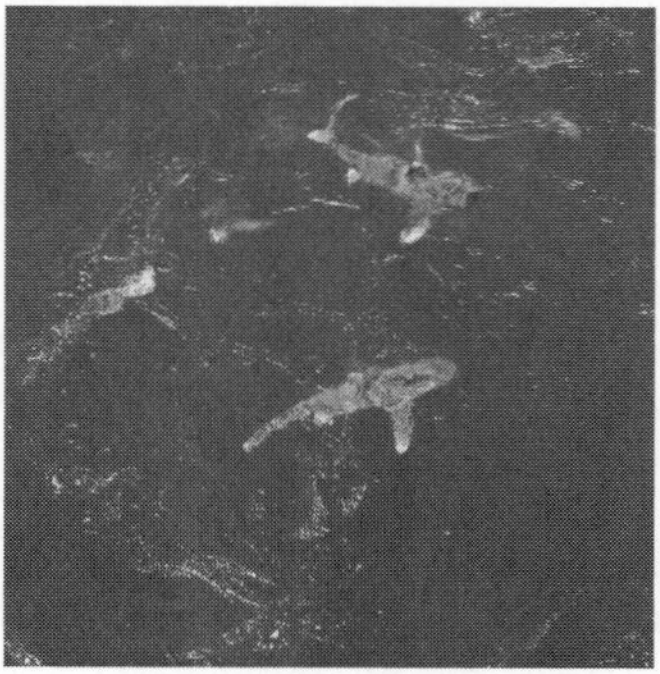

図2-3　JR号についてきたサメの群集。南太平洋環流域は世界で最も透明度の高い海域として知られる（著者）。

様子を眺めていました。ＪＲ号のインターネットで調べてみると、このサメは通称「ヨゴレ」（英語名：Whitetip shark）という外洋の亜熱帯海域に生息するメジロザメの一種で、国際自然保護連合（ＩＵＣＮ）が作成する絶滅危惧種リストの中でＣＲ（近絶滅種：Critically Endangered）にランクされており、絶滅寸前の状態にあるそうです。南太平洋環流域の堆積物コアにもサメの歯の化石が含まれていたので、もしかしたら、数千万年から1億年以上も前から、この「海の砂漠」と呼ばれる海域でお腹を空かせながら暮らしているのかもしれません。

“Core on deck!”（コア・オン・デッキ！）

ＪＲ号に、コアが引き上げられた際のあのかけ声が響きます。

環流域の掘削地点から引き上げられたコアは、赤茶色〜焦茶色をした金属を多く含むゼオライト質の粘土で、表層のコアには真っ黒なマンガン団塊が含まれていました（後に、焦茶色の堆積物層はレアアースという希少元素を高濃度で含んでいることがわかりました）。船上のラボに運び込まれた堆積物コアを見て、一瞬で、この海域の堆積物の色や質感は、ペルー沖や日本沿岸の有機物を多く含む堆積物とは全くの別物であるとわかりました。

微生物分析と間隙水分析用のＷＲＣ（ホール・ラウンド・コア）サンプルの採取は、〈ＯＤＰ Ｌｅｇ２０１〉の乗船研究者でもあったティム・フェデルマン博士のリードにより、４℃の冷蔵室でカッティング作業が行われました。そこには、全海洋堆積物に含まれる微生物の細胞数を2・9×10^29と試算したドイツの微生物学者イェンツ・カラメイヤー博士や、当時、JAMSTEC高知コア研究所の私の研究室で細胞計数技術の高度化に成功していた諸野祐樹研究員がいました。

また、地球化学チームは、〈ODP Leg201〉の乗船者でもあったアート・スピバック教授らのベテランを中心に、若手を含めた分担作業がシステマティックに決められました。当時、JAMSTECで研究生をしていた山口保彦さん（現・滋賀県琵琶湖環境科学研究センター）は、極めて微量に含まれる堆積物中の有機物量（0・2〜0・03％）の測定を担当しました。堆積学チームは、九州大学でポスドクをしていた白石史人博士（現・広島大学）や早稲田大学でポスドクをしていた浦本豪一郎博士（現・高知大学）、筑波大学の大学院生下野貴也さん（現・東京大学）が堆積構造の記載や古地磁気の測定を担当しました。特に白石さんは、表層近くのコアに含まれるマンガン団塊の鉱物特性と微生物分析を担当し、浦本さんは環流域の堆積物に含まれる微小なマンガン粒子の存在を発見しました。また、岩石サンプルについては、産業技術総合研究所の鈴木庸平博士（現・東京大学）と静岡県立大学の光延聖助教（現・愛媛大学）が、その鉱物学的特性と微生物分析を担当しました。本航海で得られる玄武岩の年代は1億年を超える白亜紀に形成されたものを含むため、そのような古い海洋地殻にも微生物が存在するのかどうかは、堆積物の下に広がる「地殻内生命圏」の全球的な広がりを理解する上で、極めて重要なポイントであったのです。

前章でベッキング教授の“Everything is everywhere, but the environment selects.”（全てはどこにでもいるが、環境が選択する）という仮説を紹介しました。それを当てはめるなら、まずは、そこが微生物にとってどのような環境であるのかといった居住可能性（ハビタビリティ）を理解する必要があります。特に、栄養源に乏しい環流域の堆積物に含まれる間隙水中にどの程度の量の溶存酸素（O_2）が含まれているかは、海底下に生息する微生物が、どの程度酸素呼吸を行い、生存のためのエネルギーを得ているか、そしてそれらの生命活動が海洋堆積物内における元素循環にどのような影響を与えているかを理解する上で、最も重要な分析項目でした。

今回のJR号の航海では、船上に回収された堆積物コアのセクションをキャット・ウォーク・デッキと同じフロアの冷蔵実験室に運び入れ、堆積物が入ったプラスチック・ライナーに小さな穴

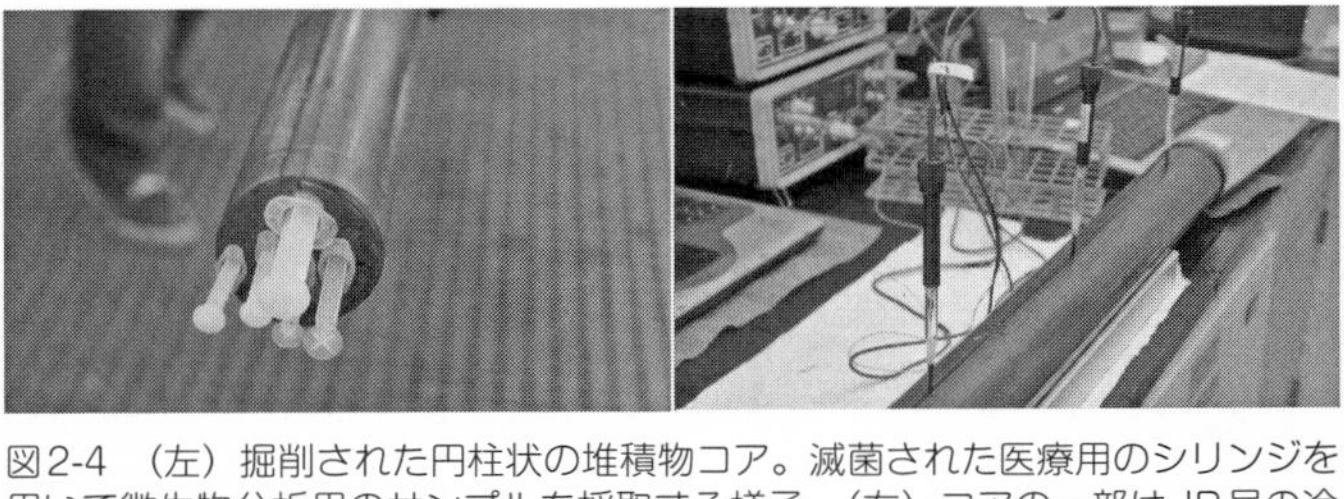

図2-4　(左) 掘削された円柱状の堆積物コア。滅菌された医療用のシリンジを用いて微生物分析用のサンプルを採取する様子。(右) コアの一部はJR号の冷蔵室に運ばれ、溶存酸素濃度の測定に用いられる (ともに著者)。

をあけ、微小電極式と光学式の両方のセンサーを堆積物の中心部に差し入れて溶存酸素濃度の測定を行いました（図2－4）。それらのセンサーは非常に先端が細く壊れやすいため、細心の注意が必要です。南カリフォルニア大学のウィビケ・ジービス博士とオーフス大学のブリッタ・グリショルト博士は、2ヵ月間冷蔵室の中で測定を続け、全ての掘削サイトの溶存酸素データの測定を完了したのでした。

JR号は、予定していた7つの掘削サイトでの作業を全て計画通りにやり遂げ、2010年12月13日の早朝にニュージーランドのオークランドに入港しました。最後のミーティングでは、今後の陸上研究でどのような発見が待っているのかを全員で語らい、帰国の途についたのでした。

⊕海底下生命圏はどこまで広がっているのか？

日本近海のような有機物に富む大陸沿岸の表層堆積物には、1立方センチメートルあたり10^8～10^9個の微生物細胞が存在しています。表層に暮らす微生物たちは、活発に酸素を使ったエネルギー呼吸をしているため、海水から供給される溶存酸素（O_2）は数ミリメートルから数センチメートル程度の深さで消費しつくされてしまいます。ところが、南太平洋環流域の7ヵ所の掘削サイトでは、南側の環流域から外れた掘削地点（リファレンスサイト）をのぞき、環流域内の全てのサイトから得られた堆積物の中に海水から供給される溶存酸素が、微生物の活動によって完全に消費されることなく、堆積物の下の基盤岩（玄武岩）にまで到達していました（図2－5）。さらに、堆積物中の有機物濃度は0・3～0・02％と極めて少量であるにもかかわらず、全ての堆積物中に1立方センチメートルあたり数千～数万の微生物細胞が存在していました。

　これらの微生物たちは環流域の表層海水から埋没した非常に少ない有機物を栄養源として、ギリギリの状態で酸素呼吸をしてエネルギーを獲得し、数千万年以上の地質学的な時間スケー

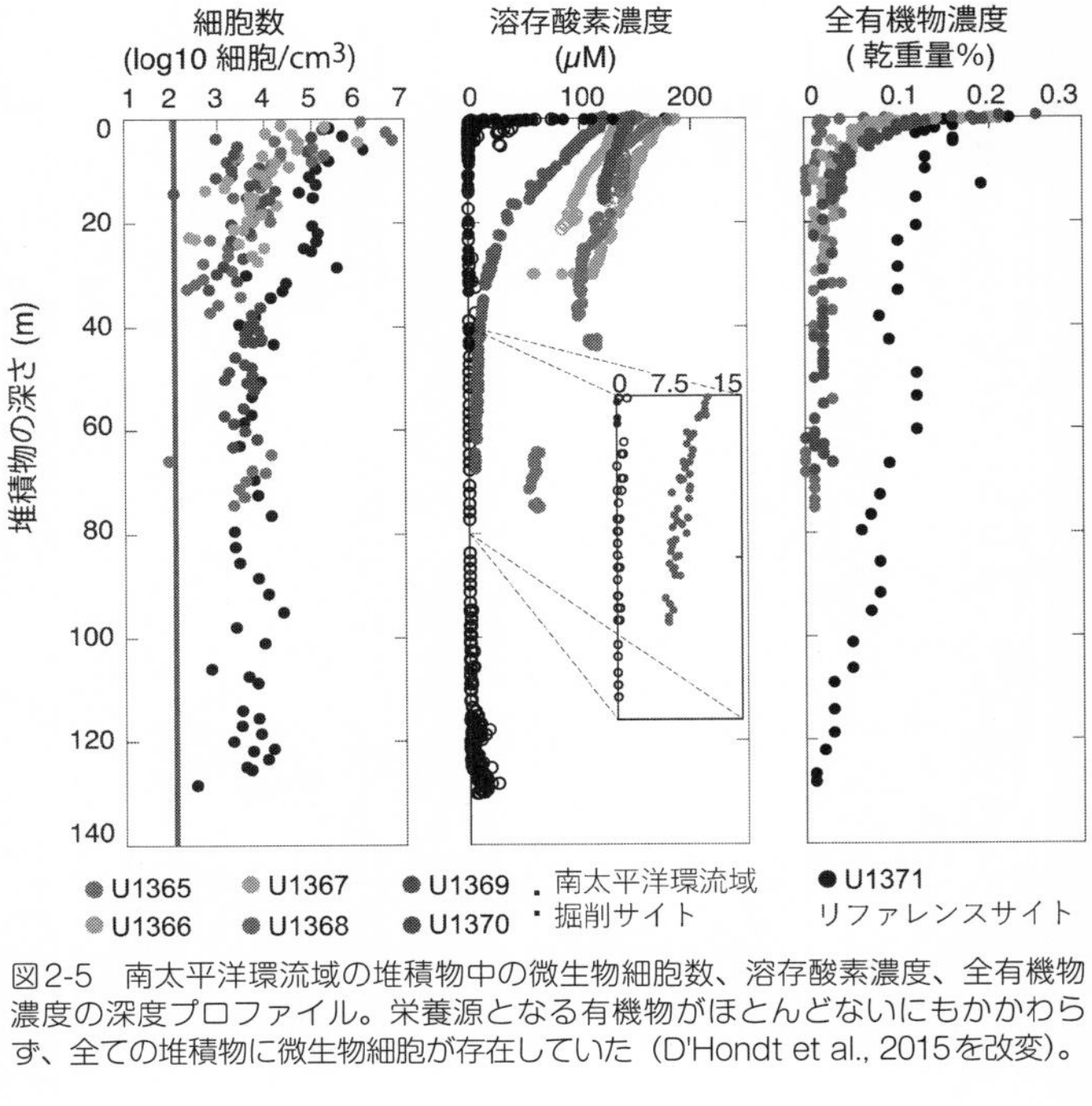

図2-5　南太平洋環流域の堆積物中の微生物細胞数、溶存酸素濃度、全有機物濃度の深度プロファイル。栄養源となる有機物がほとんどないにもかかわらず、全ての堆積物に微生物細胞が存在していた（D'Hondt et al., 2015を改変）。

ルで存続していると考察されます。また、このような海底表層から堆積物の下の基盤岩まで酸素が存在する海域は、太平洋の最大44％、全海洋の最大37％を占めると推定されました（図2－6）。これは、外洋の好気的な堆積物環境には生命圏の限界は存在せず、どこにでも微生物がいることを示しています。同時に、最大37％の広い海域で、海水から供給される酸素が堆積物に浸透し、その下の海洋地殻（上部玄武岩）環境に供給され続け、玄武岩の風化（変質）や地殻内の微生物活動を支えている可能性が示されたのです。

1億年も前から生きているのか⁉

さらに、乗船研究者の諸野研究員らは、約1億年前までの堆積物サンプルに安定同位体と呼ばれる少し重い元素（^{2}H、^{13}C、^{15}N、^{18}Oなど）で標識された化合物（エサ）を与え、実際に微生物がそれらの重い元素を細胞の中に取り込

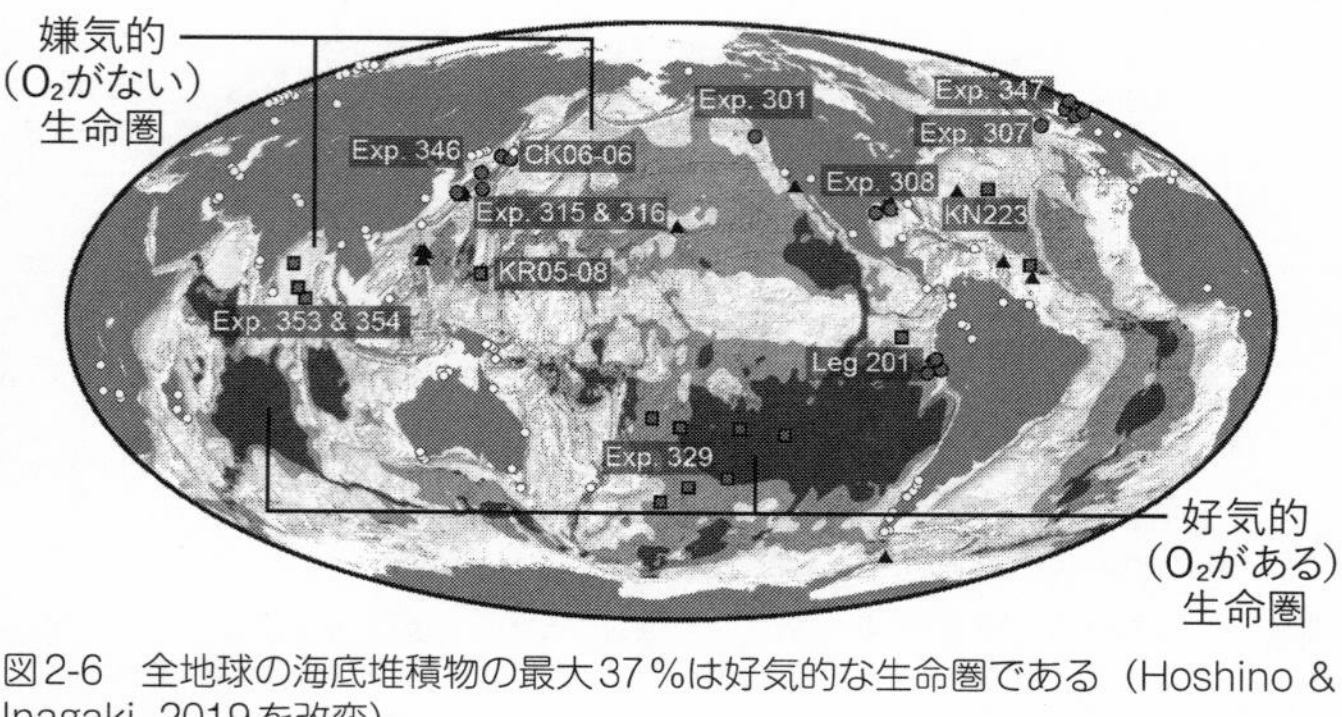

図2-6　全地球の海底堆積物の最大37％は好気的な生命圏である（Hoshino & Inagaki, 2019を改変）。

んでいることを、超高空間分解能二次イオン質量分析器（NanoSIMS・図2－7）という分析機器を用いて可視化することに成功しました。例えば、自然界に多い${}^{12}C$よりも質量数が1だけ大きい安定同位体${}^{13}C$で標識されたグルコース（ブドウ糖）を少量だけ堆積物サンプルに添加して、一定期間放置した後、細胞が${}^{13}C$を取り込んで重くなっていれば、その細胞は「生きている」ということになります。

これにより、栄養供給が枯渇しているカツカツの超極限環境で、好気性微生物が1億年以上もの間、余計なものにエネルギーを使わずジーッとその場で生命機能を維持し続け、ある条件さえ整えば復活可能な状態を維持していることが示唆されたのです。この研究の成果は、研究施設の整備から高度な分析手法の技術開発などを含めて、本JR号航海の実施から実に10年の歳月を費やした大作となりました。

超スローライフの発見——長生きの秘訣《ひけつ》とは?

しかし、彼らがどのようなメカニズムで1億年も前の恐竜の時代「白亜紀」に堆積した地層で生き続けているのか、ま

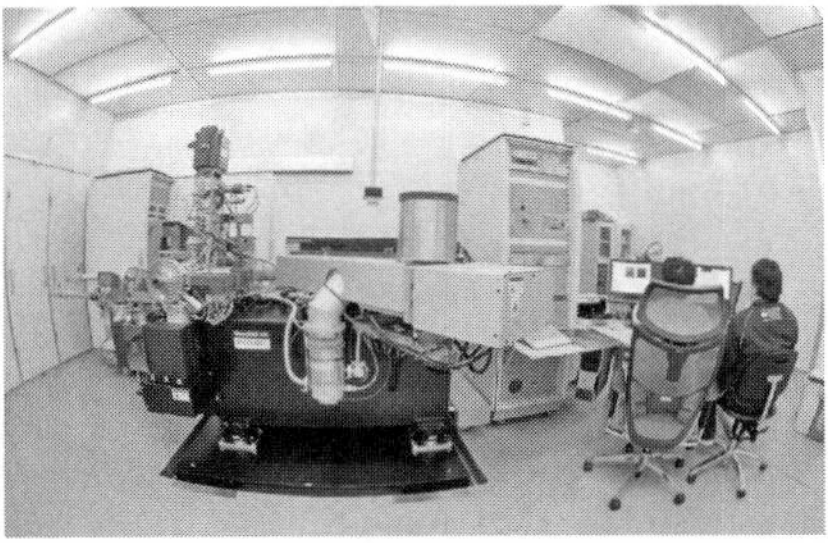

図2-7　海洋研究開発機構高知コア研究所に整備した超高空間分解能二次イオン質量分析器（NanoSIMS 50L）（JAMSTEC）。

だよくわかっていません。自らの生存にとって不必要なものを捨て、捨てたものは別の微生物にリサイクルしてもらう。過剰なカロリー摂取は控える——そもそも周りには栄養がありませんが。はたまた、自らの体、つまり細胞の構造を「サバイバル・モード」に変える特殊なスイッチを持っている、とか……。妄想を巡らせ、勝手に考察することはできるのですが、今のところ明確な科学的証拠や答えはありません。海底下深くに生息する微生物たちには、私たちが全く知らない、生命機能維持のための新しいメカニズム、つまり「長生きの秘訣」が隠されているのは確かなのですが。

その謎にドーント教授が率いるロードアイランド大学のチームが挑みました。

海底下の堆積物には、自然界に存在するウラン（^{238}U、^{235}U）、トリウム（^{232}Th）、カリウム（^{40}K）などの放射性同位体元素が含まれています。放射性同位体と安定同位体は、どちらも原子核に含まれる陽子と中性子の数の違いによって複数の重さ（質量数）になるのですが、元素を構成する原子核のエネルギー状態が安定か不安定かが違います。安定な核種を持つ元素を安定同位体元素、不安定な核種を持つ元素を放射性同位体元素と呼びます。

この放射性同位体元素が放出する放射線はα粒子、β粒子、γ粒子の3種類があり、不安定な状態からエネルギーを放出して安定な状態へと遷移《せんい》していきます。その放射線を放出する能力（放射能）の強さは時間の経過に伴って徐々に減少していく性質があります。その放射能が半分になる時間のことを半減期と呼びます。

堆積物に含まれるウラン、トリウム、カリウムから放射能が間隙水に放射されると、間隙水中の水分子は電離・分解され、電子（e^-）、水素ラジカル（$H^{\cdot}$）、プロトン（H^+）、ヒドロキシ（水酸基）ラジカル（$OH^{\cdot}$）を生成します。これらのラジカルは不対電子《ふついでんし》と呼ばれるものを1つ余計に持ち、極めて反応性が高く、速やかに再結合して水素分子（H_2）と過酸化水素（H_2O_2）を生成します。

$$2H_2O \rightarrow H_2 + H_2O_2$$

これを水の放射線分解（ラジオリシス）反応と呼びます（図2－8）。

ドーント教授の研究室の大学院生ジャスティン・サヴァージさんは、南太平洋環流域を含む世界各地の一般的な海洋堆積物中に含まれる放射性同位体元素の量や堆積物の孔隙率《こうげきりつ》（水が存在する隙間の割合）などを調べ、水のラジオリシス反応によって生成する水素によって全球的に海底下に存在する微生物たちの生命機能が維持され

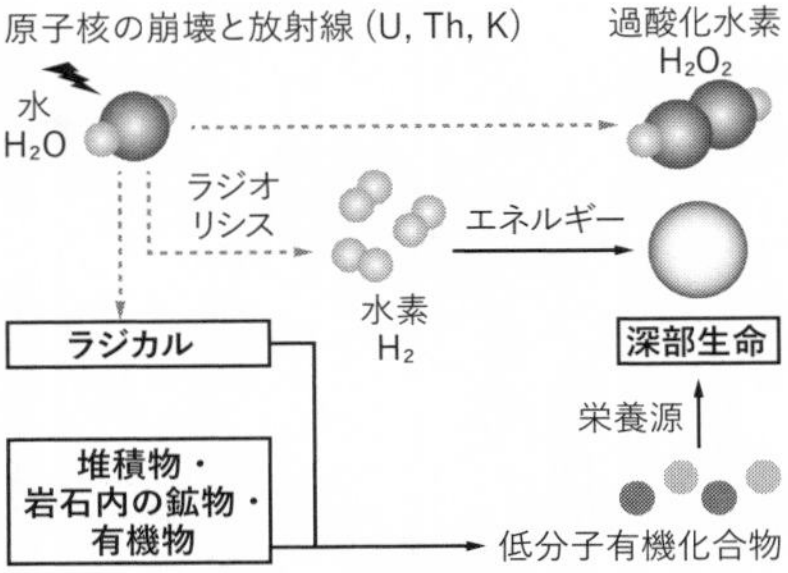

図2-8　堆積物に含まれる放射性元素と水とのラジオリシス反応により、微生物の生育に必要な最低限のエネルギーが供給されている可能性がある。

る可能性を試算しました（図2－8）。

その結果、理論的にラジオリシス反応によって生産されている水素と酸化物質の総生産量は、電子量に換算して1年当たり2・7×10^{13}モルと推定されました。これは、陸の先カンブリア紀の地層で生産される水素の量に比べて約100～1000倍ほど高く、海水からの有機物供給から得られるエネルギーよりも100倍ほど低い量です。さらに、水のラジオリシス反応によって供給されるエネルギーは、海底堆積物に生息する微生物群が消費する総エネルギー量の1～2％に相当することがわかりました（残りのエネルギーは埋没した有機物等から得ています）。

この学説が真実であれば、外洋の海底下微生物は、超微量な自然エネルギーに依存しながら数千万年以上もの時間を耐え忍んでいることになります。その生命機能を維持できる鍵は、水素、イオンや電子といった、いまだ解明されていない量子的な地球化学－生化学の共反応にあるのかも

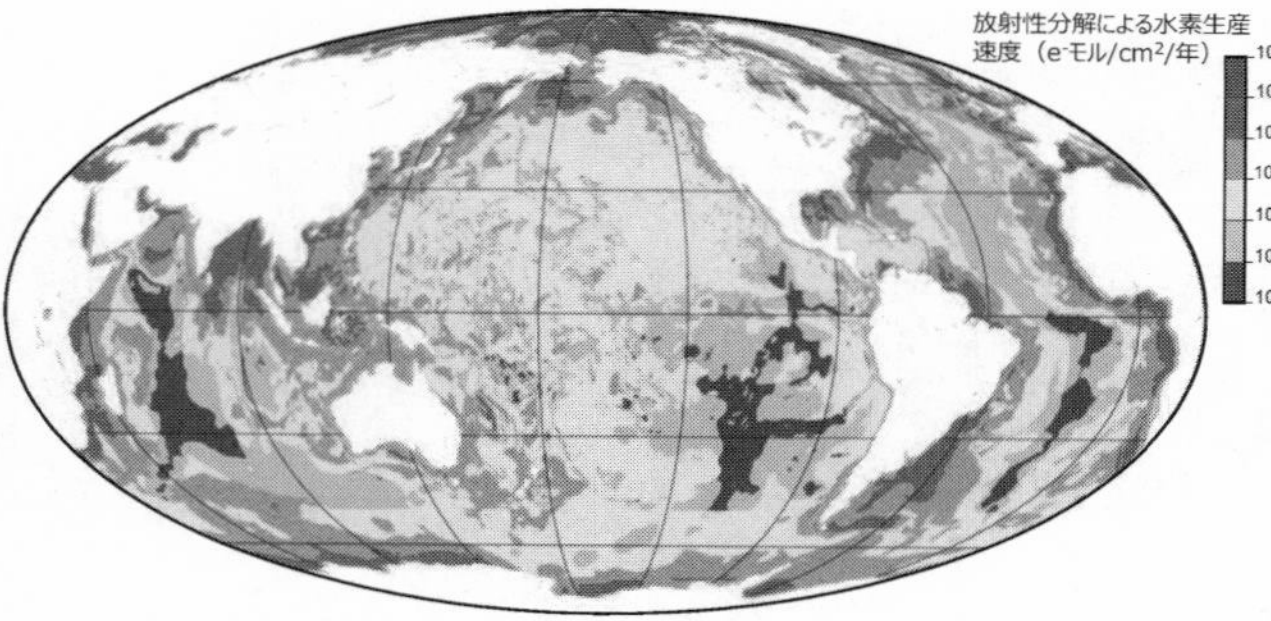

図2-9　海底堆積物中のラジオリシス反応による水素供給量の分布図（Sauvage et al., 2021を改変）。

しれません（図2－9）。

自然界に存在する放射性元素は、地球が誕生した46億年以上前から存在し、水と反応してそれらのエネルギーを放出してきたに違いありません。地球上の全ての生物が、膜を介した物質のやりとりを利用してエネルギーを作り出している事実にもとづけば、海底下の超極限環境に存在する微生物たちは、地球の仕組みそのものに生かされる術（長生きの秘訣？）を知っているのかもしれません。

堆積物の下の岩石圏にも生命は存在するのか？

これまでは、海洋の堆積物の中に暮らしている微生物たちについて見てきました。では、堆積物のさらに下の基盤岩（玄武岩など）には、生命は存在するのでしょうか？

外洋の堆積物は1億年でも100メートル前後にしかならない薄いものです。しかし、その下には広大な海洋地殻（岩石圏）が存在します。

堆積物直下の上部玄武岩の多くは、中央海嶺と呼ばれる場所から噴出した高温のマグマが海水に冷やされて硬くなった溶岩からできています。溶岩が海水中にさらされると急激に冷え固まるので、表面の一部はガラス質となり、ヒビ割れ（亀裂）を起こしながら折り重なるように流れ、不連続な枕状（チューブ状）の塊を作ることが知られています。この特徴的な構造はその見た目から枕状溶岩と呼ばれ、中央海嶺付近やハワイ島などの火山島ホットスポットなどにも見られます。また、亀裂に多くの地下水を含むことから「海底下に広がる海（Subseafloor Ocean）」とも呼ばれています。そこには、鉄や硫黄など微生物にとってのエネルギー源が存在することから、堆積物の下に広大な岩石内（地殻内）生命圏があるのではないかと考えられてきました。

第1章で、海底下を掘削する方法を簡単に紹介しました。ここでは、より詳しく見ていきましょう。

比較的軟らかい堆積物のコアと違って、玄武岩のような硬い岩石のコアを採取するには、ドリルビットや掘削の仕方が変わってきます。軟らかい堆積物のコアは、柱状のドリルパイプをストローのように堆積物に突き刺し、上端を密閉しながら引き上げることで採取することができます。これを、水圧式ピストンコアリングシステム（ＡＰＣまたはＨＰＣＳ）と呼びます。一方、硬い岩石コアはストローのようにライナーを突き刺すことができないので（硬くて刺さらない）、岩石用のドリルビットをガリガリと回転させながら柱状の岩石コアを採取していきます。これをロータリー・コア・バレル（ＲＣＢ）システムと呼びます。

２００４年７月から８月にかけて、ＪＲ号によるＩＯＤＰ第３０１次研究航海「ファンデフカ海嶺翼部水文地理学」が実施されました。

この航海は、カナダ・バンクーバー島の沖合にあるファンデフカ海嶺と呼ばれる中央海嶺付近で、海底下深部における熱水循環システムの解明を目的とした掘削調査でした。私は微生物研究チームのチーフとして、当時、大学院博士課程の学生であった中川聡さん（現・京都大学）と一緒にこの航海に参加し、熱水循環と海底下微生物の多様性との関係などについて調べていました。また、同じく乗船研究者のマーク・レバー博士（現・テキサスA&M大学オースティン校）は、蛍光ビーズや化学物質をトレーサーに用いた、コアサンプルのコンタミネーション評価や、堆積物の下に存在する比較的若い（約350万年前）、約50〜60℃の玄武岩コアサンプルを用いた微生物学的調査を担当しました。

この中で、マークさんは、玄武岩の塊の中にある小さな亀裂に水（熱水）が浸透していることに注目し、表面を完全に滅菌消毒したあとで、粉砕した玄武岩サンプルから炭素や硫黄の代謝を担う微生物たちのDNAの抽出と、PCR法で増幅された塩基配列の部分的な解読に成功しました。さらに、玄武岩のコアサンプルに含まれる炭素や硫黄の同位体の割合を測定したところ、熱水が浸透する部分の同位体組成が変化している現象を突き止めました。これは、微生物が軽い同位体を選択的に好んで代謝すること（同位体分別効果と呼びます）により生じた生命活動の証拠を示していました。

それにより、世界で初めて、堆積物の下の玄武岩の中にも生命圏が存在することが直接的に証

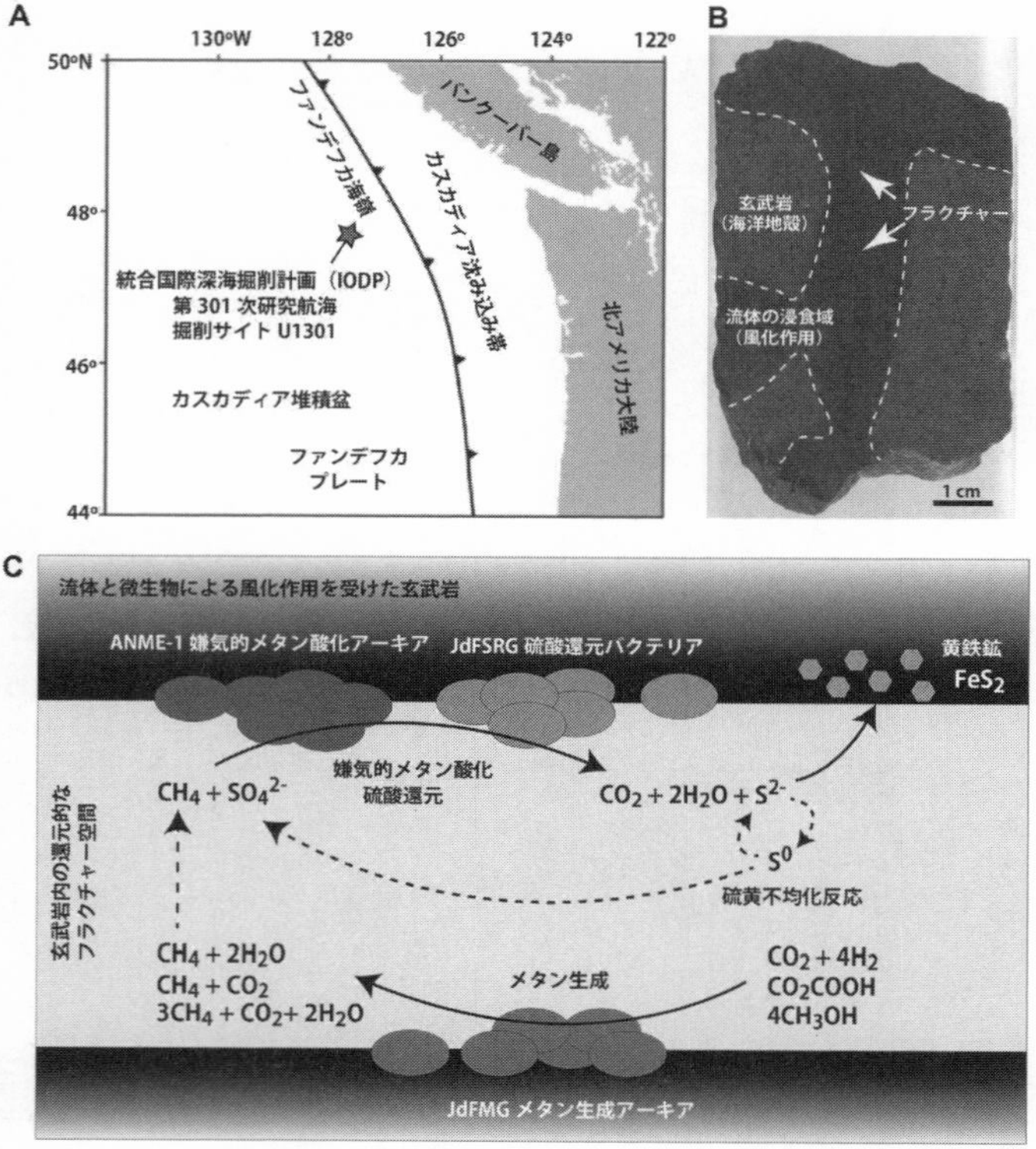

図2-10　(A) IODP第301次研究航海「ファンデフカ海嶺翼部水文地理学」の掘削調査地点、(B) フラクチャー（隙間）を含む玄武岩コアサンプル、(C) 亀裂内の微生物生態系による炭素・硫黄循環の模式図（Lever et al., 2013を改変）。

明されたのです（図2-10）。この成果は、2004年のJR号航海から10年の月日をかけた論文として米科学誌「Science」に掲載され、世界的に大きな反響を呼びました。

キッツキッツの世界——玄武岩の中に生息する微生物は隙間がスキ

2010年に行われたIODP第329次研究航海「南太平洋環流域海底下生命圏掘削調査」では、3ヵ所の掘削地点から堆積物の下の上部玄武岩層のコアサンプルを採取しました。これらの玄武岩は、3350万～1億4000万年前に南太平洋中央海嶺で形成されたもので、ファンデフカ海嶺翼部の玄武岩に比べて桁違いに古い地層です。海洋プレートの一生を海嶺での誕生から沈み込み帯での終焉と捉えるのであれば、この地層は中年から晩年といったところでしょうか。

この航海の乗船研究者であった鈴木庸平博士らは、玄武岩コアサンプルのコンタミネーションを注意深く評価した上で、玄武岩に存在する亀裂の特性を電子顕微鏡やX線回折法などの鉱物学的手法によって調べました。

その結果、鉄（Fe）成分に富む変質した粘土鉱物（セラドナイトやノントロナイトというスメクタイト系粘土鉱物や鉄水酸化物）が充填されていることを突き止めました。NanoSIMSを用いてそれらの粘土鉱物の元素イメージ解析を実施したところ、驚くべきことに、多くの亀裂に推定10^{10}細胞/cm^3を超える高密度の微生物たちが存在していたのです。これは、ヒトの腸内に匹敵する細胞密度です。

さらに、それらのサンプルから環境ＤＮＡを抽出し、その遺伝子配列の解読を行ったところ、南太平洋環流域の玄武岩層の温度に近い常温・好気性の硫黄、水素酸化細菌やメタン酸化細菌が検出されました。これは、粘土鉱物に閉じ込められる前の微生物たちが、比較的低温の酸素に富む環境で、閉じ込められた後も死んで分解することなく、生命機能を存続させてきた可能性が考えられます。

海底下微生物の長期生存を可能にするメカニズムは、やはり水と放射性元素とのラジオリシス反応と関係があるのかもしれません。海底下の微生物は、どうやら「隙間がスキ」なようです（図２－11）。それは、水と鉱物の非生物学的な反応から生成される微弱なエネルギー物質を、少しでも無駄にしない長期生存戦略の一つなのかもしれません。

また、この発見によって、海嶺翼部の若い玄武岩環境だけでなく、１億年以上たった広い範囲にまで地殻内生命圏が広がっている可能性が示されたのです。

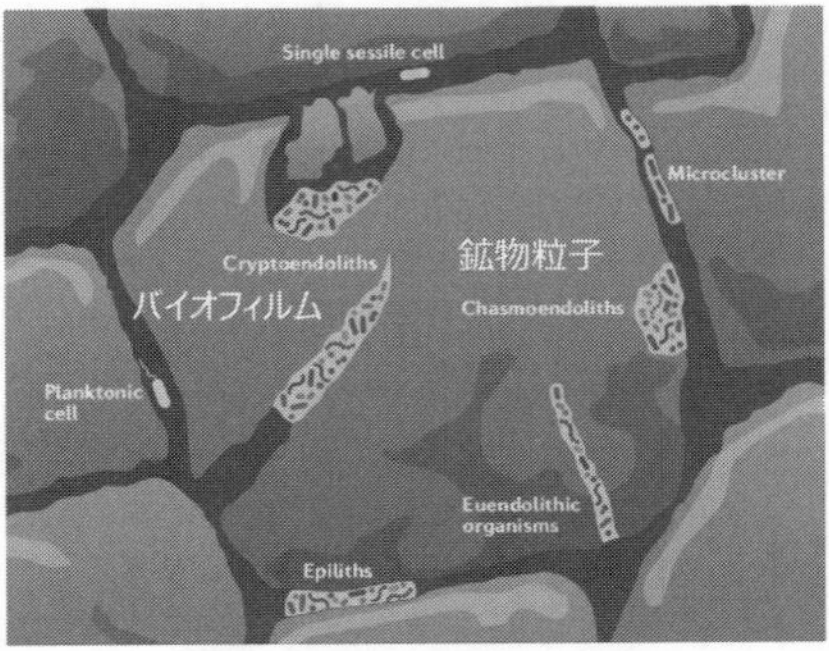

図2-11　微生物は海底下の隙間に集団で存在している（Flemming & Wuertz, 2019を改変）。

コラム 2 紺碧の海とゴミパッチ問題

「海の砂漠」と呼ばれる南太平洋環流域は、その透明度の高さから「紺碧の海」とも呼ばれます。

堆積物学者のブライス・ホッピー教授らは、直径40センチメートルと１・２メートルの２種類の透明度板（４等分した区画を白と黒に塗り分けた円形の板でセッキー板［Secchi disk］と呼びます）に糸を付け、ＪＲ号のヘリデッキから下ろしながらどこまで板を目視できるかによって海水の透明度を測定しました（図２－12）。

このセッキー板は、ＪＲ号の乗組員お手製です。イタリア人の天文学者ピエトロ・アンジェロ・セッキーが１８６５年に開発したもので、１世紀以上前から海洋学の分野で使われているクラシカルな測定手法です。

晴天（部分的に雲あり）の空の下で、乗船員や研究者が見守る中、環流

図2-12　JR号のヘリデッキからセッキー板をワイヤーで下ろし、南太平洋環流域の海水の透明度を測定する様子（著者）。

域の中央部に最も近い掘削サイト（U1368）において測定が行われました。結果は、小ディスクが海水面下46・5メートル、大ディスクが61・5メートルでした。この測定は、測定した海域の天候や季節、日照角度、測定者の視力などに左右されるため、最高記録を争う類のものではありませんが、北大西洋環流域であるサルガッソ海で1907年と1967年に記録された深度（透明度）よりも数メートル足りなかったようです。いずれにせよ、私たちの研究航海においても南太平洋環流域が「世界で最も透明度が高い海域の一つ」であることが確認されました。

環流域は円を描くように流れる亜熱帯循環の内側にあるため、海流による物質の移動が限られるという特徴があります。近年、このような海域にプラスチックなどのゴミが漂流して蓄積していることが明らかにされています。このような現象は、「太平洋ゴミパッチ（Great Pacific Garbage Patch）」（プラスチック・ボルテックス）と呼ばれます（図2‐13）。

環流域を取り囲む海流により、軟質のプラスチックは物理的な破砕を繰り返し、最終的にはマイクロプラスチックとなって環流域の中心に到達します。通常の沿岸海域であれば、密度の小さい物質であってもマリンスノーなどの有機物残渣《ざんさ》の塊などに絡まって沈降するのでしょうが、環流域は有機物の基礎生産量が低いことからそれが起こりにくく、流れ・淀《よど》みに身を任せて漂う状態になるのでしょう。なにせ、堆積物が100万年に数十センチメートルしか積もらない海域ですから、地層に埋もれて地下に固定されるようなことも期待できません。また、環流域のような貧栄養の海域では、海水中の微生物たちによる分解作用もなかなか期待できそうにありません。しかも、紺碧の外洋環流域の一部は、クジラや大型回遊魚の移動経路になっています。環流域の外側を含めたマクロ生態系への影響も心配です。これらの問題がなければ、ＪＲ号から垂らしたセッキー板ももう少し深くまで見えていたのかもしれません。

２０１５年９月に国連サミットで加盟国の全会一致で採択された「持続可能な開発のための２０３０アジェンダ（ＳＤＧｓ：Sustainable Development Goals）」では、17の開発目標の14番目に「海の豊かさを守ろう」が掲げられています。その中で、海洋中のマイクロプラスチックが人間を含めた生態系全体に及ぼす影響が問題視されています。現在、世界の海には合計

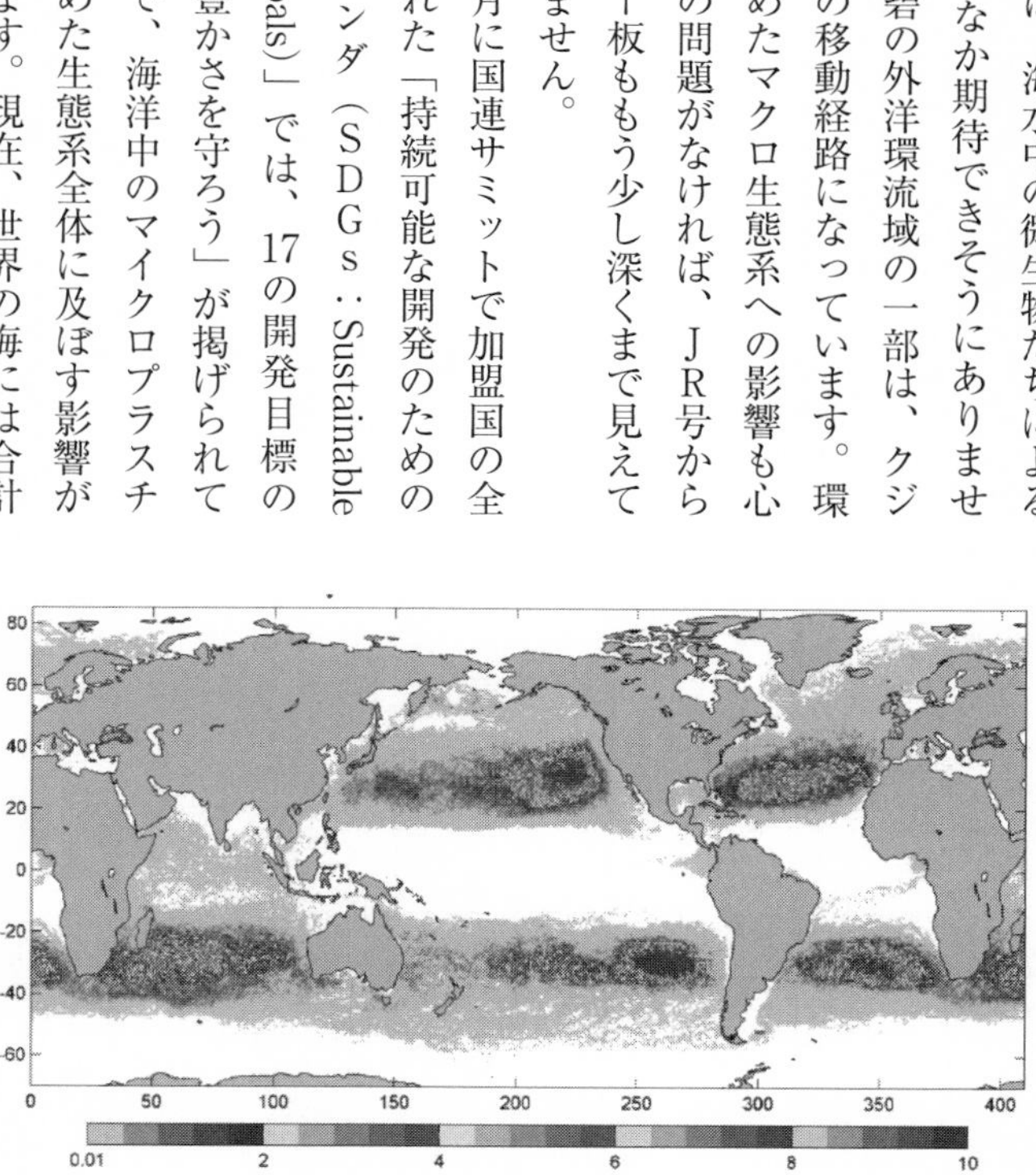

図2-13　海洋に10年間で蓄積するゴミの推定量マップ。亜熱帯海洋循環の内側に存在する環流域にプラスチックなどのゴミが集まり、ゴミパッチを形成する（2010年8月19日ハワイ大学国際太平洋研究センター・プレスリリースより）。

1億5000万トン以上のプラスチックゴミが存在し、毎年約800万トンにおよぶ量のプラスチックゴミが新たに海洋に流れ出ていると推定されています（図2－14）。

このままプラスチックゴミが海洋に排出され続けると、2050年には魚の数よりもゴミの数の方が多くなるのではという予測もあるほどです。陸からの距離が遠く、海洋の大部分を占める環流域でのゴミパッチ問題は、一つ一つゴミを掃除するような人海戦術には限界があり、もはや自然の摂理に任せるしか手立てがありません。ほかにも、最近の観測により、マイクロプラスチックもしくはその分解物であるナノレベルのプラスチック粒子は、北極海の氷の下の堆積物や、水深1万メートルを超える超深海（マリアナ海溝に生息するヨコエビの体内からも検出されている）にまで到達しているようです。今後、海洋環境を大切にしていく上では、沿岸域都市から排出される都市ゴミや移動する船舶などからのゴミの海洋投棄の抑制も含め、私たちが「海にゴミを出さない」ことが最も重要なアクションなのです。

図2-14　プラスチック性の漁具に絡まったアカウミガメ（「ナショナル ジオグラフィック」より）。

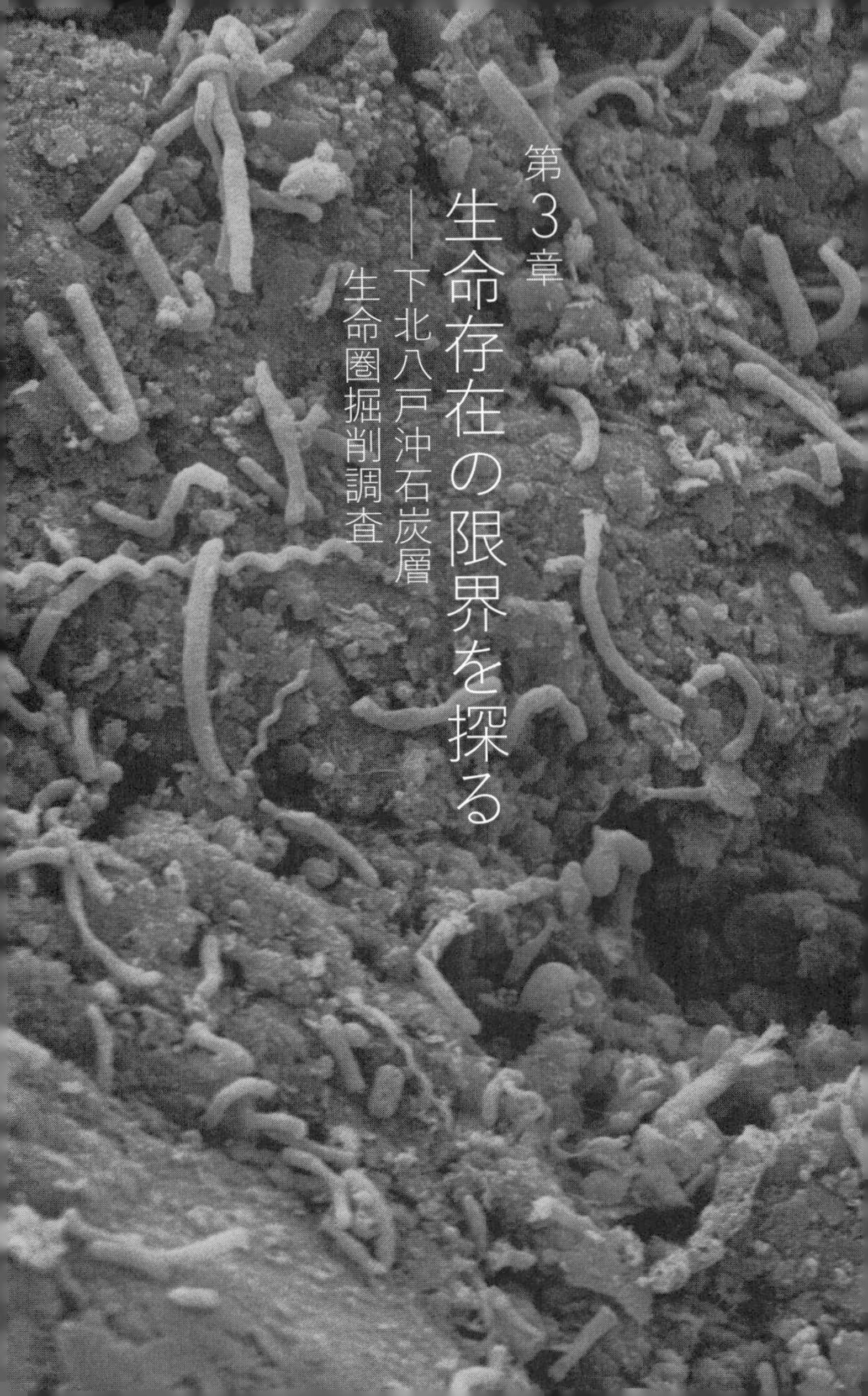

第3章 生命存在の限界を探る

——下北八戸沖石炭層生命圏掘削調査

〈ＯＤＰ Ｌｅｇ２０１〉や南太平洋環流域などで海底下生命圏探査の挑戦が続く中、ＪＲ号では解決することが難しい重要な課題が残されていました。

海底下生命圏はどこまで深く広がっているのか？

有機物に富む海底下で、微生物たちはどのような役割を果たしているのか？ そして、生命の限界とは何か？

これらの海底下生命圏の実態に迫る根本的な課題を解決するには、大陸沿岸の有機物に富む海底堆積物を従来よりも深く掘削してサンプルを採取する必要がありました。いよいよ、地球深部探査船「ちきゅう」の出番です！

地球深部探査船「ちきゅう」の門出

２００５年7月29日、長崎県佐世保港にて、日本が世界に誇る地球深部探査船「ちきゅう」が就航しました（図３-１）。

「ちきゅう」の最大定員数は２００名、船体の長さは２１０メートル（8両編成の新幹線の長さくらい）、船底からの櫓の高さは130メートル（30階建てのビルくらい）、幅は38メートル（フットサルコートくらい）もあります。船の大きさを示す総トン数は5万6752トン、かつての武蔵や大和といった大型戦艦（6万5000〜7万トン級）には及びませんが、有名な客船「飛鳥Ⅱ」（5万トン級）やジョイデス・レゾリューション号（JR号・約1万8000トン）を上回る大きさです。

また、「ちきゅう」の航走速度は最大で12ノット（時速約22キロメートル・自転車くらい）ですが、最新のGPS（全地球測位システム）に連動した6基のアジマススラスタ（プロペラ直径が3・8メートルの推進装置）を船底に装備し、掘削オペレーション時の船の位置を安定に保持する「動かない能力」を有しているという特徴があります。

「ちきゅう」は、JR号では到達できない大水深・大深度の海底下フロンティアを切り拓く船として、世界中の科学者の夢を実現するために造られました。

1994年、ちょうど私がパークス教授らの

図3-1　下北八戸沖で調査中の地球深部探査船「ちきゅう」(JAMSTEC)。

「nature」の論文を図書館で見て衝撃を受けていたころ、海洋科学技術センター（現・海洋研究開発機構）に深海地球ドリリング計画（OD21）が組織されました。ここから、JR号よりも深くまで掘ることができる最新鋭のライザー掘削システムを搭載した新しい科学掘削船の検討がはじまりました。OD21では「ちきゅう」の建造目的として、次の5項目を掲げていました。

①地球変動研究：急激な地球環境変動の復元・変動メカニズムの解明
②地震発生メカニズム研究：地震発生帯への直接掘削と掘削孔内観測システムの構築
③地球深部ダイナミクス研究：海洋地殻下部への掘削とそれに続くマントルへの挑戦
④新しい資源の探究：メタンハイドレートや地殻内微生物、生命の起源の解明
⑤人類の活動領域の拡大：大型施設の機能を活かした深海域活動の拡大

2005年に「ちきゅう」が就航したのち、2005年と2006年には青森県八戸市の沖合で慣熟訓練航海が実施されました。慣熟訓練航海とは（英語ではシェイクダウン・クルーズと呼びます）、船が就航したのちに、船の走行性能や搭載されている装置・機器などの性能や取り回し手順などをテストする航海です。私は、JR号に乗船していたこれまでの経験から、2006年8月の慣熟訓練航海（航海番号：CK06−06）の乗船研究者チームのチーフとして、初めて就

航後の「ちきゅう」に乗船しました。

この航海では、水深約1200メートルの海底からライザーレス掘削システムを用いて連続的な堆積物コアを採取します。採取したコアは、コアカッティングエリア（長さ約10メートルのコアを1メートル程度のコアに分割する場所）から船上ラボに運ばれ、海洋科学掘削でスタンダードとなっている分析項目が国際水準で実施できるかどうかを確認しました。

慣熟訓練航海とはいえ、貴重な堆積物コアを採取する絶好の機会です。私たちは、この慣熟訓練航海で得られたサンプルを使って、下北八戸沖の海底堆積物にどのような生命圏が広がっているのかを調べました（図3−2）。

この〈CK06−06〉航海に一緒に乗船していた戸丸仁博士（現・千葉大学）やJAMSTECの井町寛之研究員らとともに、それぞれ地球化学や微生物学に関連するコアフロー（セクション化したあとのコアサンプルを処理していく流れ）のチェックとサンプリングを行いました。

採取したコアサンプルの上下を間違えることはできません。

「コアは浅い方が青キャップ、深い方が透明キャップ。浅

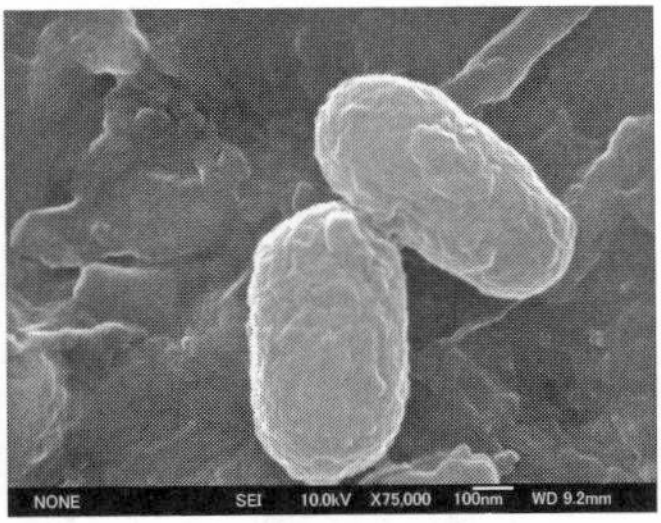

図3-2　2006年に「ちきゅう」により下北八戸沖の海底から採取された堆積物コアに存在した微生物細胞の走査型電子顕微鏡写真（JAMSTEC）。

い方には青い空があると覚えて！　そして、コアライナーは、こんな感じでササッと切ります……」とラボ・テクニシャンの皆さんに教えたことを覚えています。地層のサンプルは「生モノ」で、実にダイナミックです。

下北八戸沖の堆積物は、メタンガスを多く含んでいました。海底からコアが回収されたら、直ちにプラスチック・ライナーに小さな穴をあけて脱ガスをしないと、コアが膨張し、正確な長さ（深さ）を決定できなくなってしまいます。穴をあけるためのハンドドリルがうまく定まらずオロオロしたり、穴をあけたら、その穴から膨張したガスが泥と一緒にブシャーっと噴き出し、顔や作業着が泥だらけになったりすることもしばしば。それもそのはず。このエリアの堆積物は、全体としてガス成分に富む珪質軟泥《けいしつなんでい》（植物プランクトンである珪藻の殻を多く含む軟らかい地層）でしたが、部分的に現れる砂層や火山灰層には、その間隙（隙間）を充填するタイプの「燃える氷」メタンハイドレートが存在していたのです。

当初は海底下520メートルまで掘削する予定でしたが、365メートルでメタンハイドレート安定域の下限に到達したと判断されたため、この慣熟訓練航海（C9001 Hole C）でのコア採取はその深度までとなりました。

その後、堆積物の年代を示す指標となる微化石分析の結果から、採取されたコアは、過去64万年の間に堆積したものであることがわかりました。

そんな様子の初々しい慣熟訓練航海でしたが、無事に微生物分析用の凍結コアサンプルや地球化学分析用のガス・間隙水サンプル、微化石分析用のサンプルなどを採取することができました。

その後、「ちきゅう」はクルーを替えて、ライザー掘削システムのための慣熟訓練航海を実施しました（C9001 Hole D：ライザーパイロット孔）。

JR号で採用されているライザーレス掘削システムでは、ドリルパイプをそのままの状態で地層に挿して掘削するため、孔壁が不安定で崩れやすく、深い坑井からコアを採取することは困難でした。また、石油やガスの噴出が想定される場所での掘削は、安全性や環境保全の観点から、ライザーレス掘削システムではできません。一方、「ちきゅう」が搭載しているライザー掘削システムは、船体からライザーパイプと呼ばれる中空のパイプを海底設置型の噴出防止装置（ＢＯＰ）につなぎ、この中にドリルビット編成のついたパイプを通して掘削します（図1－7）。このドリルパイプの先端から孔壁を固めるための泥水（人工的に比重や粘性を調整した掘削用の泥水）を流し、ライザーパイプを通してカッティングス（これも原位置の地層を知る貴重なサンプルです）を含む泥水を回収することで、孔壁を安定化させ、安全性を保ちながら大深度の掘削を行うことができます（詳しくは、第1章と第6章を参照）。

この慣熟訓練航海では、ライザーパイプとＢＯＰを海底に設置し、深さ６４７メートルまでのライザー掘削に成功しました。この「ちきゅう」で初めてのライザー掘削試験で採取された微生物学的なサンプルを分析したところ、ライザー掘削の泥水に含まれるキサンタンガムというバイオ粘性剤に、その元となるキサントモナス（*Xanthomonas*）という細菌のDNAが含まれていることがわかりました（DNAのみで、生きた細胞は含まれていませんでした）。この結果は、泥水からのコンタミネーションを評価する上で、有用な基礎データとなりました。また、このライザー掘削の慣熟訓練航海中に、2つの台風が合体した爆弾低気圧が八戸沖を通過し、「ちきゅう」はライザーパイプとBOPを海底から脱着して一時避難することを余儀なくされました。奇しくも、そのような悪天候状況への対応も含めた、充実した慣熟訓練航海となりました。

⊕あの日の「ちきゅう」

少し話がそれますが、「東北地方太平洋沖地震・津波」の話をさせてください。

2011年3月11日、「ちきゅう」は八戸港の岸壁に停泊し、後述するIODP第337次研究航海「下北八戸沖石炭層生命圏掘削調査」に向けた出航の準備をしていました。そこには、当時JAMSTECで「ちきゅう」の運航管理を担っていた地球深部探査センター（CDEX）の方々や高知コア研究所の研究者など、多くの関係者が航海の荷積みやラボのセットアップなどの作業をしていました。また同日には、地元の八戸市立中居林《なかいばやし》小学校の5年生の生徒48人が港に停泊中の「ちきゅう」を見学する予定でした。当日、私は「下北八戸沖石炭層生命圏掘削調査」の共同首席研究者（コチーフ）として、ＪＡＭＳＴＥＣ東京事務所の大会議室で記者会見を行い、研究の背景や科学目的、オペレーション内容などを科学雑誌の編集者や新聞記者、報道関係の科学論説委員の方々に説明していました。また、翌日には、乗船するために八戸市に向かう予定でした。

14時46分。ドーンという地響きのあと、東北地方太平洋沖地震（東日本大震災）が発生しました。震源は宮城県牡鹿《おしか》半島の沖合１３０キロメートル、震源の深さは24キロメートルで、マグニチュードは観測史上最大の９・０でした。ちょうど記者会見中でしたが、会場の机や椅子が左右に揺さぶられ、まともに立っていることができず、まるで嵐の中で小舟に乗っているかのような状態でした。東京事務所のある23階の窓から外を見ると、隣や向かい側のビルがまるでコンニャクのようにユラユラと揺れています。記者会見は中止され、即座に緊急対策本部が設置されました。その頃「ちきゅう」では、恩田裕治船長の指示の下、港にいる関係者全員を船に乗船避難させ、緊急離岸の準備と人員点呼が行われていたのでした。

「小学生は無事か！」

記者会見に同席していた平朝彦さん（ＪＡＭＳＴＥＣ開発担当理事・当時）や東垣さん（ＣＤＥＸセンター長・当時）が叫びます。電話回線は非常につながりにくい状況でしたが、全員まだ下船していないことが確認されました。よかった！　と、ホッとした瞬間でした。同時に、「ちきゅう」にいるラボの同僚のことや関係者のこと、福島県郡山市にいる私の実家の家族のこと、そして世界中から日本に向けて出発しようとしている乗船研究者のことが、急に心配になりました。インターネット回線は通じていることに気が付き、Skypeやメールで海外や家族などにも連絡をとりました。

震災当時の「ちきゅう」はどうだったのか？　恩田裕治船長（日本マントル・クエスト株式会社・当時）のインタビュー記事が、ＪＡＭＳＴＥＣ地球深部探査センターが発行する広報誌「地球発見」(https://www.jamstec.go.jp/chikyu/j/magazine/future/no12/index.html) の２０１１年12月号に掲載されています（図３－３）。

15時30分ごろ、津波警報の高さが8メートルに修正されました。港から出るには通常でも40分間はかかる。最善策は何か？　港と船をつなぐ係留策（ロープ）を船上から切断し、緊急離岸。港内は、押し波と引き波がぶつかりあい渦を巻いた状態です。やがて津波が到達しました。船は港内の広い場所に移動して錨《いかり》をおろしたものの、その地点に留まることも、自在に操船することもできず、港内を2回転半まわったそうです。また、離岸時に「ちきゅう」の船底にあるアジマススラスタ（プロペラ付きの船舶推進装置）の一部が損傷しました。恩田船長は「この難局を乗り切る……（中略）……このときの状況を考慮すれば極めて軽微だと言えます」とコメントを残しています。

翌日の昼ごろには、八戸市と海上自衛隊のご厚意により、ヘリが「ちきゅう」に着船し、中居林小学校の生徒たちは全員無事に下船することができました。ＪＡＭＳＴＥＣの小俣珠乃さんとイラストを担当した田中利枝さんは、この時、「ちきゅう」の船内で過ごした小学生たちの体験を『津波の日の絆　地球深部探査船「ちきゅう」で過ごした子どもたち』（冨山房インターナショナル）という絵本にしています。もし地震発生の前に下船していたら、児童たちは津波の犠牲になっていた可能性もあったのです。この絵本によると、児童たちは小学校の「校歌」と「島唄」、そして「ムーン・リバー」の３曲を歌い、張り詰めていた船内の空気を和らげた様子が描かれています。大人たちが子どもたちに勇気づけられた15分間でした。当時小学校５年生（10～11歳）だった子どもたちは、現在は22～23歳、社会人か大学生でしょうか。お元気に活躍していることを祈っています。

東日本大震災の影響で延期となったＩＯＤＰ第３３７次研究航海「下北八戸沖石炭層生命圏掘削調査」でしたが、私た

図3-3　東日本大震災の津波に直面する「ちきゅう」(JAMSTEC)。

ちはリベンジを誓いました。

「ちきゅう」のライザー掘削システムによって海底下2000メートルの石炭層を掘削し、その成り立ちや未知の海底下生命圏の役割を理解する。それこそが、日本の海底エネルギー資源の基礎科学的な理解や将来の二酸化炭素貯留隔離（CCS：Carbon dioxide Capture and Sequestration）を含む持続可能な炭素循環マネジメントにつながると考えました（本章のコラム③を参照）。私自身、震災の前と後では自然科学の重要さへの想い、そして「ちきゅう」に対する想いが全く異なっていました。以前は、〈ODP Leg201〉からの延長で、科学者としての知的探究心の赴くままに研究をしていたのですが、震災の後では、「我が国」や「私たちが暮らす地球」など、今後、科学者が何をすればこれからの人間社会に貢献できるのかといった視座が強まってきたのです。この意識の変化は、おそらく大学院時代の農芸化学・資源工学の融合研究がルーツであり、震災を通じて原点回帰（リセット）されたような感覚でした。

下北八戸沖の海底下で何が起きているのか

2012年7月31日、私たちはさらに強固な体制作りと事前準備をして「ちきゅう」に乗り込みました。私のバディとなる掘削調査プロジェクトのコチーフは、〈ODP Leg201〉にも乗船していた有機地球化学の第一人者カイ・ウエ・ヒンリッヒ教授（ドイツ・ブレーメン大学）

でした（図3－4）。

EPM（航海プロジェクト・マネージャー）は、久保雄介博士（現・JAMSTEC高知コア研究所）が務めました。久保さんには、下北八戸沖やコラム④で紹介する南海トラフ泥火山掘削調査、そして第4章で述べる「室戸沖限界生命圏掘削調査（T－リミット）」など、「ちきゅう」での複数のプロジェクトをサポートしていただきました。

「ちきゅう」の慣熟訓練航海から調査している八戸沖の海底下には、北海道日高トラフの南部から東北日本太平洋側にかけて帯状に分布している数千万年前の石炭層が眠っています。海底下2000メートル付近の石炭層は、いまだ良質の石炭（無煙炭）になりきっていない褐炭や亜《あ》瀝青《れきせい》炭《たん》という未成熟の石炭で、資源的価値の低い有機物層です（1999年に通商産業省（現・経済産業省）により実施された基礎試錐《しすい》「三陸沖」の調査では、さらに深く高温の地層に上部白亜系の石炭層が存在し、それを根源岩とするガス埋蔵ポテンシャル〈日量約30万立方メートル〉が報告されています）。非常に長い年月をかけて熟成している途中の、かつて「森」だった地層が海底下に眠っているのです。その石炭が熟成していく過程で天然ガス（メタン）が発生し、浅い堆積物にメタンハイドレートが形成するなどの

図3-4　カイ・ウエ・ヒンリッヒ教授（MARUM, University of Bremen）。

炭素循環システムが発達している可能性が考えられます。

この肥沃な海域の海底下に生息する微生物たちは、もしかしたら、地下深部の石炭層から染み出す栄養源・エネルギー源を利用しながら生きているのかもしれません。また、この海域は、かつては陸の「森」だった地層から海の堆積物の地層に変わる特徴があり、東北日本沿岸の地質形成史と海底下の炭素循環や地下生命活動との関連性を探る上で、絶好の調査海域なのです。

本航海の主要な科学目的は、次の2つに集約されます（図3－5）。

① 大陸沿岸の有機物に富む堆積物環境に存在する微生物の量・多様性・代謝活性などを分析し、海底下深部の生命圏の実態を明らかにする。
② 下北八戸沖の海底下における炭素・エネルギー循環システムと微生物活動との関係を明らかにする。

これらの科学目的を達成するために、私たちは2006年の「ちきゅう」の慣熟訓練航海で海底下647メートルまで掘削し、551メートルまで20インチのケーシングパイプ（孔を守るための鉄製のパイプ）が挿入されたC9001Dライザーパイロット孔を再利用し、事前に採取されていた地下構造探査データを参照しながら、目標到達深度を海底下2200メートルに設定して掘削調査を実施しました。乗船研究者チームとサポートスタッフは全員乗船し、完璧な状態でスタンバイしています。

しかし、航海開始からなかなかコアが上がってきません。開始当初、噴出防止装置（ＢＯＰ）の作動確認で不具合が生じ、海外からパーツやエンジニアを呼ぶなどの措置がとられました。「ちきゅう」が八戸港を出港してから約２週間がたち、ようやくＢＯＰが「ちきゅう」のムーンプールと呼ばれる場所から海中に降下されました。その後、さまざまな確認作業が行われ、21インチ口径のライザーパイプが連結されていきます。

８月11日の午後11時36分、多くの乗船研究者が船内ラウンジに集まり、「ちきゅう」から降下された無人探査機（ＲＯＶ）の映像をモニターの前で見守っていました。ついに、ＢＯＰがウェルヘッド（掘

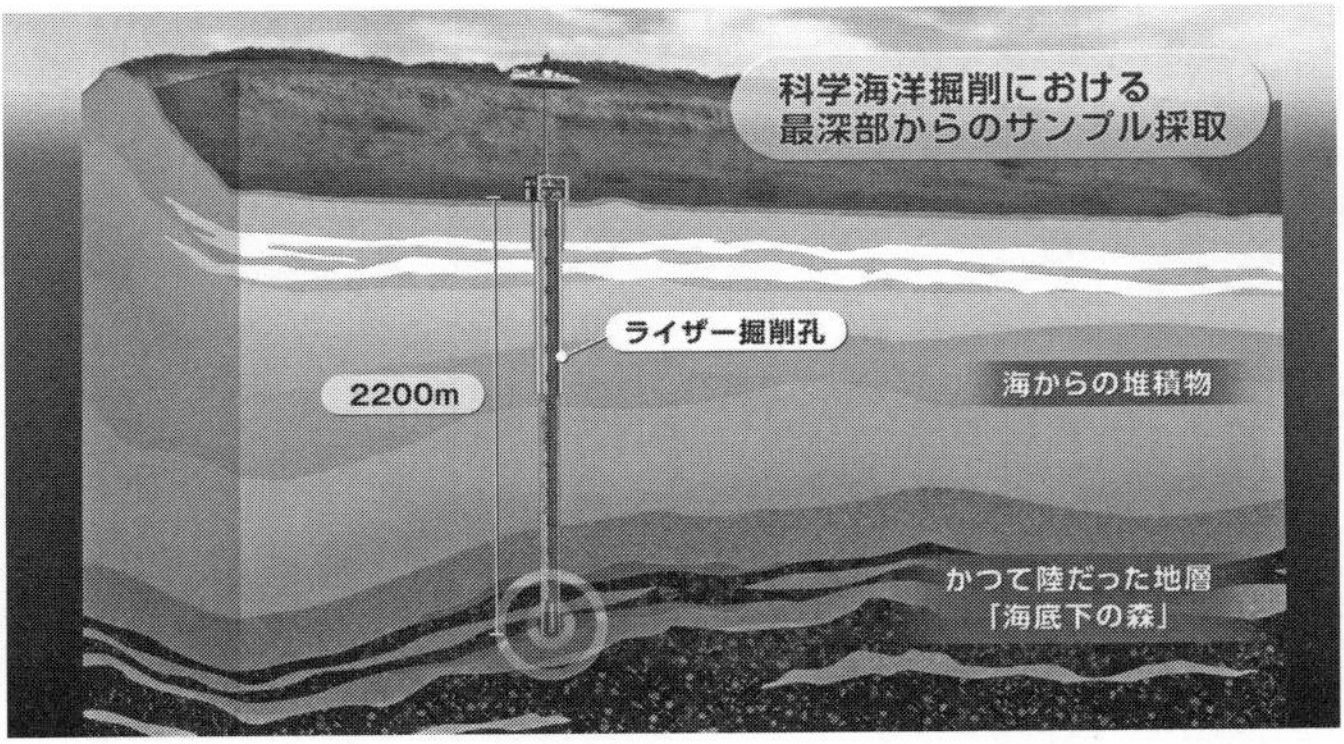

図3-5　IODP第337次研究航海「下北八戸沖石炭層生命圏掘削調査」のプロジェクト概念図（JAMSTEC）。

削孔の上部に取り付けられる装置）に設置されたかと思われた瞬間、ＲＯＶからの映像が途切れモニターは真っ暗に……。船上に緊張感が走ります。しばらくして映像が回復すると、無事にＢＯＰの着底が確認されたのでした（図３－６）。ホッとしました。

「ちきゅう」のドリルフロアと同じ階にあるカンパニーオフィスでは、掘削オペレーションの代表者（ＯＳＩ：Operation Superintendent）であるＣＤＥＸの猿橋具和さんがいました。

「稲垣さん、お待たせしました。掘削開始しました」

乗船から約２週間後の８月15日、ＯＳＩの猿橋さんや澤田郁郎さんには、ＢＯＰの状態やオペレーションの内容など、日々起きていることを、わかりやすい言葉で教えていただきました。私たちは、このＢＯＰ設置にかかった時間の遅れを取り戻すために、一定の区間ではコアリングをせずに、ドリルダウン（コアを採取せずに掘進すること）することにしました。

コアを採取しない深度区間では、地層の状態を知るためのカッティングスや、新設したガスモニタリングラボの役割が重要になってきます。ガスモニタリングラボでは、ライザー掘削システムの特徴である泥水循環に伴い、現場の地層から船上に運ばれてくるガス（マッドガスと呼ばれます）の連続分析やサンプリングなどを行います。この航海では、一般的なガスクロマトグラフィーによる化学成分の濃度分析だけではなく、当時最新のメタンの炭素同位体組成の連続分析を実施しました。ガスモニタリングチームは、ブレーメン大学のベレナ・ハウアー博士とＪＡＭＳ

TEC高知コア研究所の井尻暁研究員（現・神戸大学）を中心に4人の地球化学者で行われ、世界初の連続的なメタンの炭素同位体組成データのリアルタイム取得に成功したのでした。

満を持して開始されたライザー掘削ですが、その2日後の8月17日のことです。深度1166メートルで「逸泥《いっでい》」が起きました。逸泥とは、ライザーパイプから地層に送り込んだ泥水が地層に吸われて船上に帰ってこない現象のこと。ギョッとしました。

「逸泥防止材というのがありますから、それで問題がある箇所にフタをして、乗り切りたいと思います。でも、それが効かないケースもあります。その場合にどうするかを考えておいてください」OSIの猿橋さんがそう言います。

私たちは、乗船する前から「プランB」として、ライザーレス掘削により浅部から掘り進め、メタンハイドレートの調査に特化したプログラムを準備していました。しかし、そのカードを切りたくはありませんでした。翌朝、ドリルフロアから赤い

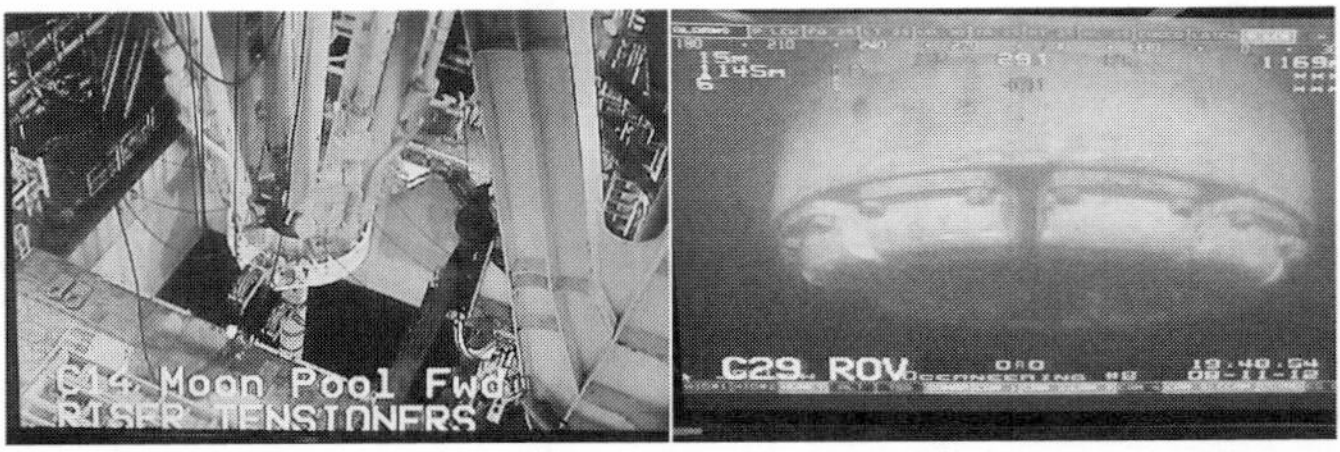

図3-6　海底に設置されたウェルヘッドに噴出防止装置（BOP）とライザーパイプを連結する作業の様子。（左）「ちきゅう」のムーンプール。テンショナーに支えられたライザーパイプが降ろされていく。（右）無人探査機（ROV）のカメラによるBOP連結部の映像（ともに著者）。

ツナギを着た猿橋さんがやってきました。

「逸泥は、なんとかなりそうです。これからどうしますか？　3時間くらいで決められますか？」

――いま決めましょう。この区間で予定していたワイヤーライン・ロギングをキャンセルして、ドリルダウン。ある程度はコアリングをとばしても良いので、掘削深度の世界記録更新を目指しましょう！

「OK。では、ケーシングをして掘削を続けましょう」

この会議の所要時間は、約10分でした。それからというもの、ライザー掘削は大きなトラブルもなく快進撃をつづけます。深度100メートルごとにコアを採取し、ガスモニタリングラボでも順調にデータがとれています。

"Core on deck!"（コア・オン・デッキ！）

8月25日、乗船研究者が待ちに待った最初の堆積物コアが採取されました。

コアカッティングエリアには、研究者と同じく首を長くして待っていたラボ・テクニシャンの方々が、テキパキと処理をして、約1メートルほどの長さに切断されたコアを、船上にある医療用のX線CTスキャンにかけていきます。コチーフは、X線CTスキャンのイメージを見て、各研究者へのサンプルの分配プランを作成します。なにせ、コアは「生モノ」ですので、時間との勝負です。スポット的にコアリングが行われるたびに、乗船研究者チームは水を得た魚のように作業をつづけるのでした。

9月2日、深度1919メートルから採取されたコアは、それまでの泥岩や砂岩とは全く異なる真っ黒な色をしていました。石炭層です！　高知大学の村山雅史教授は、黒い石炭層に、キラキラと黄金色に輝くパイライト（黄鉄鉱：FeS_2）の脈を発見しました。X線CTスキャンのイメージには、亀裂の表面に発達するパイライトの空間分布を映し出していました。下船後の同位体地球化学の研究によって、これが微生物による硫酸還元が関与したパイライトであることが明らかとなりました。

2012年9月6日、本航海で26番目のコアが100％（パーフェクト！）の回収率で採取されました。その瞬間、「ちきゅう」は約半世紀にわたる海洋科学掘削の掘削深度記録2111メートルを更新しました（図3－7）。掘削はまだ進んでいますが、この深度よりも深いコアサンプルは海洋科学掘削では存在していないので、真の科学フロンティアに突入した瞬間でした。「ドライ・シップでなければ、間違いなくシャンパンを開けてお祝いするところだ」とコチーフのカイが言っていたことを覚えています。その日の八戸市役所ではくす玉が割られ、当時の小林市長や坂本市議を交えた関係者らが万歳をしている写真が送られてきました（ありがとうございました！）。

その後も掘削は順調に進み、そろそろ打ち止めか……と思われたところで、再び、見事にパイライトが発達した薄い石炭層が出現しました（巻頭の写真eを参照）。これは新しい発見になるのではないか⁉ 直感的に次の分厚い泥岩まで掘削とコアサンプルの採取を進めることにしました。

9月9日午前3時54分。本航海32番目の最後のコアが船上に採取されました。最終的な掘削深度記録は、それまでの世界記録（JR号によるコスタリカ沖504B孔の2111メートル）を355メートル上回る海底下2466メートルでした。

その後、海底下2000メートル付近の夾炭層《きょうたん》（石炭と砂岩が交互になっている地層）を中心に、コアを採取しなかった区間を含む電気検層（孔内にセンサーなどを搭載したツールを挿入して各種測定を行うワイヤーライン・ロギングという手法）調査が行われました。この調査では、京都大学の山田泰広准教授（現・九州大学）を中心に、CDEXの検層チームや民間企

図3-7 「ちきゅう」は海洋科学掘削の世界最高掘削深度記録を更新した（JAMSTEC/IODP）。

業の技術者が協力し、非常に質の高いデータの取得に成功しました。その結果、厚さが30センチメートル以上の石炭層が13ヵ所存在することが明らかとなりました。さらに、石油業界が開発した最新のツールを使って、石炭層付近の地層から現場の圧力を維持したままガスや流体のサンプルを採取することにも成功しました。

震災後のリベンジ航海では、BOPの不具合や逸泥などさまざまなことがありました。しかし、限られた時間の中で、目標深度である2200メートルを上回る2466メートルまでの堆積物コアサンプルが採取されるなど、この航海のオペレーションは大成功に終わりました。

海底下の森は生きていた

1994年のパークス教授らの「nature」の論文では、海底堆積物に存在する微生物の細胞密度は深度が増加するにつれて対数的に減少するという傾向が示されていました。その後、ペルー沖や南海トラフ、下北八戸沖の慣熟訓練航海で得られた海底下数百メートルまでの堆積物コアサンプルの分析によっても、その結果が正しいことが確認されています（図3－8）。

この深さに対する細胞密度の減少傾向を、下北八戸沖の海底下にそのまま当てはめると、深さ2500メートルでは10^6細胞／cm^3、深さ5000メートルでは10^5細胞／cm^3程度の微生物細胞が存在していることになります。

一般的に、成層した海底の堆積物は深くなるにつれて形成年代が古くなり、現場の温度（地温）が高くなっていきます。下北八戸沖の堆積物の地温勾配が深さ1000メートルあたり約25℃であると仮定すると、深さ2500メートル地点の温度は約60℃、5000メートルになると約120℃以上になります。本当にそうなのでしょうか？

2002年に実施された〈ODP Leg201〉では、堆積物と滅菌した人工海水を攪拌《かくはん》してスラリーと呼ぶ懸濁液を作成しました。このスラリーを静置してほぼ透明になった上澄みをとり、その液体をフィルターで濾過《ろか》を

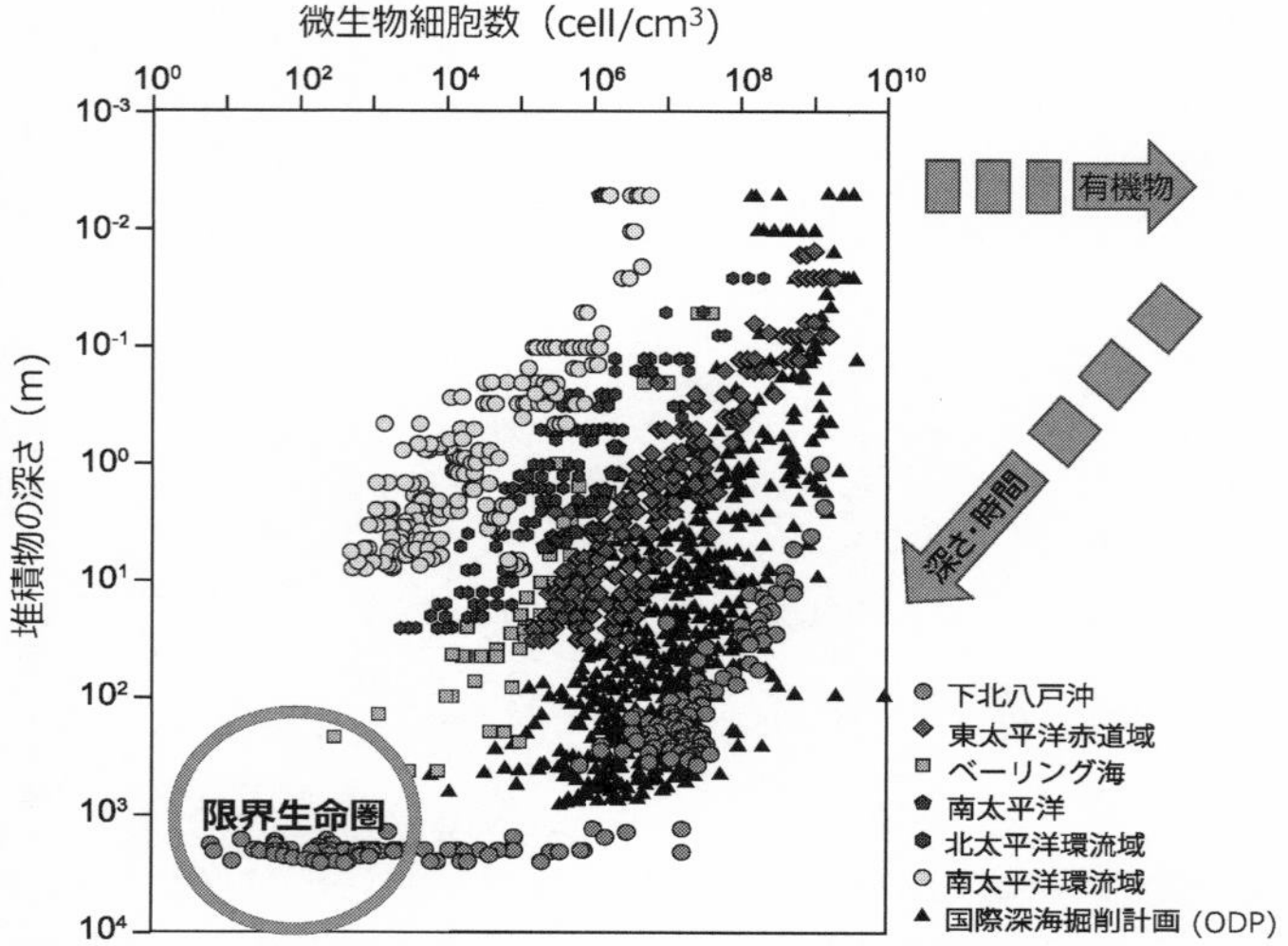

図3-8　世界各地の海底堆積物に含まれる微生物細胞密度の深度プロファイル。堆積物に含まれる有機物の濃度や深さ・時間の影響を受ける（D'Hondt et al., 2019を改変）。

して集め、アクリジンオレンジという蛍光試薬で染色した細胞を顕微鏡で数えていました。この従来の方法では、何より細胞が数えにくく（鉱物なのか微生物なのかの判別がつかない）、カウントできる限界（計数限界値）が堆積物1立方センチメートルあたり10^5細胞程度でした。

南太平洋環流域海底下生命圏掘削調査の乗船研究者であるイェンツ・カラメイヤー博士は、鉱物粒子に付着した微生物細胞を効率的に剝離・回収できていないのではないかと疑問を持ちました。そこで、スラリー液に比重の違う溶液を混合し、遠心分離で二層構造を作ることで、その境界面から多くの細胞が回収できる手法を適用しました。また、細胞内の核酸（ＤＮＡ）の二重らせん構造に特異的に吸着し、より明るい緑色の蛍光を発色する蛍光試薬であるSYBR Green Ⅰを用いて細胞を染色することで、計数限界値を１０００細胞／cm^3まで押し下げました。さらに、諸野祐樹研究員（ＪＡＭＳＴＥＣ高知コア研究所）らは、比重の違う複数の溶液を重ね合わせた多重密度勾配遠心法を適用することで、さらに効率的に細胞を回収する手法を確立しました。それにより、計数限界値は１００細胞／cm^3以下にまで押し下げられました。そこから、蛍光染色された細胞をセルソーターという装置を用いて選択的に識別し、混在する鉱物粒子から細胞だけを回収・濃縮するサンプル調整手法を確立しました。それらの細胞計数法の改良に加え、星野辰彦研究員（ＪＡＭＳＴＥＣ高知コア研究所）は、マイクロ流体デバイスを用いたデジタルＰＣＲ法と呼ばれる遺伝子定量法を初めて海底下の環境ＤＮＡに適用し、特定遺伝子のコピー数から細胞数を推定する分子生物学的手法を確立しました（第5章で詳しく紹介します）。これらの革新的な分析手法の技術開発により、私たちは海底下深部生命圏の限界域に迫ることができるようになりました。

当初、パークス教授らによる微生物細胞密度の深さに対する減少傾向に従えば、海底下2000メートル付近の地層でも10^4〜10^5細胞/cm^3程度の微生物が存在するだろうし、さらに未成熟の石炭（有機物＝エサ）があるのだから、むしろ細胞密度は予想より大きいかもしれない、と期待していました。しかし、結果は大きく違っていました。

海底下1200〜1500メートル付近から微生物細胞密度は急激に低下し、計数限界値に近い100細胞/cm^3程度にまで減少しました。しかし、深さ2000メートル付近の石炭層では、微生物細胞密度が1000〜10万細胞/cm^3程度（10〜1000倍）にまで局所的に増加していたのです（図3-8、3-9）。石炭層から泥岩に地層が変化すると、微生物細胞密度は再び100細胞/cm^3程度にまで減少しますが、全く検出することができないという状況ではありませんでした。つまり、海底下2466メートルといった大深度にまで生命圏は存在し、生命が存在しない領域（非生命圏）には到達していなかったのです。

日本沿岸の多くの堆積物環境は、天然ガスの主要な成分であるメタンを含んでいます。それらのメタンは、堆積物中に生息する微生物（メタン菌）が作り出す「生物起源」のメタンと、埋没した有機物が地熱によって分解されて生じる「熱分解起源」のメタンに分かれます（図３-10）。「ちきゅう」船上のガスモニタリングチームが測定したメタンの炭素同位体組成の分析データは、「海底下約２５００メートルでも生命圏の範囲内である」という細胞計数の結果を支持していました。一般的に微生物は、複数の質量数を持つ同位体元素のうち軽い元素を選択的に好んで代謝します。例えば、水素（H_2）と二酸化炭素（CO_2）から天然ガスであるメタン（CH_4）が生成するメタン生成反応では、質量数が13の^{13}Cよりも質量数が12の^{12}CのCO_2を消費する割合が高くなり、結果として生成されるCH_4の^{13}C同位体元素の割合（$\delta^{13}C$と表します）はマイナス50

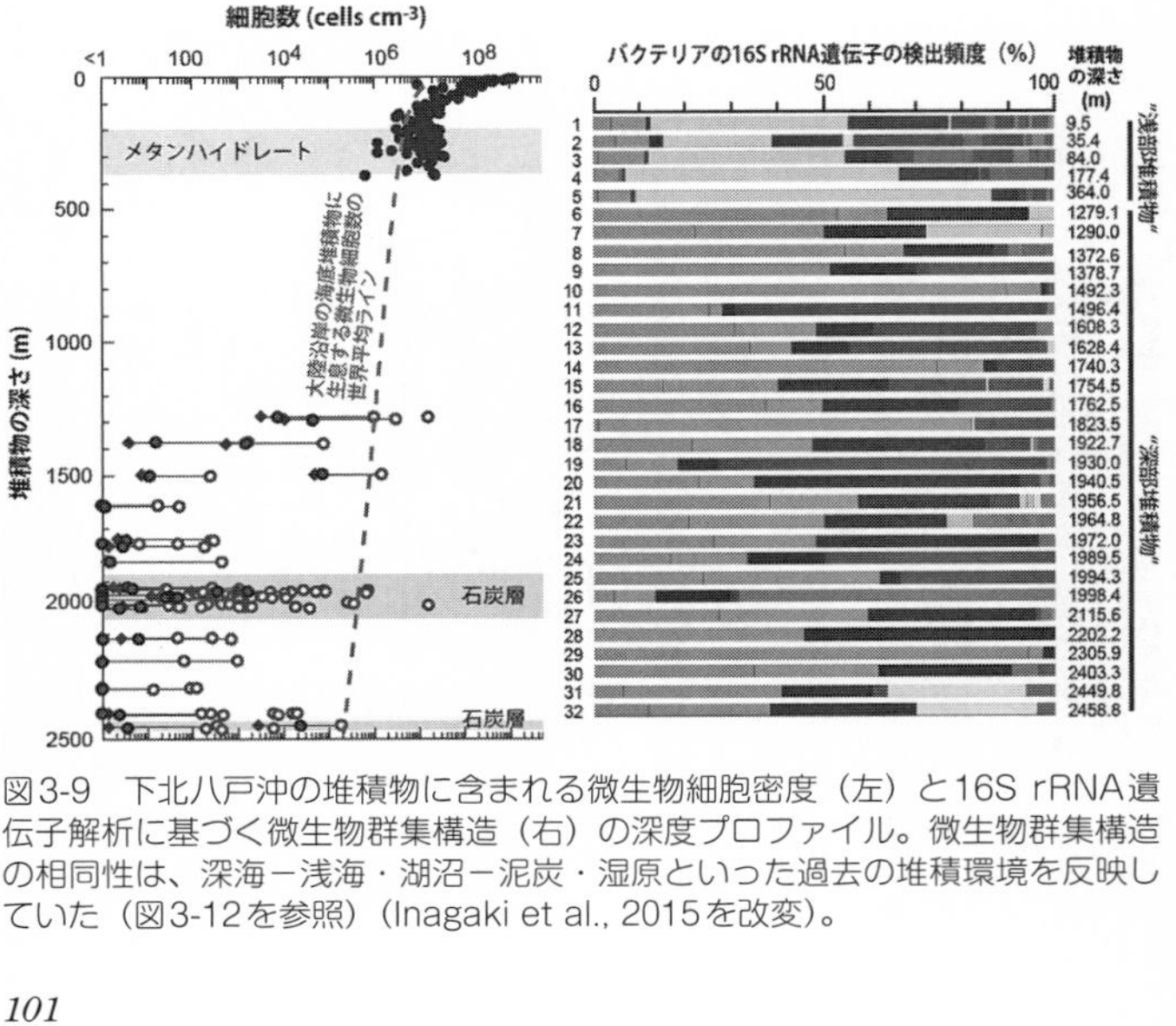

図3-9　下北八戸沖の堆積物に含まれる微生物細胞密度（左）と16S rRNA遺伝子解析に基づく微生物群集構造（右）の深度プロファイル。微生物群集構造の相同性は、深海－浅海・湖沼－泥炭・湿原といった過去の堆積環境を反映していた（図3-12を参照）（Inagaki et al., 2015を改変）。

〜マイナス60パーミル（‰：1／1000を表す千分率の単位）よりも軽い炭素同位体組成を持ちます（これを同位体分別効果と呼びます：第2章参照）。下北八戸沖の堆積物に含まれるメタンは、海底下約2500メートルまでの全ての深さで$\delta^{13}C$の値がマイナス60‰よりも軽いため、微生物起源のメタンであることがわかります（図3－11）。また、海底下2000メートルと2400メートル付近の石炭層では、CO_2の炭素同位体組成がマイナス15‰からゼロ‰程度まで局所的に重い値となっています。この結果は、微生物が石炭層に含まれる軽い$^{12}CO_2$を好んで消費したため、結果として石炭層に残ったCO_2の$\delta^{13}C$の値が重くなったと解釈することができます。石炭層付近のメタン（CH_4）とエタン（C_2H_6）の存在比率（C_1／C_2比、メタンの割合が多いほど微生物起源とされる）を見ると、石炭層付近で10倍程度メタンの比率が高いことから、現場の石炭層でメ

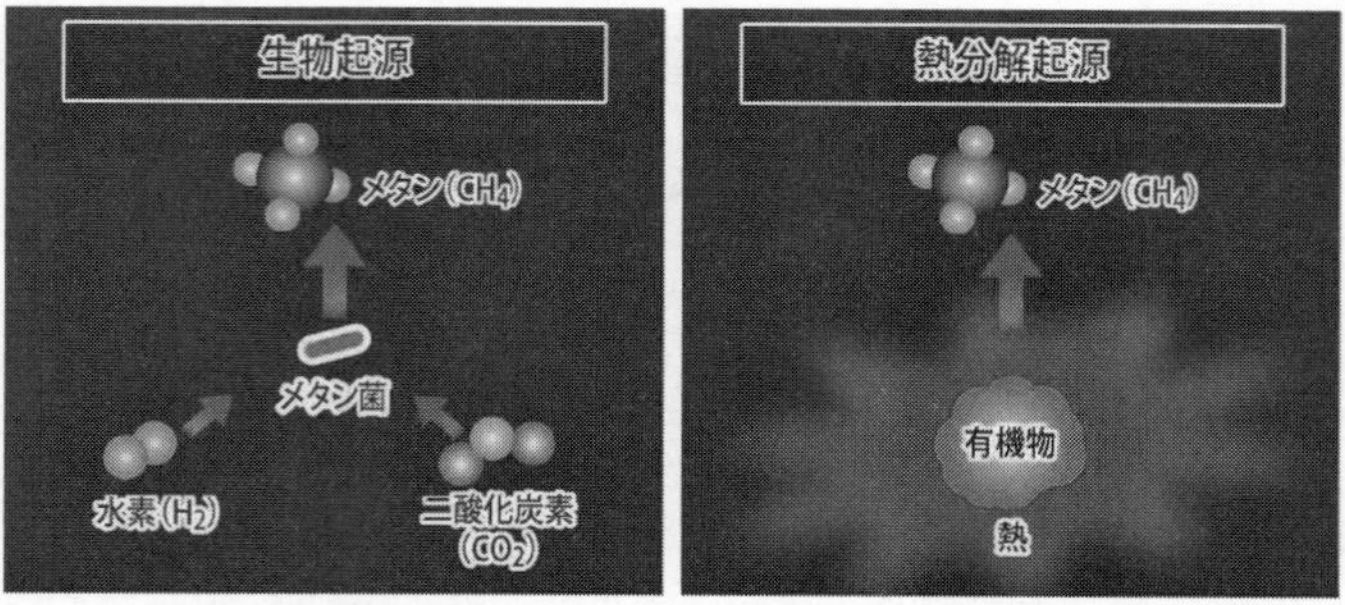

図3-10　海底堆積物中の天然ガス（メタン）には、微生物代謝活動による「生物起源」（左）と有機物の熱分解作用による「熱分解起源」（右）がある。それ以外に、非生物学的な化学反応で生じるメタンもある（JAMSTEC）。

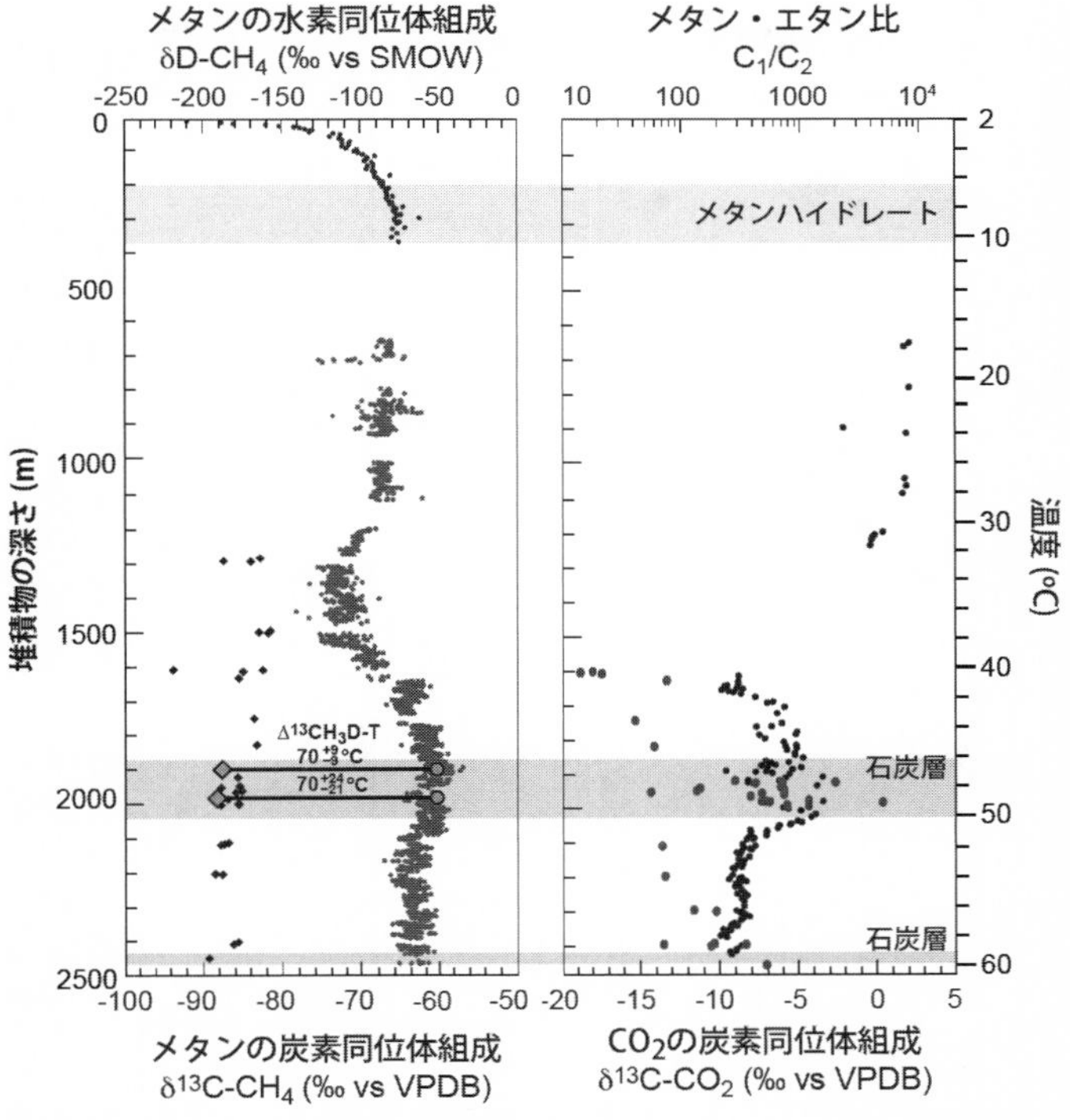

図3-11　下北八戸沖のメタンの炭素・水素同位体組成（左）とメタン・エタン比、CO_2の炭素同位体組成（右）の深度プロファイル（Inagaki et al., 2015を改変）。

タンが生成されていると推察されました（図3－11）。

本プロジェクトの陸上研究者であるマサチューセッツ工科大学の小野周平教授とＪＡＭＳＴＥＣ高知コア研究所の井尻暁研究員らは、掘削の検層ツールを用いて石炭層付近から採取されたガスサンプルを分析し、その生成温度が70℃前後であることを推定しました。これは、メタン分子に^{13}CとD(^{2}H)の2つの安定同位体が含まれる$^{13}CH_3D$という分子（これをクランプト同位体分子と呼びます）の存在量を測定することで、その分子比率からメタンが生成された温度を推定する試みです。カリフォルニア工科大学のチームが２０１４年に米科学誌「Ｓｃｉｅｎｃｅ」に発表したもので、資源探査への応用展開が可能な画期的な手法として世界的な注目を集めました。ただし、このクランプト同位体組成によるメタン生成温度の推定は、メタン生成反応が安定的な平衡状態にあることが前提で、特殊な環境条件で生成されているメタンや活発にメタン生成が進行している非平衡状態には適確な推定値を与えることができません（例えば牛の曖気《あいき》［げっぷ］には使えません）。70℃前後というメタン生成温度の推定値は、海底下２０００メートルの現場温度（約50℃）に比べると20℃ほど高いのですが、メタンが冷たい海底表層やさらに深くに存在する高温の石炭層から運ばれたものではなく、その大部分が、海底下深部の現場に生息する微生物の活動によって生成されたものであることを物語っています。

海底下の森の住人はだれ？

では、どのような種類の微生物が存在しているのでしょうか？

私たちは、当時、堆積物コアサンプルに最適化された最新の手法を用いて環境ＤＮＡを抽出・精製し、ＰＣＲ法で増幅した遺伝子断片の塩基配列を調べました。しかし、地質サンプルから細胞密度が小さい微生物群集の遺伝子を抽出するのは容易ではありません。そこで、コンタミネーションの可能性がある泥水や試薬キット、ほこりなどから得られるレファレンス（コントロールと呼びます）との比較テストを注意深く実施し、統計学的に最も現場環境に固有である（コンタミネーションの可能性が極めて低い）と推定される微生物種の特定を行いました。

その結果、海底下１２００メートルよりも深い堆積

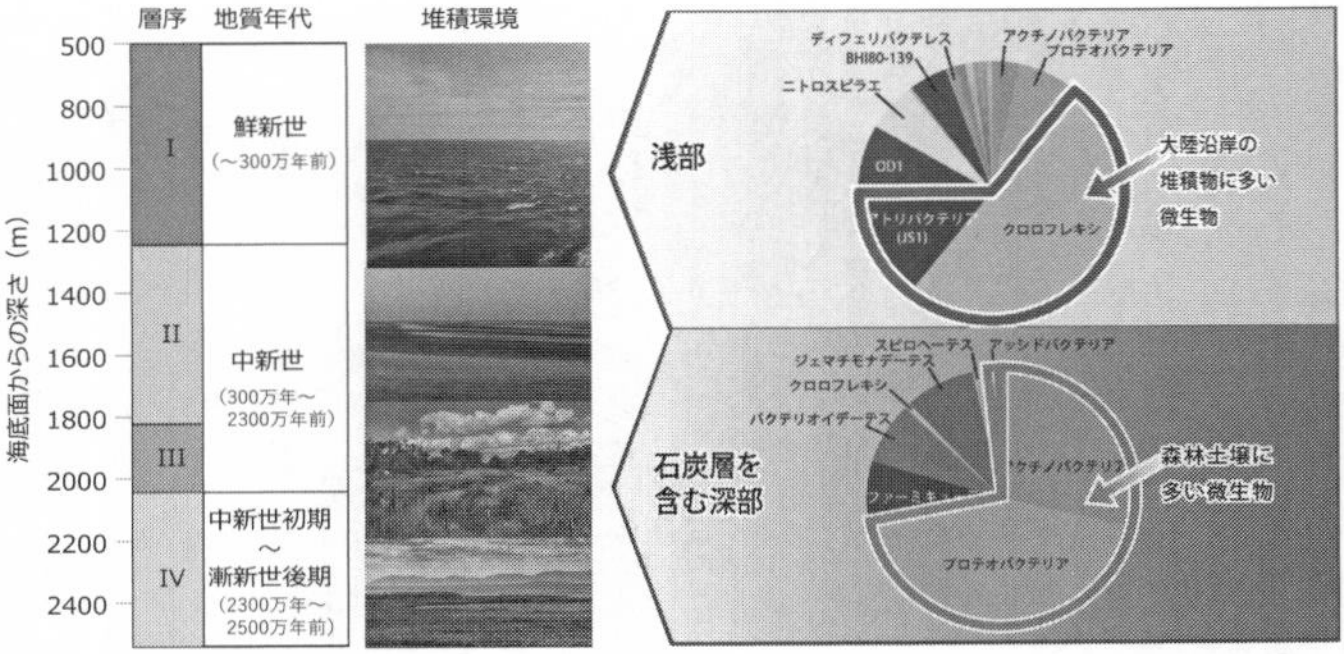

図3-12　下北八戸沖の堆積物に存在する微生物たちは、過去約2000万年の堆積環境の変化に伴ってその多様性が違っていた。深部の堆積物には、石炭の源である森林土壌に多い微生物が検出された（JAMSTEC）。

物に存在する〝深い〟微生物たちは、2006年の「ちきゅう」の慣熟訓練航海で採取された海底下365メートルまでの〝浅い〟微生物たちとは全く別の種類であることが明らかとなりました（図3－12）。

〝浅い〟微生物群集の組成は、主にクロロフレキシ門や暫定アトリバクテリア門、OD1と呼ばれる培養例のない系統群に属する細菌が検出され、大陸沿岸域の海底下堆積物に典型的な微生物種が優占していました。それに対して、〝深い〟微生物群集には、それらの微生物はほとんど検出されず（1％以下）、アクチノバクテリア門やプロテオバクテリア門、ファーミキューテス門、バクテロイデーテス門などの細菌に属し、森林土壌に典型的な微生物が検出されたのです。下北八戸沖石炭層生命圏の微生物の多様性のドラスティックな変化は、どうやら、過去に堆積物が形成された環境や、地質学的なダイナミクス（変動）と関係がありそうです。

⊕日本列島の形成と海底下の森

今から2000万年ほど前の中新世初期の時代、日本列島はまだユーラシア大陸東縁の一部であったと考えられています。つまり、現在の下北八戸沖は、まだ海岸付近の陸上にあったのです。そこには、現在の知床半島や釧路周辺にある森や湿原に蛇行河川があるような環境が広がっていたことでしょう。森や湿原に育つ植物の落ち葉や枯れ木が積もり、昆虫や菌類、微生物などによって分解され、ピートと呼ばれる有機物に富む黒い泥炭が形成されます。それが、下北八戸沖の海底下2000メートルの地点に存在する石炭層の起源です。

その頃の気候はまだ冷涼で、化石を見るとカバノキ、ニレ、ブナなどの冷温帯性の落葉広葉樹が繁茂していたようです。その後、陸の縁辺域で激しい火成活動や地殻変動が起こります。大規模な地割れとともに、マグマから水蒸気を多く含んだ溶結凝灰岩や石英安山岩の噴出がはじまり、日本列島の土台が形成されます。同時に、中新世中期の1650万年前をピークに、大陸の一部が沈み、陸側に海岸線が入り込む「大海進《だいかいしん》」と呼ばれる現象がはじまります。それによって、現在の日本海の原型が形成されます。

その後、日本海が拡大するのに伴って大陸の縁辺部から離れ、現在の姿の日本海と日本列島が形成されていったと考えられます。その際、東縁（太平洋側）の海岸では、太平洋プレートの沈み込みに押しやられた古陸が浮き沈みを繰り返しながら徐々に海底に埋没してゆきます。やがて、かつて広い範囲で森や湿原であった地層も深海へと沈んでいきます。その沈降プロセスの途中には、有明海などで有名な干潟やビーチサンドのような沿岸域に特徴的な環境もあったことでしょう。実際に、「ちきゅう」によるライザー掘削では、シデライト（$FeCO_3$）というやや還元的な環境で形成される鉄の炭酸塩鉱物を多く含む成層されたビーチサンドや、一定の方向性を持って並んだ貝化石を含む河川～湖沼性の泥岩のコアサンプルが採取されています（海底下深部からビーチサンドを攪乱の少ないコアとして回収できるのは、高い比重を持つ泥水を使うライザー掘削だけです)。それらの堆積物が完全に海底下に埋没した後は、表層海水の植物プランクトンの光合成によって生産される有機物やミネラルを含むマリンスノーが降り積もっていきます。その結果、珪藻の化石を多く含む半遠洋性堆積物に覆われた現在の地層構造になったのです(巻頭の写真dを参照)。

下北八戸沖から掘削された堆積物コアサンプルに含まれる微生物群集構造の変化は、「森林・湿原土壌→干潟・湖沼→海岸の砂浜→浅海→深海」といった堆積環境の変化の歴史と統計学的に非常に良い相関を持っていることがわかりました(図3-12)。

仮に、ある深さの物理的な制約やエネルギー的な制約が微生物の活動を抑制し、長期的なサバイバルモードに突入するとしたら、海底下の微生物は過去の堆積環境に由来する子孫または生き残りである可能性があります。つまり、

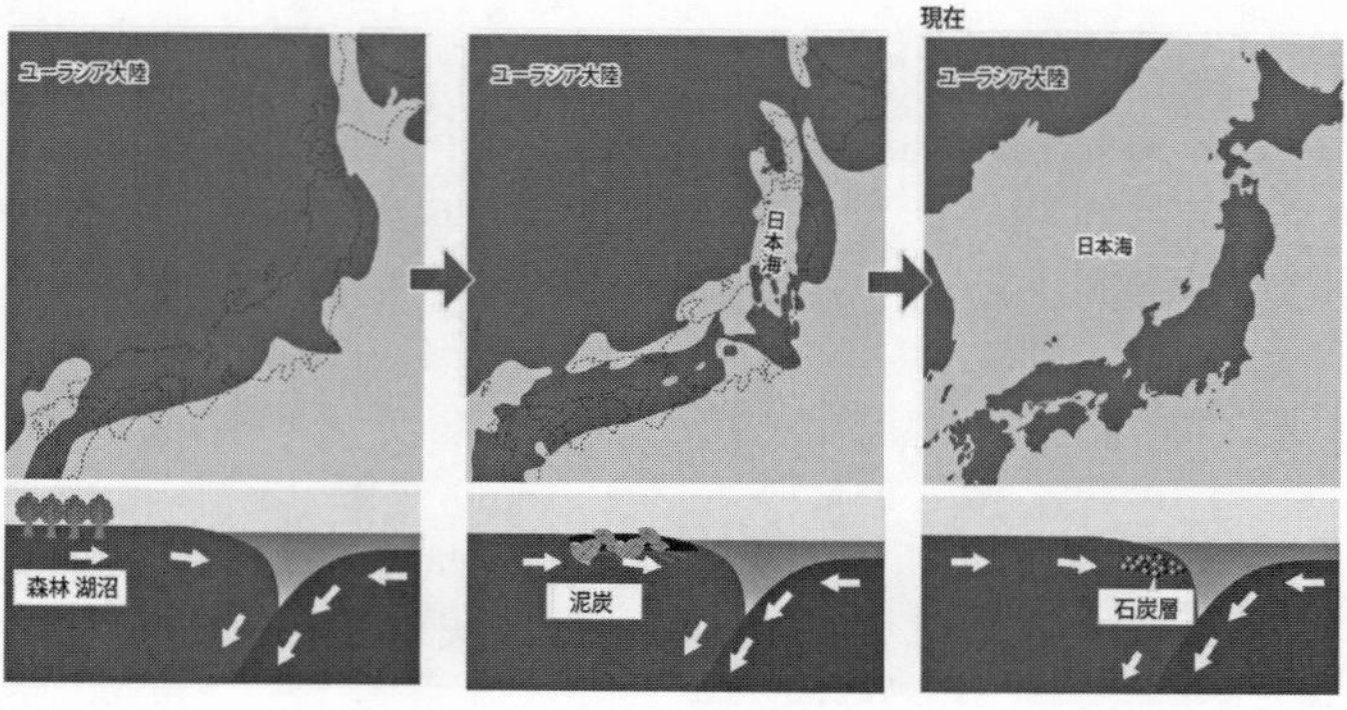

図3-13　日本列島の形成に伴う大陸沿岸の環境変化の模式図(JAMSTEC)。

海底下2000メートル付近で確認された石炭層に存在する微生物たちは、約2000万年前の森の生態系に由来し、深海底に埋没した現在もなお「海底下の森」としての生態系の機能を維持している可能性があります。それが本当であれば、海底下深部の過去に形成された堆積物に含まれる微生物とそのゲノムDNAや脂質などの生体高分子は、古環境における生態系復元や進化を理解する上での究極のバイオマーカーになるかもしれません。

これら一連の研究成果は、2015年7月に米科学誌「Science」に論文として掲載されました。「Science」誌の記者は、同時期に冥王星付近を通過したNASAの探査機「ニュー・ホライズンズ」の話題にたとえ、「冥王星に行ってマクドナルドを見つけたような衝撃！」というトップ・ストーリーのコメント付き解説文を掲載しました。その後、ニュー・ホライズンズはミッションを完遂し、地球から48億キロメートルの宇宙の旅を無事に終えて、太陽系外へと旅立ちました。一方、地球深部探査船「ちきゅう」による地球と生命の進化をひもとく旅は、まだ「道半ば」といったところです。

海底下深部の微生物は培養できるのか？

下北八戸沖の海底下から得られた堆積物コアサンプルに、微量ながらも生命活動を維持した微生物たちが存在し、石炭の熟成や有機物の分解、そして天然ガスの主成分であるメタンの生成に重要な役割を果たしていることがわかりました。

では、そのような太古の地層に埋もれた海底下深部の微生物は、私たちの実験室・時間スケールで培養することができるのでしょうか？

これまでに、海底下の堆積物に存在する微生物が、性状未知の新規な微生物であることが判明してから、多くの微生物学者がその分離・培養に挑戦してきました。その主な手法は、試験管に封入した嫌気性の液体培地に、スラリー化した堆積物を接種するか、少量の堆積物を培養瓶に直接接種する手法でした（バッチ培養法と呼びます）。しかし、硫酸が枯渇したある程度深い堆積物からは、（いくつかの例外をのぞいて）あまりめぼしい成果は得られませんでした。私も、〈ODP Leg201〉でペルー沖から採取した堆積物コアサンプルなどから、いくつかの微生物の分離・培養に成功したものの、海底下に固有の性状未知微生物などの、新規性の高い、魅力的な微生物を培養することはできませんでした。特に、嫌気的な海底堆積物の微生物生態系の中で、炭素・窒素・硫黄などの元素循環に重要な役割を果たしている微生物をバッチ培養法で狙いましたが、培地のにごりや顕微鏡チェックなどで確認できるレベルの微生物の増殖は認められませんでした。

その原因は、

① せっかちであり（何百日も待てない！）、ターゲットを絞りすぎていたこと。
② 試験管内に増殖した微生物の密度は培地がにごるほど高くなると思い込んでいたこと。
③ バッチ培養法以外の方法を試さなかったこと。

などが考えられます（まあ、センスがないと言われれば、それまでなのですが……）。

しかし、そのような条件でも、米国の微生物学者であるデイビッド・ブーン博士らは、南海トラフの海底下247メートルのメタンハイドレートを含む堆積物コアサンプルから、新種のメタン菌メタノキュレウス・サブマリナス（*Methanoculleus submarinus*）の分離・培養に成功し、世界を驚かせました。このメタン菌は、水素（またはギ酸）と二酸化炭素からメタンを生成し、塩濃度（Na^+）が0・5モル以下の低い条件でよく生育するという特徴がありました。それは、メタンハイドレートが溶解すると、ハイドレートを構成する水分子（H_2O）が間隙水中に溶解し、塩濃度が低下するという地球化学的な特徴と一致していました（詳しくは第5章で紹介します）。

地質学的な時間スケールで生育する微生物細胞の活動を観察するには、第2章でも紹介した超高空間分解能二次イオン質量分析器（ＮａｎｏＳＩＭＳ）（図2-7）を用いたアプローチや、^{14}Cや^{35}Sなどの放射性同位体をトレーサーとして、代謝産物の放射線量の変化を測定する放射性トレーザー法などが有効です。実際に、私たちは「ちきゅう」の慣熟訓練航海から得られた深さ219メートル・約46万年前に形成された堆積物コアサンプルを用いて、少なくとも全体の70%以上の微生物細胞が、与えられた微量の安定同位体基質を細胞内に取り込むことができる「生細胞」であることを突き止めていました（図3－14）。

さらに、海底下2000メートルの石炭層のコアサンプルでは、「ちきゅう」の乗船研究者のエリザベス・トレムバス・ライハートさん（現・アリゾナ州立大学）らが、^{13}Cで標識されたメチル化合物（褐炭に多く含まれる成分）や^{15}Nで標識されたアンモニアが細胞内に取り込まれる現象を、NanoSIMSによるイメージ分析により確認しました。この実験条件では、バイアル瓶の中で微生物が倍増する速度は1年～数百年はかかるという結果でした。

一方、金子雅紀研究員（現・産業技術総合研究所）らは、微生物によるメタン生成の最終段階を触媒する鍵タンパク質であるメチルコエンザイムM還元酵素に含まれる補酵素「ファクター430（F430）」を堆積物コアサンプルから直接的に抽出・定量することに成功しました（図

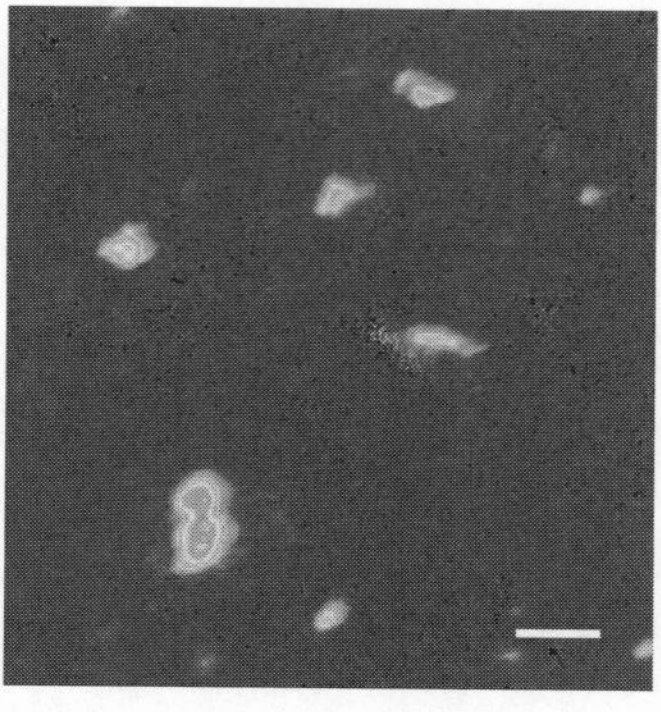

図3-14　炭素安定同位体（^{13}C）で標識されたグルコースを取り込んだ微生物細胞のNanoSIMSイメージ（スケールは1マイクロメートル）(JAMSTEC)。

３－15)。このＦ４３０と呼ばれる補酵素分子は、テトラピロール環と呼ばれる還元的な有機物分子の中心にニッケル（Ni）を含み、ピロール環の周りに複数の酢酸基が修飾された構造をしています。この補酵素は、メタン生成を担うメタン菌というアーキア（古細菌）のみに存在し、細胞の死後は速やかに修飾基が分解（または他の微生物により捕食）されて、テトラピロール環の中心骨格だけになってしまうことが知られています（エピマー化と呼びます）。金子さんらは、下北八戸沖の深さ１９４６メートルまでの石炭層コアサンプルに、完全体のＦ４３０が存在することを突き止めました。これらの結果は、下北八戸沖の海底下２０００メートルの石炭層に、実際にメタン菌の生細胞が存在していることを示すものです。

そして、「海底下生命圏の性状未知微生物群集の培養と新規微生物の分離」という難題に果敢に取り組んだ培養のプロフェッショナルがいます。ＪＡＭＳＴＥＣの極限環境

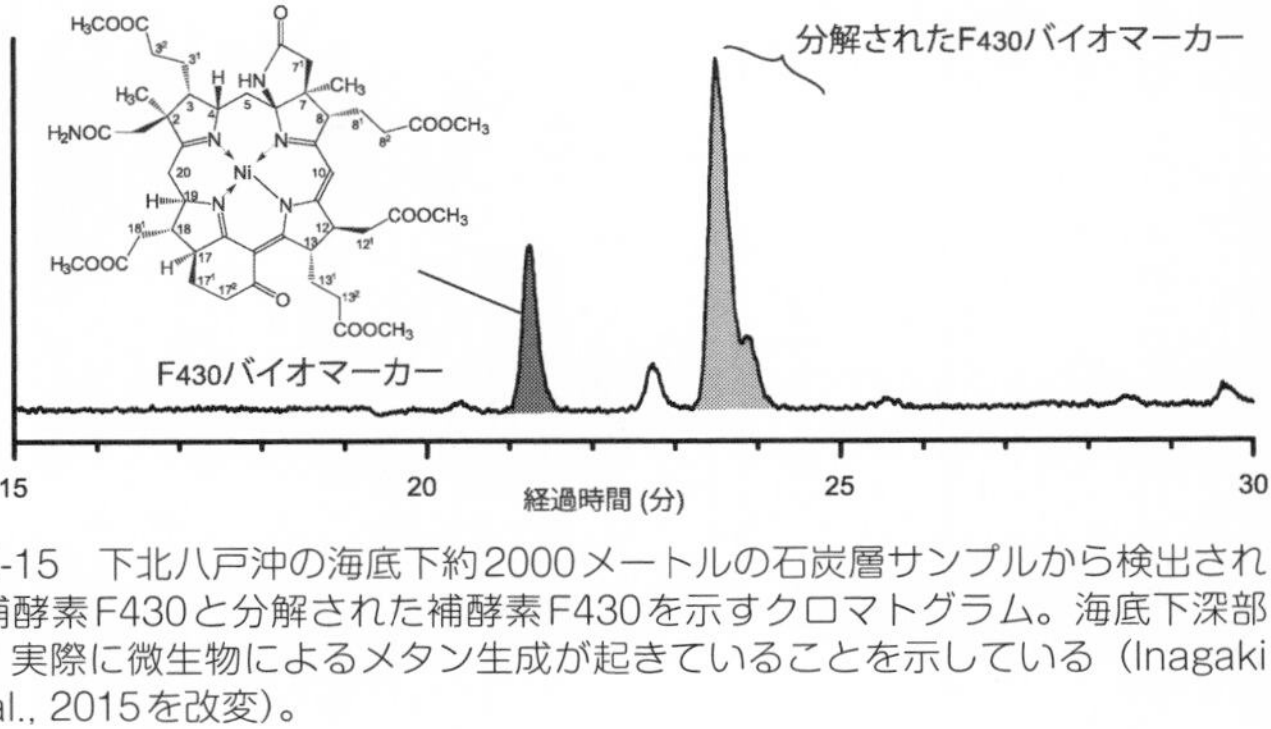

図3-15　下北八戸沖の海底下約2000メートルの石炭層サンプルから検出された補酵素F430と分解された補酵素F430を示すクロマトグラム。海底下深部で、実際に微生物によるメタン生成が起きていることを示している（Inagaki et al., 2015を改変）。

生物圏研究センターの微生物学者である井町寛之研究員です。井町さんらは、下水処理などの環境工学の分野で用いられている「下降流懸垂型スポンジ（ＤＨＳ）バイオリアクター」を海底堆積物に適用し、下北八戸沖の浅い珪藻質粘土層や海底下２０００メートル付近の石炭層のサンプルから、埋没した有機物の分解とメタン生成を担う従属栄養型の海底下微生物群集の集積培養に成功しました（図３−16）。

このバイオリアクターの特徴は、なんといっても、微生物に快適な（？）居住環境を与えるウレタンスポンジ（市販の台所用スポンジと一緒です）を使うことです。バイオリアクターは、バッチ培養法に比べて、生活環境が大きく変わらない条件を微生物たちに与えることができます。ウレタンスポンジの細かな隙間に堆積物を懸濁したスラリーを染み込ませ、嫌気状態を保ったボックスの中に入れます。その上から、嫌気性の人工海水をポタポタと垂らして、下側から

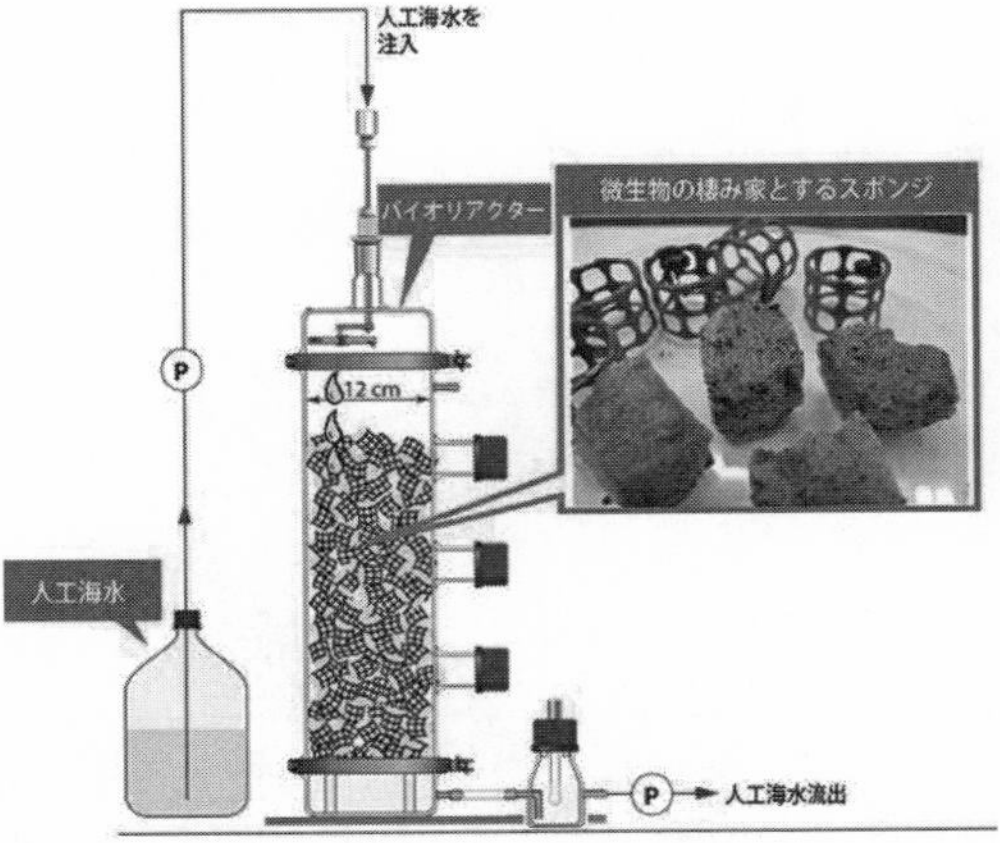

図3-16　下降流懸垂型スポンジ（DHS）バイオリアクターの模式図。ウレタンスポンジに石炭層のスラリーを染み込ませ、無酸素条件下で人工海水を供給する（JAMSTEC）。

排出されるような環境を作ります。それにより、まるでワインが熟成するかのように微生物がバイオリアクターの中の居住環境に適応し、太古の地層の中からワラワラと甦《よみがえ》ってきたのです。

井町さんらは、数百日から数千日をかけて、バイオリアクターのメンテナンスと分析を続けていたのでした（すごい執念！）。興味深いことに、石炭層のリアクターから集積培養された微生物たちの大部分は、添加した海水の中で泳ぎ回っているのではなく、石炭層の粒子にビッシリとしがみつき、必死で石炭層から染み出す成分を食べているようでした（図3－17）。その様子は、まるでホラー映画に出てくるゾンビのようです。

超極限的な環境で必死に生存・存続している微生物たちを研究するには、まずはバイオリアクターを用いて集積培養してからバッチ培養を行い、ターゲットとなる新規微生物の分離・培養をするアプローチが有効です。今後、さらに海底下生命圏の知見が増え、リアクター培養の条件などを改良すれば、おそらく、もう少し短期間で集積培養ができるようになるでしょう。下北八戸沖から採取された堆積物コアサンプルからは、同位体地球化学のデータが示すように、水素と二酸化炭素からメタンを

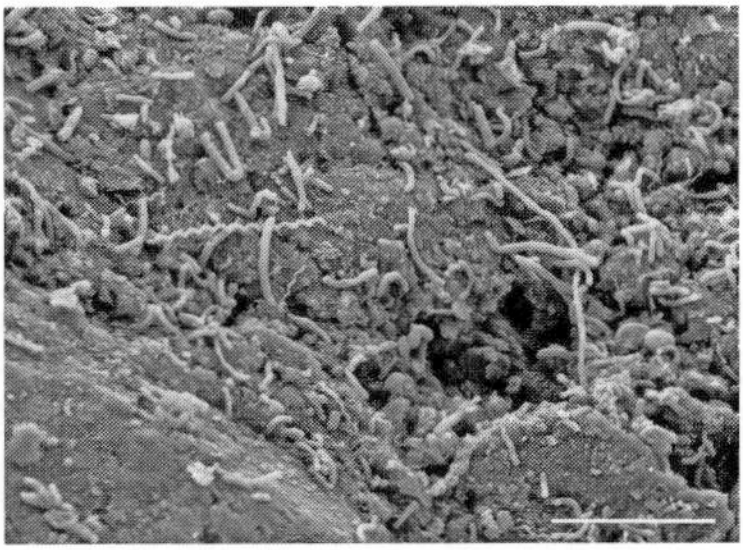

図3-17　海底下約2000メートルの石炭層から培養された世界最深の海底下微生物群集。スケールは10マイクロメートル（*Science*, AAAS/JAMSTEC）。

生成するメタノバクテリウム属（*Methanobacterium*）などのメタン菌が分離・培養されました。それにより、2000万年の時を経て、「海底下の森」の微生物生態系の存在が証明されたのでした（図3－18）。

古代キノコがニョキッ!?

森といえば、キノコを思い出します。一般的に言われるキノコとは、真核生物である真菌類（カビ・キノコや酵母など）の仲間が森林土壌などで腐生生活を営み、やがて繁殖に必要な胞子（種子）を形成するために作る、大型の（目に見える）構造体のことです。

実は、下北八戸沖の海底下2000メートル付近の石炭層や泥岩からは、多くのカビ類が分離・培養されています。2012年の「ちきゅう」船上でのこと、中国・南京大学の乗船研究者であるチャンホン・リュウ教授がコチーフ部屋を訪れ、「海底堆積物から遺伝

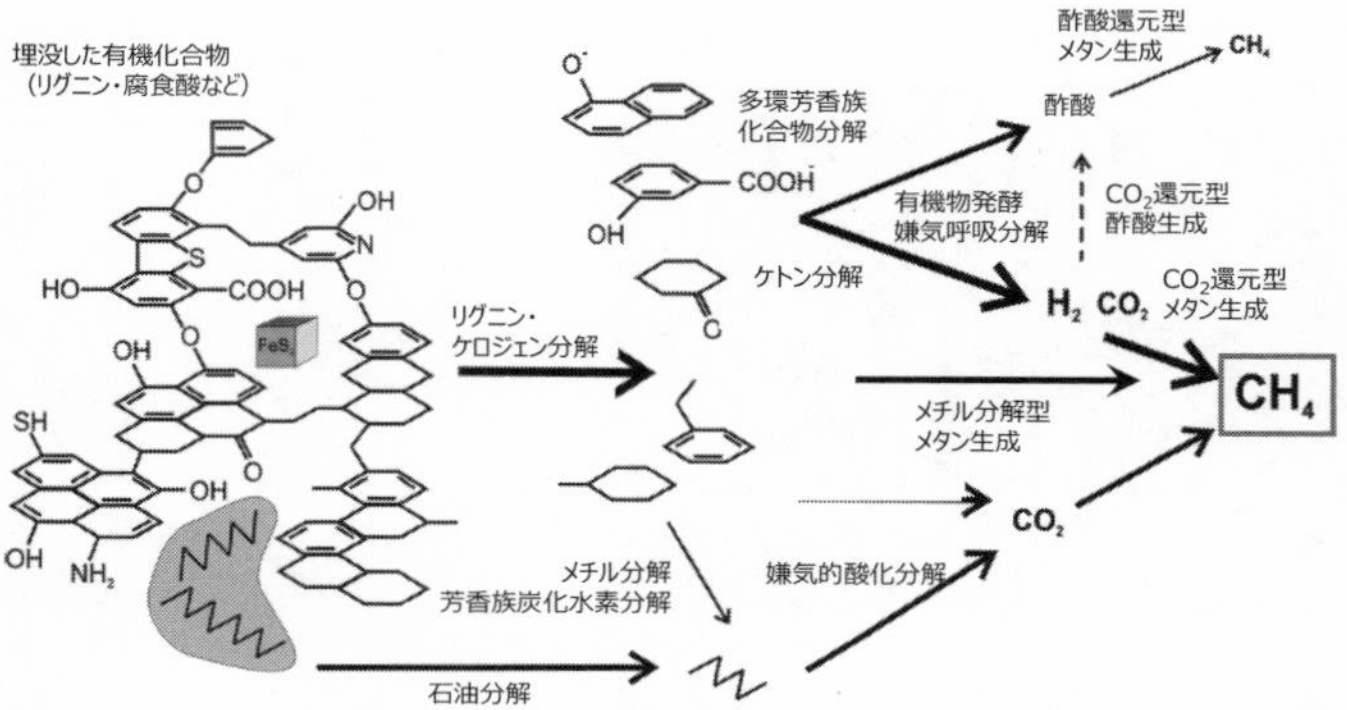

図3-18　下北八戸沖石炭層生命圏には、炭素循環に重要な役割を果たす「海底下の森」の生態系が存在していた（Strąpoć et al., 2008を改変）。

子を抽出して微生物の解析をしたいのだが……難しいだろうか？」と相談を受けました。

「チャンホン、あなたはカビなどの真核生物には興味がありますか？　石炭層はかつて陸上で森であったのですから、真菌類の胞子が堆積物に埋没しているかもしれません。調べてくれませんか？」

「実は、私はカビ・ティーチャーなのです！　ぜひ、やらせてください！」

一つの歯車が嚙み合って「カチッ」と音を立てた瞬間でした。

近年の培養法や環境ＤＮＡ・ＲＮＡを用いた分子生物学的な研究によって、深海や深海底、そして海底下の堆積物には、バクテリア（細菌）やアーキア（古細菌）のような原核生物以外にも、カビ・菌類など多くのユーカリア（真核生物）が存在していることが示されています。

カビなどの真核生物は、原核生物に比べて細胞のサイズが大きく、海底下深部の堆積物環境では生きることが難しいのではないかと考えられてきました。しかし、日本近海や南極近辺などを含む世界各地の海底表層の堆積物や、ペルー沖や下北八戸沖、南太平洋環流域、バルト海、ニュージーランド沖、大西洋中央海嶺、インド洋などの海底下から、さまざまなラボの研究により、カビを中心とする真核生物の存在が報告されるようになり、その信憑性《しんぴょうせい》が大きく高まっています。

実際に、下北八戸沖の石炭層からは、ペニシリン属（*Penicillium*）やアスペルギルス属（*Aspergillus*）などに分類される多くのカビが分離・培養されました。また、そのほとんどの分離株が、好気性でも嫌気性でも生育できる通性嫌気性と呼ばれる特徴を持っていました。

私たちは、それらの分離株の中でも、世界で最も一般的なキノコの一つであるスエヒロタケ（シゾフィラム属）という木材腐朽菌に着目しました。海底下から分離されたシゾフィラム・コミュン（*Schizophyllum commune*）は、好気的なプレート培養（シャーレに固体の寒天培地を作って微生物を培養する手法）により、子実体（キノコ）を形成することができました（図3－19）。また、嫌気条件の液体培養でも良好な生育をすることが確認されました。

図3-19　下北八戸沖の海底下約2000メートル・約2000万年前の石炭層から分離・培養されたスエヒロタケの一種（提供：Changhong Liu博士）。

近年、この株のゲノムＤＮＡの塩基配列を解読して、その遺伝子構造を解析したところ、大変興味深いことを発見しました。この株は、森林や河川などの陸から分離・培養されているスエヒロタケのゲノム構造とは大きく異なり、海底下固有の進化を遂げたゲノム構造を持っていることがわかったのです。そのゲノム進化速度を計算すると、２８００万～７３００万年前に陸のスエヒロタケの系統群から分岐していたことが明らかとなりました。さらに、その分離株のゲノムは、陸のスエヒロタケのゲノムに比べて突然変異に対する相同組換えの塩基置換率が著しく低い（１／１００以下）ことが判明しました。相同組換えとは、塩基配列が似通った核酸の部位を自らが制御して再編成する現象で、相同組換えを行う能力は生命の３つのドメイン（古細菌、真正細菌、真核生物の３つ）に通じて普遍的に保存されているものです。この興味深いゲノム進化学的な特徴は、海底下のカビが胞子として地質学的時間スケールで埋没し、その間、胞子からの発芽や菌糸の成長、他のカビ類などとの遺伝子交雑が抑制されたためと考察することができます。

海底下生命圏を研究する科学者の間には、堆積物中でカビは栄養細胞としてアクティブに生存しているのではないかという説があります。しかし、進化プロセスの指標となる相同組換え率が低いことや、そもそも原核細胞よりもサイズが大きな真核細胞の栄養細胞を支えるエネルギー源がないことなどから、それらのカビ類は、胞子としてジッと海底下深部の地層の中に埋もれ、ゲノム進化が（ほぼ）止まっていた可能性が高いと私は考えています。また、この進化が止まった状態での生命の時空間的な伝播《でんぱ》や拡散プロセスは、おそらく、バクテリアやアーキアなどの原核生物にもあてはまります。今後、海底下の真核生物の実態については、複数の場所や手法・アプローチを用いて検証していく必要がありますが、もしかしたら、地下世界の生命進化には、表層世界の「進化論」にはない固有の原理・原則が存在するかもしれません。

⊕絶滅の危機：なぜバイオマスは急激に低下したのか？

本章の最後に、なぜ下北八戸沖の海底下では、深さ１２００〜１５００メートルあたりから急激に微生物細胞の密度が低下したのかについて考えてみたいと思います。

下北八戸沖の堆積物の地温勾配は24・４℃／㎞であり、掘削孔の最下部２４６６メートルの温度は63・７℃を記録しました。また、堆積物は時間が経過して深く埋没していくほど現場の温度や圧力は高くなり、間隙率や透水率も低くなっていきます。

２００６年の「ちきゅう」の慣熟訓練航海で採取された海底下３６５メートルまでの地層は、植物プランクトンの一種である珪藻の遺骸（骨針）を多く含む珪藻質軟泥でできています。この堆積物は、栄養となる有機物も含水率も高く、しかも前述のウレタンスポンジのように、微生物にとっての最適な居住空間となる隙間を提供しています。それにより、通常の大陸沿岸域の堆積物に比べても高い密度の微生物細胞が存在しています（10^7〜10^9細胞／cm^3程度）。

さらに私たちは、下北八戸沖の海底下深部には、石炭層からのエネルギー供給に支えられる肥沃な生命圏が広がっているのではないかと予想していました。ところが、先に述べたとおり、その予想は違っていました。物理特性の専門家である谷川亘研究員（ＪＡＭＳＴＥＣ高知コア研究所）は、下北八戸沖の堆積物の間隙率や透水率の変化と微生物細胞密度との関係を研究し、空壁のサイズが直径0・2マイクロメートルを下回る条件ではキッツキッツすぎて水も通らず、結果として微生物も栄養物質も動くことはなく、バイオマスが低下するといった相関関係を突き止めました。特に、水深1500～1800メートルと2000～2400メートルの間のシルト岩や頁岩《けつがん》といわれる堆積岩層は、間隙率と透水率がともに低く、その結果として微生物にとっての栄養供給が閉ざされているため微生物密度が小さい（100細胞／cm^3以下）と考察しました。

もう一つの重要な環境因子は、時間・深さが増すにつれて上昇する温度（熱）の影響です。

ある時のこと、乗船研究者のマーク・レバー博士と私は、ブレーメン大学のカイ・ヒンリッヒ教授の研究室でコーヒーを飲みながら議論していました。

「例えば、ゆで卵が50℃あたりから固まるように、熱によって生体高分子の変性とか損傷率は高まっていくよね？　その割合って、海底下の温度に対してプロットしたらどうなる？」

「ちょうど、僕のパソコンの中にその数式が入っている。タンパク質のアミノ酸とかDNAのプリン化とか……」とマークが言いました。

「すばらし～。じゃあ、それと地温勾配と細胞密度を組み合わせて比較してみよう。データ送るからできる？」

「もちろん。ちょっと待って……」

二人でパソコン画面を覗《のぞ》きながら作業をし、エンター・キーをパチッと押して統合されたデータを見た瞬間、お互いに目を合わせ、「イェ～イ！」とハイタッチをしたことは忘れられません（図３－20）。何か、海底下生命圏の謎のベールを少しだけ解き明かしたような瞬間でした。

　地球上の全ての生物は、生存できる温度範囲に限りがあります。それは進化の過程で、細胞を構成する生体高分子が居住環境の温度範囲に適応した機能が発揮できるよう、それに適した立体構造を維持しているからであり、その範囲を超えると立体構造が

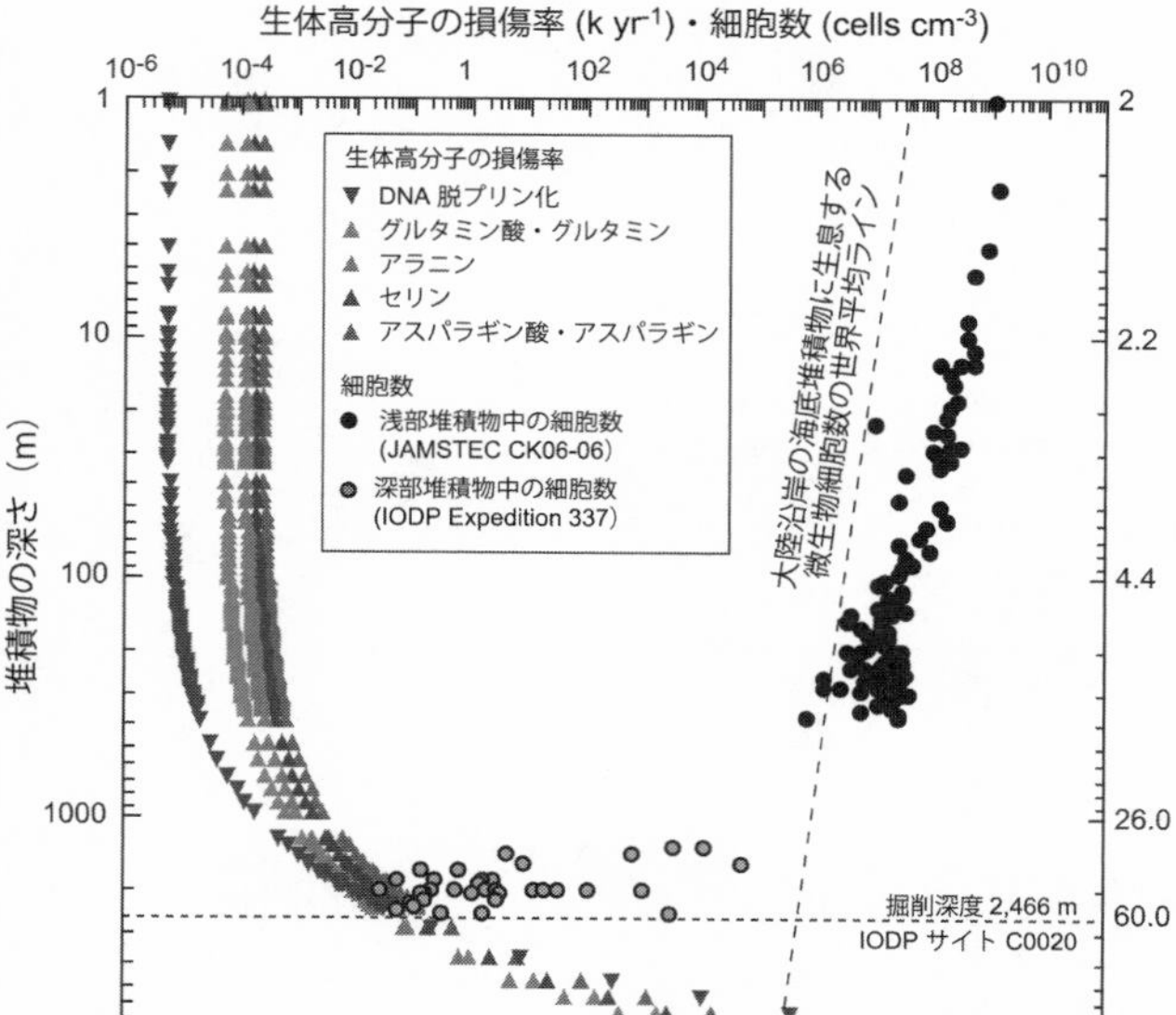

図3-20　下北八戸沖の海底堆積物に含まれる微生物細胞密度と生体高分子（DNAやアミノ酸）の損傷率の深度プロファイル。地温の上昇に伴って損傷率が高まり、細胞密度が低下していることがわかる（Inagaki et al., 2015を改変）。

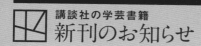

講談社現代新書 5月18日発売

思い出せない脳

澤田　誠
1078円 531513-2

度忘れした名前を思い出そうと頑張るほど思い出せないのはなぜか？記憶を食べる脳細胞とは？　最新脳科学が明かす、記憶のミステリー。

日本の死角

現代ビジネス 編
990円 531958-1

「日本人は集団主義」のウソ、「ハーバード式教育」の罠、なぜ若者は結婚しないのか、死後離婚の時代……見えていない日本の謎と論点！

「戦前」の正体
愛国と神話の日本近現代史

辻田真佐憲
1078円 532129-4

神武天皇、万世一系、八紘一宇……。神話に支えられた「大日本帝国」の真実。右派も左派も誤解している「戦前日本」の本当の姿とは。

今を生きる思想 宮本常一
歴史は庶民がつくる

畑中章宏
880円 531783-9

日本列島のすみずみまで歩き、聞き集めた「庶民の歴史」の束から、世間や民主主義、「日本」という国のかたちをも問いなおす。

崩れ、「変性」という不可逆的な現象が起きてしまいます。

例えば、ニワトリの卵が50℃前後からゆで卵に変わり、変性したゆで卵はもとの状態には戻りません。生命にとって機能性を保つ一定の秩序が閾値《いきち》を超えて壊されると、その先は秩序が失われた非生命物質の世界です。タンパク質のラセミ化と呼ばれる現象や核酸（ＤＮＡ）の脱プリン化と呼ばれる現象も生体高分子の損傷の一つで、一度損傷を受ける（変性する）と、そのままの状態では生体高分子としての本来の機能を維持することができません。それらの損傷率は、温度が50℃前後で急激に高くなる傾向があります。微生物たちはそのような物理化学的な損傷を酵素で修復するか、損傷を受けた部位を排出して新しい生合成をしなければなりません。

海底下深部のような超極限的な環境においては、微生物の生細胞の存在量（バイオマス）は、その生命維持に必要な基質や水・エネルギーの供給量を理論的に超えることはできないのです。下北八戸沖の海底下では、ちょうど生体高分子の損傷率が高まる40〜50℃前後、深さ約１２００〜１５００メート

図3-21　極限的な海底下環境で生き抜くには、DNAなどの生体高分子の損傷をいかに効率的かつ低コストで修復するかが鍵となっている(JAMSTEC)。

ルあたりから急激な細胞密度の低下が認められました（図3－20）。この区間は、間隙率・透水率の低い地層で構成され、微生物が生命機能を維持しながら存続するための水・エネルギー供給量が小さいと考えられます（図3－21）。

仮にこの考察が正しければ、海底下生命圏の限界は、居住環境に対する熱と水・エネルギーの供給量によって規定されていると考えることができます。その仮説を検証するために、第4章で紹介する前代未聞の海底下生命圏探査が発案されたのでした。

コラム 3 海底エネルギー資源と微生物

日本はエネルギー資源に恵まれない国のひとつであるといわれます。実際に、現在も国民の生活を支える電力エネルギーは、海外から輸入した化石燃料を用いる火力発電が主体であり、それが戦後の高度経済成長を支えてきました。一方で、最新のＩＰＣＣ（気候変動に関する政府間パネル）第６次評価報告書によれば、地球温暖化やそれに伴う海洋酸性化などの地球環境の急速な変化は、１９６０年代以降のエネルギー消費と産業の発達に伴う大気中への温室効果ガスの排出が原因であることが「確実」であるとし、その結果、人間活動の持続可能性にとって脅威となるさまざまなリスクが発生するとの結論がでています。人間社会は、半ば無意識のうちに、地球システムの変動に大きな影響力を持つようになりました。

その対応策として、２０５０年までに人為的な二酸化炭素（CO_2）排出量が実質的にゼロとなることを目指す「２０５０年カーボンニュートラル」が、日本政府の政策の一つの柱として掲げられています。それにより、将来的には、CO_2などの温室効果ガスを排出しない水力・風力・地熱・太陽光などの再生可能エネルギーや原子力発電への依存度が高くなることが予想されます。現在、水素やアンモニアなどの炭化水素以外の還元物質をエネルギーの基幹物質として用いることで、脱炭素社会の実現を目指すさまざまな技術開発が進んでいます。例えば、電気自動車（ＥＶ）や水素バスなどがその例です。

他方、あまりにも急激なエネルギー構造の改革が行われると、現在の社会経済のさまざまなサブシステムに混乱を生じさせかねません。世界では、化石燃料に依存する地政学的バランスが変化し、新しい主要エネルギー源の権益・利益確保に向けた動きが加速化していくでしょう。

我が国では、２０５０年を想定した理想的で実現可能なエネルギーバランス目標を設定し、それに向かってどのように段階的にインフラを整備し、社会経済を動かしていくのかが重要です。その移行期においては、燃焼・エネルギー産出効率が高く、大気中へのCO_2の排出量を大幅に削減する高効率ＬＮＧ（液化天然ガス）発電技術や、CO_2を安全な地層に貯留・利活用・固定化するＣＣＵＳ（CO_2の回収・利用・貯留）などが重要な役割を担うと考えられます。とりわけ、日本列島は地震や火山活動が活発な地質条件に立地していますが、周りを海で囲まれ、世界第6位の排他的経済水域を有しています。その地政学的なアドバンテージを最大限に活かすことが重要です。そのためにも、日本周辺からアジア・インド洋にかけての天然ガスの資源量の調査、大規模で安定的なＣＣＵＳを実現する基礎調査、地球の仕組みを活用した画期的なイノベーション技術の創出に向けた取り組みは、今後その重要性が増してくるのではないでしょうか。将来的に、「エネルギー資源に恵まれない国」のレッテルを貼られず、世界に誇ることができる日本らしい持続可能な資源・エネルギーの循環型社会を目指したいものです。
現在の地球規模の環境・エネルギー問題は、持続可能な「地球－人間システム」の構築と不可分の関係にあると、私は捉えています。地球上のあらゆる生物は、私たち人間を含め、その生育や増殖のための全ての生体内エネルギー授受反応を、炭素を主とする分子骨格（酵素やタンパク質など）で行っています。従って、完全に炭素を悪者扱いにして排除することは、ある意味で自己否定になってしまい、自然界の理にかないません。

海洋や海底下の微生物生態系を見てみると、実に巧みに地球環境との調和をとって暮らしていることがわかります。海洋表層では植物プランクトンによる活発な光合成による有機物の基礎生産が行われています。CO_2を炭酸塩鉱物として固定化する自然界のCCUSプロセスも存在し、その遺骸が海底に堆積すると、安定的な白い石灰岩を形成します。太陽光の届かない深海では、表層から供給される有機物だけではなく、アンモニアや水素、メタンを基質としてエネルギーを得る化学合成独立栄養型の微生物もいます。それらの微生物たちの栄養・エネルギー源は、全て、化石燃料の代替エネルギーとして技術開発が進んでいる分子です。海洋と固体地球のインターフェースである海底面は、降り積もった有機物（おいしいエサ）を酸素や硫酸で消費（燃焼）してエネルギーを得る競争の激しい生態系が存在します。しかし、その生息範囲は表層から数センチメートルの面的な広がりに限られています。その下の広大な海底下生命圏には、有機物が分解された残渣や、アンモニア、酢酸、水素、硫黄化合物、メタンなどを栄養源とする多様なエネルギー授受のネットワークが存在します。その最終プロセスは、水素とCO_2からメタンや酢酸を作る反応や、酢酸やギ酸、メチル化合物からメタンを作るといった反応です。さらに、それさえもできなくなると、生命圏は地質学的時間スケールのサバイバルモードに突入し、鉱物と水との相互作用でわずかに生じる電子やプロトン（H^+）を直接的に吸収し、生命機能の維持のみにエネルギーを費やします。まさに「超極限的な世界」です。そこには地球上で最も持続可能な、究極のエコシステムが存在します。私たちは基礎科学を通じて、40億年以上にわたって培われてきた生態学的な機能性や運動性、安定性、適応性などから多くのことを学ぶことができます。その知見は、今後の人間社会の持続可能性の創出にも活かせるのではないでしょうか（図3－22）。

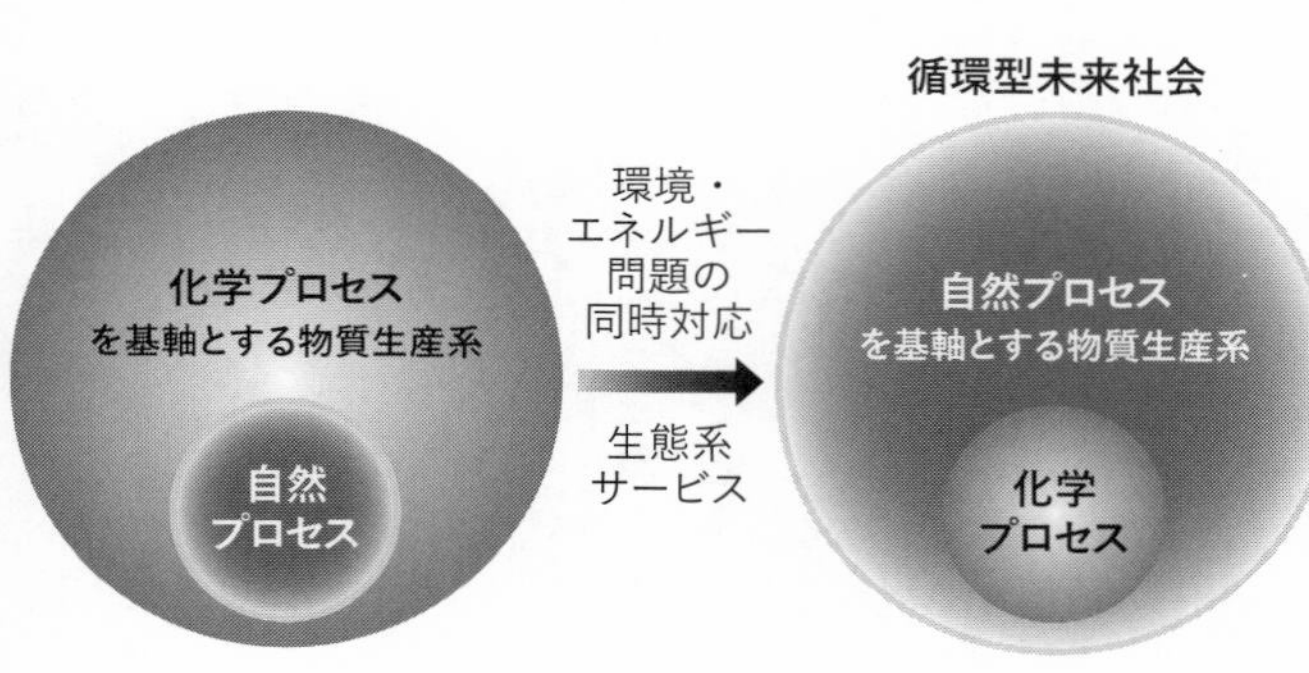

図3-22　地球の自然プロセスと調和した循環型未来社会の概念図。

第4章 生命の温度限界に挑む

——室戸沖限界生命圏掘削調査（T-リミット）

2013年、国際的な海洋科学掘削（IODP）の次期10ヵ年プログラムにおいて、「ちきゅう」が目指すべき科学テーマやフラッグシップ・プロジェクトを議論する「CHIKYU＋10」という国際ワークショップが行われました（https://www.jamstec.go.jp/chikyu+10/）。会場となった東京都の日本教育会館一ツ橋ホールには、21ヵ国から397名の科学者や技術者が集いました。これは、海洋科学掘削史上、唯一無二のパワーを秘めた地球深部探査船「ちきゅう」に対する国際的な関心や期待の高さを示すものです。

CHIKYU＋10では、南海トラフ地震発生帯掘削、ハワイ沖やコスタリカ沖での海洋地殻・マントル掘削、そして海底下生命圏の探究などの話題が活発に議論されました。私はそこで、2012年の「下北八戸沖石炭層生命圏掘削調査」（第3章）の速報を含め、海底下生命圏に関する最前線の研究成果を紹介しました。また、その中で、「地球内部の生命居住可能性（ハビタビリティ）とその限界を規定する環境因子とは何か？」というテーマを提示しました。

本章では、CHIKYU＋10から生まれた前代未聞の海洋科学掘削プロジェクト「室戸沖限界生命圏掘削調査」をご紹介したいと思います。

CHIKYU+10でのひらめき

第1章では、九州の雄大な自然と地球微生物学との出会いについて紹介しました。ＣＨＩＫＹＵ+10が行われた2013年当時、私はＪＡＭＳＴＥＣ高知コア研究所で地下生命圏研究グループのリーダーをしていました。南国土佐とも呼ばれる高知県は、県土の84％が森林であり（森林占有率全国1位）、目の前に広大な太平洋とダイナミックな地質が広がり、そして豊かな食文化（特にカツオと日本酒！）に恵まれた素晴らしい場所です。高知県南国市《なんごくし》の高知龍馬空港から歩いて10分ほどの高知大学物部《ものべ》キャンパスの中に、「高知コアセンター」があります（図4-1）。

高知コアセンターは、高知大学（海洋コア国際研究所）とＪＡＭＳＴＥＣ（高知コア研究所）が組織的に共同運営するユニークな研究拠点です。現在、国際的な海洋科学掘削プログラムによって採取された堆積物・岩石コアサンプルは、テキサスＡ＆Ｍ大学、ブレーメン大学、そして高知コアセンターにある3ヵ所のコア保管庫施設に保存されて

図4-1　高知県南国市にある高知コアセンター。高知大学と海洋研究開発機構が共同運営している。

います。高知コアセンターは、西太平洋からインド洋にかけての海域を担当し、現在は総延長約146キロメートル分のコアを保管しています。それらの世界三大コア保管施設では、世界中の研究者からの要望に応じてサンプルを採取・分配するキュレーション業務を行っており、過去のプロジェクトで採取されたレガシー・コアを最新の分析技術や科学テーマに活用することができるサービスを提供しています。さらに、コアサンプルの分析に必要なX線CTスキャナーや各種電子顕微鏡、質量分析器、クリーンルームなど、全国の研究者が共同利用・共同研究で使うことのできる研究施設が整備されています。また、JAMSTEC高知コア研究所には、超高空間分解能二次イオン質量分析器（NanoSIMS）や高解像度の電子顕微鏡施設、スーパークリーンラボ、高機能セルソーターなどの最先端の分析機器が整備されています。

CHIKYU+10には、第3章で紹介した「下北八戸沖石炭層生命圏掘削調査」でコチーフを務めたカイ・ウエ・ヒンリッヒ教授が参加していました。私は、初日のパネルディスカッションを終えたあと、カイとこんな議論をしていました。

——下北八戸沖の掘削調査の結果は、海底下生命圏の限界が熱や水の供給で規定されていることを強く示唆しています。しかし、残念ながら生命圏の限界には達していないし、最深部の温度も60℃程度です。生命圏の限界を突き止めるには、生命圏の限界に特化したプロジェクトが必要だと思う。下北をさらに深掘りすることも考えられるが、天然ガスの根源岩に近づくとオペレーション上のリスクも高く、コストもかかり、コアの品質もどうなるかわからない。

「うん、私も同じことを思っていた。〈ＯＤＰ Ｌｅｇ２０１〉がそうであったように、過去の掘削調査で地質学的な特徴がよくわかっていて、地温勾配が高い場所が良いだろう。ただ、あまりに地温勾配が高すぎても良くない。例えば、かつてパークス教授らが乗船していた室戸岬沖はどうだろうか？　たしか、地温勾配が高かったような記憶がある」

――そこは「室戸トランセクト」と呼ばれる有名な場所で、最も地質学的な知見が蓄積している場所の一つですね。10年以上前に、平朝彦さんが日本人で初めて２度のＪＲ号のコチーフをして、付加体の実態を調べていた。予察的な細胞計数のデータもあるが、当時の技術では、できることが限られていた。

「基盤岩までの温度がどのくらいかが重要だ。ＪＲ号の実績があるなら、「ちきゅう」のライザーレス掘削でいけるだろう」

――それなら、高知コアセンターの研究施設と連動させよう。高知コアセンターは空港から10分だ。サンプルをすぐにヘリコプターで運べば、リアルタイムでデータが取れるだろう。前代未聞だけど、コンタミネーションなどのタイム・センシティブな問題も、おそらく改善されるはず。

——よし、やろう！　早速、地温勾配とかを調べてみよう。

そのまま2人は、会場のエントランスホールに居座り、過去に室戸岬沖でJR号により行われた海洋科学掘削プロジェクト〈ODP Leg131〉（1990年）と〈ODP Leg190〉（2000年）のクルーズレポートをインターネットで検索しました。調べていくと、室戸岬沖の掘削孔およびその周りの堆積物の地温はかなり広範囲にわたって詳細に調べられていて、南海トラフ周辺に比べて局所的に高く、水深4000メートルを超える深海底からさらに1200メートルほど深い場所にある基盤岩の温度は、培養されている微生物の最高生育温度に近い120℃前後に達することがわかりました。また、クルーズレポートには、表層の「タービダイト」と呼ばれる乱泥流由来の地層に苦労しながら、いくつもの掘削トライアルを重ねて基盤岩まで到達したことや、掘削孔に温度計を入れるのに大変苦労したことが書かれていました（その時の現場の様子は、平朝彦ほか著『地球の内部で何が起こっているのか？』（光文社新書）に書かれています）。

次は室戸だ！

私は、再び「科学の歯車」がカチカチと音を立てはじめたような感覚を覚えていたのでした。

室戸沖の海底はどのように作られたのか？

私たちは、CHIKYU＋10の後、直ちに国際深海科学掘削計画（IODP）に掘削調査プロポーザルを提出しました。その結果、2016年9月10日～11月23日にかけ、IODP第370次研究航海「室戸沖限界生命圏掘削調査（T－リミット）」が実現しました。

T－リミットを成功に導くには、「ちきゅう」による高品質のコアサンプルの採取と微生物の居住環境を規定する物理的・構造地質学的・地球化学的分析を担当する乗船研究者チームが不可欠です。さらに、「ちきゅう」船上で一次処理されたコアサンプルを陸上で受け入れ、個別の分析に用いるサンプルの採取や細胞計数、電子顕微鏡観察、環境DNA分析などを高知コアセンターで行うための陸上研究者チームを組織する必要がありました。一人の科学者ではできることは限られますが、科学者・技術者・船員・支援チームが一体となり協力し合えば、成功（ゴール）に向けてあらゆる困難を乗り越えるパワーを発揮することができます。

2013年のCHIKYU＋10での発案から2016年の実施に向けたチーム編成をするまでの約2年半の間、カイと私は理想的なチームを結成すべく、世界各地の大学や研究機関でプロジェクトの概要とその魅力を伝えました。

T－リミットでは、「ちきゅう」を用いて高知県室戸岬から約125キロメートルの沖合にある掘削サイト「C0023」にて、水深4776メートルの海底から、深さ約1200メートルの基盤岩（玄武岩）までの掘削を目指します。

高知県室戸岬沖の海域は、フィリピン海プレートが日本列島の島弧地殻の下に沈む南海トラフと呼ばれる場所です（図4-2）。溝状に深くなっているトラフ底には、タービダイトと呼ばれる乱泥流堆積物が上部（浅部）側にたまっています。タービダイトは、斜面などにいったん堆積した泥や砂が海水もしくは河川から流れ込む淡水と混じり合って運ばれ、深海の底に堆積したものです。

タービダイトの下には四国海盆と呼ばれる地層があり、泥や砂が堆積しています。フィリピン海プレートが年間約4センチメートル程度のゆっくりとしたスピードで日本列島の島弧地殻の下に沈み込むとき、堆積物上部にたまった分厚いタービダイトとその下にある上部四国

図4-2　日本列島は4つのプレートが収束する場所に位置している（著者）。

海盆の堆積物が、海洋プレートからブルドーザーによってはぎ取られるかのように陸側に押し付けられます。その結果、「付加体」と呼ばれる特徴的な地質構造が作られます（図４－３）。一般的に、地層が相互に引っ張られることによって生じる断層を正断層、押しやられる時に生じる断層を逆断層、横にずれることによって生じる断層を横ずれ断層またはトランスフォーム断層と呼びます。付加体が作られ始めるときには、海洋プレートにのっていた上部の地層が陸側に押しやられることによって逆断層が次々と形成されていきます。

他方、上部四国海盆の下にある下部四国海盆～基盤岩（玄武岩）にかけては、陸側に付加される（はぎ取られる）ことなく島弧地殻の下に沈み込みます。それは、やがてスラブという形でマントルへと向かいます。付加される上位の地層と沈み込む下位の地層との境界は「プレート境界」と呼ばれ、プレート境界沿いに発達する特徴

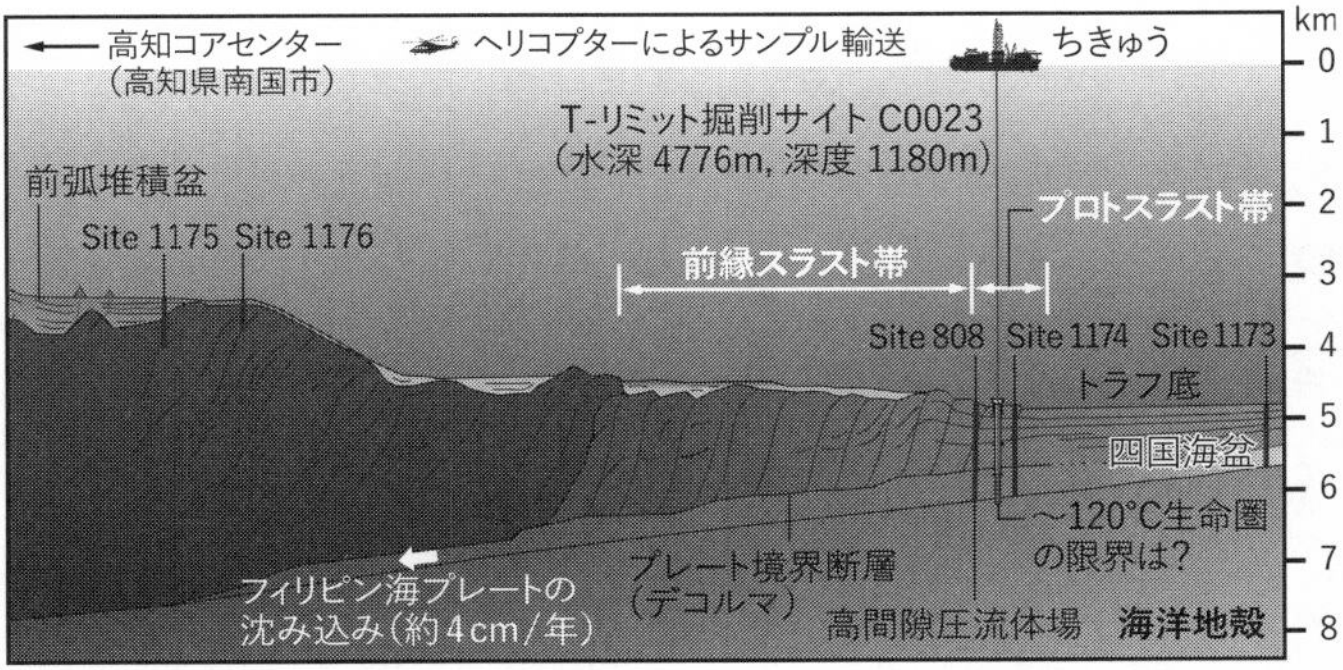

図4-3　国際深海科学掘削計画（IODP）第370次研究航海「室戸沖限界生命圏掘削調査（T-リミット）」の掘削地点と地質構造の概念図。

的な水平方向の滑り面はプレート境界断層（デコルマ面：Décollement）と呼ばれます。付加された上位の堆積物は、やがて巨大分岐断層と呼ばれる大規模な逆断層を発達させながら固結し、沈み込み帯先端部の未固結の付加体から生じる応力（地層が押されたり引っ張られたりする力）を受け止めるバックストッパーの役割を果たします。この沈み込みに伴う堆積物の変形やプレート境界を挟む上下方向の応力そして左右方向（海側—陸側）の応力の時空間的な蓄積と解放は、沈み込み帯浅部で発生するゆっくり地震（スロースリップ）や、より深部の固着滑り面（アスペリティと呼びます）で起こる海溝型地震の発生メカニズム、津波や地震性の海底地滑りなどに深く関連しているとみられ、地質学者や地震学者の間で精力的に研究が行われています。

Ｔ－リミットの掘削サイト「Ｃ００２３」は、過去にＪＲ号による〈ＯＤＰ Ｌｅｇ１３１〉、〈Ｌｅｇ１９０〉、〈Ｌｅｇ１９６〉で地質学的な掘削調査が行われてきた室戸岬沖南海トラフの付加体の先端部に位置しています（図４－３）。ちょうど、堆積物の付加がはじまり、逆断層ができ始める「プロトスラスト帯」と呼ばれる場所です。ただし、本調査航海の目的からコンタミネーションのない高品質なコアを採取する必要があったため、地下構造探査データに基づいて、できるだけ断層を避けた場所（〈ＯＤＰ Ｌｅｇ１９０〉で掘削されたサイト１１７４の近傍）で掘削調査を行うことにしました。

本航海の主要な科学目的は、次の３つに集約されます。

① 海底下における生命圏と非生命圏との境界と生命圏の限界要因を明らかにする。
② 深部における有機物の熱分解作用によって生じる栄養・エネルギー供給と生命生息可能条件（ハビタビリティ）との相互関係を明らかにする。
③ プレート活動に伴う堆積物の熱履歴と海底下生命圏の応答メカニズムを明らかにする。

室戸沖限界生命圏掘削調査

２０１６年9月13日、世界各地からの研究者を乗せた「ちきゅう」は静岡県清水港を出港しました。

本航海では、過去のＪＲ号でのオペレーションの結果と経験から、深さ１８０メートルのタービダイト・砂層部分をドリルダウン（コアを採取せずに掘削をする方法）して、すぐに20インチのケーシングパイプを挿入することにしました。それにより、浅部の地層のデータは犠牲になるものの、不安定な地層から孔を守り、安定して深部の掘削とコアリングを進めることができます。

また、最初の堆積物コアサンプルが「ちきゅう」の船上に上がってくるまでの間に、私たちは室戸トランセクトの地質構造や堆積学的特徴について、ＪＡＭＳＴＥＣの乗船研究者である山本由弦研究員（現・神戸大学）と廣瀬丈洋研究員にレクチャーをお願いしました。実際に、2000年に室戸岬沖で実施された〈ODP Leg190〉以降、紀伊半島の沖合で継続的に行われていた「ちきゅう」による南海トラフ地震発生帯掘削プロジェクト（NanTroSEIZE）や、2011年の東北地方太平洋沖地震の直後に宮城沖の日本海溝で行われた「ちきゅう」による緊急調査掘削プロジェクト（JFAST）により、地震断層の摩擦発熱および物性・応力の変化や、スロー地震と海溝型巨大地震との関係に関する科学的知見が蓄積してきました。

室戸沖のT－リミットでは、沈み込み帯先端部のプロトスラスト帯におけるプレート境界断層（デコルマ）を貫いて基盤岩への到達を目指しています。非常に重要なことは、生命の居住環境でもある堆積物の地質学的な特徴を理解しなければ、生命圏の実態や限界も理解できないということです。そのため、T－リミットの研究者チームは、限界生命圏の解明と同時に、地震発生メカニズムの解明にも貢献するような分野融合型のメンバーで臨みました。

“Core on deck!”（コア・オン・デッキ！）

9月20日。水圧式ピストンコアリングシステム（HPCS）による最初の堆積物コアが深さ186メートルの地層から採取されました。今回の掘削では、通常1回に採取されるコアの長さを10メートルから5メートル（または3メートル）と短くすることで、タービダイトのような難しい地層のコアサンプルの品質や回収率を高める工夫をしていました。また、生命圏の限界に迫る掘削調査にとって最重要ともいえる地層の温度を測るために、コアシュー（コアバレルの先端部分）にAPCT－3と呼ばれる温度センサーを設置し、深さ410メートルの地点までの正確な現場地層温度を測ることに成功しました。ここまでの深度区間は、海溝軸にたまったタービダイト・砂層からその下の上部四国海盆を形成する泥岩層でした。

「ちきゅう」によって採取されたコアは、すぐに船内のX線CTスキャンで分析します。そのイメージをコチーフが一次分析をして、WRC（ホール・ラウンド・コア）のサンプリング部位を特定していきます。これは、深度に対するデータプロットの頻度やサンプルの分析内容、必要とするボリュームなど、全体計画を客観的に把握しているコチーフにしかできない仕事です。例えば、微生物分析や間隙水分析用のWRCサンプルは、CTスキャンのイメージで割れ目や亀裂などがほとんど検出できない高品質な部位を選択してプランを立てます。そして、無酸素の嫌気グローブボックスの中で、コンタミネーションの可能性が高いコアサンプルの外側を滅菌されたセラミックナイフで削り取り、放射線滅菌された嫌気性バッグの中に高品質な内側のサンプルを取り分けます。

また、細胞計数用のサンプルは、コンタミネーション評価のためのサンプルと一緒にクリーンベンチの中で取り分けます。実は、通常の微生物学実験室で使うクリーンベンチは、実験室やクリーンベンチ内の空気を内部循環させているため、空気清浄度は必ずしも十分ではありません。堆積物コアサンプルを扱う船上の実験室であれば、なおさら空気中に漂うほこりや微粒子のコンタミネーションのリスクが高まります。そのため、船上のクリーンベンチや嫌気グローブボックスには、特殊なフィルターを備えた小型のフィルターシステムを設置し、微粒子計測計でクリーン度を確認してから作業をする環境と手順を整えました。

応力測定用のWRCサンプルも、時間によってコアが変形していくため、掘削による構造の乱れのない高品質なコアが要求されます。下北八戸沖でも採取したのですが、コアの品質に大変気を使うリクエストです。そのように、前例のない高いレベルのコアの品質保証・管理を行い、限界生命圏に挑むのにふさわしいサンプルを採取しました。

採取されたサンプルは、船上で一次処理をしてクーラーボックスに入れ、洋上の「ちきゅう」から約160キロメートル離れた高知県南国市にある高知空港まで、ほぼ毎日のペースで、ヘリコプターで運びます。陸上研究者チームは、ヘリコプターにより運ばれてきたサンプルを受け取り、高知コアセンターに運び入れます。

高知コアセンターでは、サンプルを再び嫌気グローブボックスの中に入れ、より安定的で確実性の高い環境で二次処理をします。コアの外側を再び薄くはぎ取り、中心部分のみを滅菌されたミニコアドリルで取り出し、環境DNA分析などのサンプルに分けていきます。それにより、人為的なコンタミネーションが極めて小さい、最高品質の堆積物コアサンプルを採取・分析することができました（図４－４）。

ＲＣＢ（ロータリー・コア・バレルと呼ばれる硬い地層に適した掘削システム）による掘削とコアリング作業は順調に進んでいきます。４３０～５００メートル付近の深さには、タービダイトや砂層を含む海溝軸の堆積物から上部四国海盆へと移行していくプロセスがあり、その下６３５メートルの深度まで泥岩層が続きます。そして、深さ６３５メートルからは固結した火山灰層や生物痕が多く含まれる泥岩層やシルト岩層が出現しはじめます。これは、掘削が下部四国海盆の地層に入り、プレート境界断層が近いことを示しています。そして、この航海の65～71番目のコアである深さ７５８・１５～７９６・３９メートルの区間に、ついにプレート境界をしめすデコルマ断層が出現しました。このデコルマを含むコアは、他のコアと同様に回収後直ちにＸ線ＣＴスキャンがかけられるのですが、その後、時間がたつにつれてコアにパキパキと亀裂が走り、構造が少しずつ壊れていく様子が印象的でした。

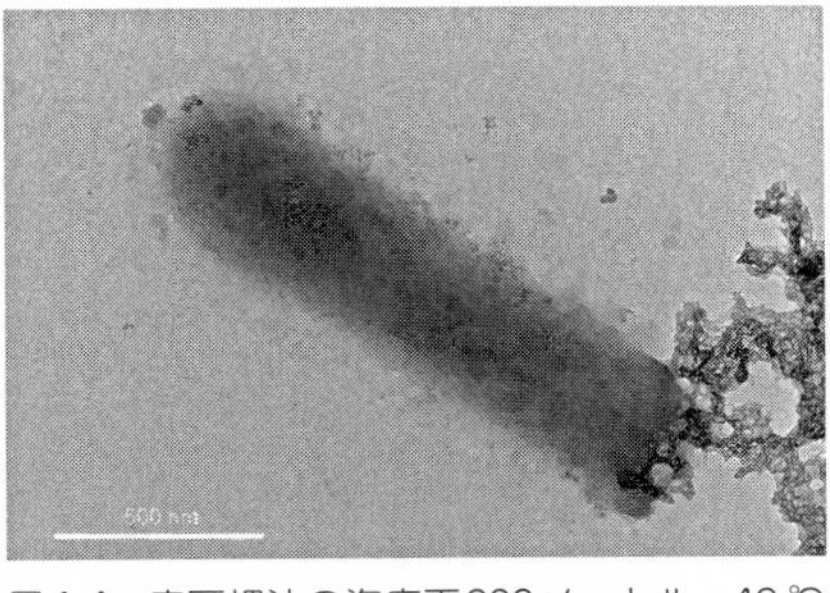

図4-4　室戸岬沖の海底下303メートル・42℃の堆積物（Core 6F-2）から検出された微生物細胞の透過型電子顕微鏡写真。スケールは500ナノメートル（JAMSTEC/IODP）。

船上のコアフローや陸上チームへのサンプル輸送もスムーズです。

船上の生活は、ランドリーや食事などの生活サポートが充実しているため、研究に集中できる環境が整えられています。しかし、1ヵ月を過ぎると、知らず知らずのうちに疲れがでて、ちょっとした言葉遣いなどで雰囲気が悪くなったりすることもあります。そこでコチーフのベレナと私は、ちょっとしたレクリエーションを企画しました。船内には、いろいろなマル（丸）の形をしたものがあります。簡単な例では、船についている窓はマルい形をしています。避難用の赤い浮き輪もマルですよね。分析機器の一部にも、特徴的な丸いバルブや器具などがたくさんあります。デイ・シフトとナイト・シフトの2つの班にわかれ、双方にこの「マルいもの」の写真を撮り、もう一方の班が、これがどこにある何のマルの写真なのかを当て合うクイズです。中にはとてもマニアックなものがあります。「あれだ、これだ、いや、ちょっと違う」などとワイワイと一緒に「ちきゅう」の中のマルを探し当てます。とてもシンプルなのですが、それで少しだけ気分がリラックスし、コミュニケーションが良くなり、船上の共同作業に一体感が生まれていくのです。

10月12日、本航海の83番目の堆積物コアが深さ871メートルの地層から船上に採取されました。その後、孔内環境が悪化してきたことなどもあり、プレート境界断層の下から基盤岩までの区間を安定的に掘り抜くために、ドリルビットのツール編成を一旦船上に回収しました。プレート境界断層を貫通し、下部四国海盆に入ってから、何やら掘削が思うようにいきません。この原因は、物理特性のスペシャリストとして乗船していた廣瀬さんと当時大学院生であった神谷奈々さん（現・京都大学）の計測データからもうかがうことができます。構造的には逆断層ばかりではなく、正断層の存在が観察され、間隙率も５～７％程度増加している傾向が認められました。これは、プレート境界断層と基盤岩との間に閉じ込められていた泥岩を主とする下部四国海盆の堆積物層が、専門用語で言うところの「高間隙圧流体場」の状態であることを表しています。つまり、圧力釜のようにギューッと押され続けていた堆積物とその間隙水が、船上にコアサンプルが回収されることによって現場の応力状態から解放され、その結果として間隙率の測定値が増加したと考えられます。現場の温度は、推定で90℃前後。その後のＪＡＭＳＴＥＣ高知コア研究所の濱田洋平研究員らによる掘削パラメータのデータ解析によって、本サイトにおけるデコルマと基盤岩に挟まれた下部四国海盆の２５０メートル以上にわたる深度区間は、高い流体圧力を受けている影響で、堆積物構造の力学的な強度が弱いという結果が示されています。また、トロント大学の大学院生マン・ユィン・ツァングさん（現・神戸大学）や「下北八戸沖石炭層生命圏掘削調査」にも乗船したアバディーン大学のステフェン・ボーデン教授らにより、この区間の堆積物の隙間に最大約２２０℃までの一次的な高温熱水に由来する熱水性変質鉱物（バライト［$BaSO_4$］やカルサイト［$CaCO_3$］、ロードクロサイトと呼ばれるマンガン酸化物［$MnCO_3$］

など）が存在していることがわかりました（巻頭の写真eを参照）。船上コチーフを務めるベレナと私は、直感的に、ここからが「限界生命圏に迫る山場」であると感じていました。

室戸岬沖の海底下で何が起きているのか

10月15日、地元の高知市文化プラザかるぽーとにて、一般市民に向けた講演会が行われました。このイベントでは、「ちきゅう」と会場をインターネットで中継し、船の様子を高知市の皆さんにお伝えすることになっていました。さらに、イベントに参加すると、もれなく、高知新港での「ちきゅう」の見学会に参加できるチケットがついてくるという特典付きです。会場は1000人の満員御礼！　まず、私がプロジェクトの目的や船上の様子を会場に伝えました。その後、会場からいくつもの質問が寄せられました。おそらく、会場の熱気は最高潮に達していたでしょう。会場から160キロメートル離れた洋上の「ちきゅう」にまで、画面越しに確かに伝わりました。地元の高知大学からの乗船研究者である藤内智士講師は、ある質問に答えます（図4－5）。

――「ちきゅう」ではコアを使ってどんな分析をしているのですか？

「『ちきゅう』の船上には、医療用のX線CTスキャンがあるんですよ。ですが、診療台に乗るのはヒトではなくて、地質のコアなんです。それを観察している。目には見えない隠れた断層や、かつて何百万年も前に活動していた海底の生物の化石が動いた痕跡などが見えるんです！」

11月1日、RCBによる下部四国海盆の掘削はゆっくりとしたスピードで深さ1129メートルに達していました。しかし、到達目標である玄武岩基盤まではもう少しというところですが、そこから先の掘削が思うように進みません。OSI（掘削オペレーションの責任者）との協議により、以下の点を確認していくことにしました。

①　下部四国海盆の深度区間の孔の状態が悪く、側面から崩落したデブリが孔の底にたまっている可能性。
②　ドリルビットの先端が摩耗してツルツルになり、地層を削れない状態になっている可能性。
③　付属のアンダーリーマーと呼ばれる孔を拡張させるサイドビットが何らかの悪さをしている可能性。

この時点でドリルビットの編成を新しいものに交換するとなると、丸2日はかかってしまいます。しかし、状況が改善され

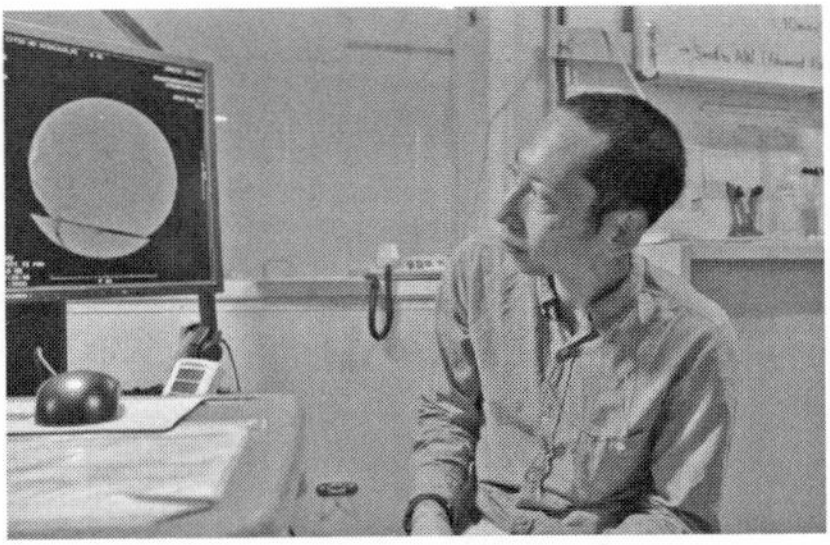

図4-5　堆積物コアのX線CT画像分析を担当していた藤内智士講師（JAMSTEC/IODP）。

ないようでは、目標である基盤岩まで到達できないかもしれません。

ビットがヘタっているとは思わないのですが、何かよくわからない状況が起きているのかもしれません。航海終了の期日も迫っていたので、船上での速やかな方針決定が求められていました。ＯＳＩとの協議の結果、「時間も限られているので、ＢＨＡ（ドリルビット編成）を全部上げるのではなく、孔から抜いて水中カメラで確認してみましょう」ということになりました。

「ちきゅう」からアンダーウォーターＴＶと呼ばれる水中カメラをケーブルで降下します。それが、偶然にも重要な科学的発見に結びついたのです。

まず、孔から海水中に引き上げられたドリルビットは、アンダーウォーターＴＶの画像から問題がないと判断されました。一方、大変興味深いことに、ＢＨＡを引き上げた掘削孔の入り口（ウェルヘッドと呼びます）から、何やらモクモクと泥水が湧き出していたのでした（図４－６）。

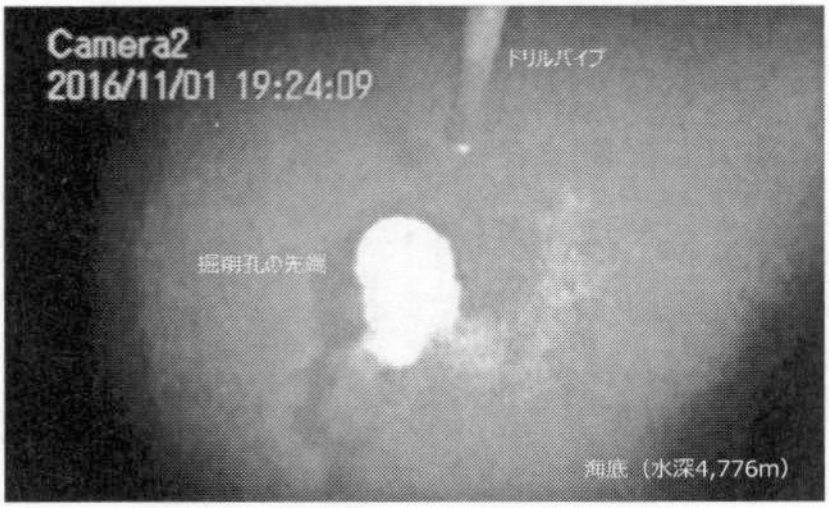

図4-6　掘削孔入り口から湧き出る泥水(JAMSTEC/IODP)。

「何これ？　このチムニー（深海底熱水噴出孔のこと）みたいなのって、普通なの？」モニターを見ながら、私たちが言います。

ＯＳＩの答えは「いや〜、沖縄のような熱水じゃないですからね……」というものでした。

その後の議論の結果、この現象は、８５６〜１１２９メートルまでの、ケーシングを施していない裸孔《らこう》（地層がむきだしになった孔）の区間が高間隙圧流体場であり、孔内に残った流体が上側に押しやられ、現場よりは圧力が低い海底面の孔の入り口からモクモクと湧き出てきた現象ではないかと予想されました。

乗船研究者の廣瀬さんらは、堆積物の物理測定データとアンダーウォーターTVに記録された動画などの証拠を基に、掘削孔から噴き出した流体の流量やそれに必要な差圧と存在範囲を推定しました。それにより、デコルマ下部から基盤岩までの区間に、「ゆっくり地震」（スロースリップ）の発生に関与すると思われる高間隙圧流体場が幅数百メートルの広がりでパッチ状に存在していることが明らかになったのです。

11月3日、孔をクリーニングしながらＢＨＡを交換せずにＲＣＢ掘削を継続し、50メートルほどドリルダウンしました。そして、この航海で１１１番目と１１２番目のコアがそれぞれ海底下１１７３メートルと１１８０メートルの深さから採取されました。

このコアには、熱水により変質した堆積物とその下に存在する上部玄武岩に特徴的な枕状溶岩のリム（溶岩が海水で急冷されて固まった端の部分）の構造が観察されました。目標の基盤岩に到達したことにより、本T－リミット航海の掘削オペレーションは完了です。その後、掘削孔に深さ863メートルまでの温度計アレイ（チューブの中に複数の温度計センサーを吊るしたもの）を設置し（図4－7）、「ちきゅう」による掘削航海調査は終了しました。

この航海により採取された112本のコアサンプルの回収率は平均で75・9％と高く、その総長は577・85メートルでした。それらのコアから、1万3000以上の高品質な分析用サンプルが分取され、合計92箱のサンプルがヘリコプターで高知コアセンターに運ばれました。11月23日、高知コアセンターで予定していた作業も無事に完了し、「室戸沖限界生命圏掘削調査（T－リミット）」における全てのオペレーション・ミッションは成功裡に完了したのでした。

図4-7 （左）「ちきゅう」のムーンプールから温度計がついた孔内観測アレイを設置する様子。（右）2018年3月には、無人探査機「かいこう」を用いて温度観測データの回収に成功した（ともにJAMSTEC）。

⊕キッツキッツでアッツアッツの世界

第1章でも紹介した90年代のパークス教授らの研究などにより、沿岸の海底堆積物に生息する微生物細胞の密度は、深さに対して対数的に減少していくことが知られています。しかし、「下北八戸沖石炭層生命圏掘削調査」では、海底下深部の微生物細胞の密度は、深さ1200〜1500メートルあたりから急激に減少する傾向が認められました（図3-8参照）。それは、海底堆積物内の微生物細胞密度は堆積物の深さや形成年代などに対して一定の割合で減少するのではなく、その堆積物の間隙率や透水性などの物理特性や、温度の上昇によって高まっていく生体高分子の損傷率とバイオマスを支える水・エネルギー供給量とのバランスが関係していることを示していました。

「室戸沖限界生命圏掘削調査」（T-リミット）の掘削サイト「C0023」の水深は4776メートルの深海で、海底面の温度は1.7℃です。掘削のコアシューに取り付けられた温度計APCT-3（図4-8）の結果や堆積物の熱伝導率測定データ、孔内温度

図4-8　コア・シューと呼ばれるパイプの先端に搭載する温度計APCT-3（JAMSTEC/IODP）。

観測のデータなどから、深さ1177メートルの基盤岩では120±3℃にまで達することがわかりました。これは、現時点において実験室内で培養可能な超好熱性微生物の最高生育温度に匹敵する温度です。

図4−9の左側、Aの微生物細胞密度のグラフをご覧ください。浅い堆積物の温度は低く、そこに暮らす微生物たちの多くは好冷菌や常温菌と呼ばれるタイプです。室戸岬沖でも、ほかの海域と同じように、海底下約190〜400メートル・約30〜50℃の区間では、深くなる

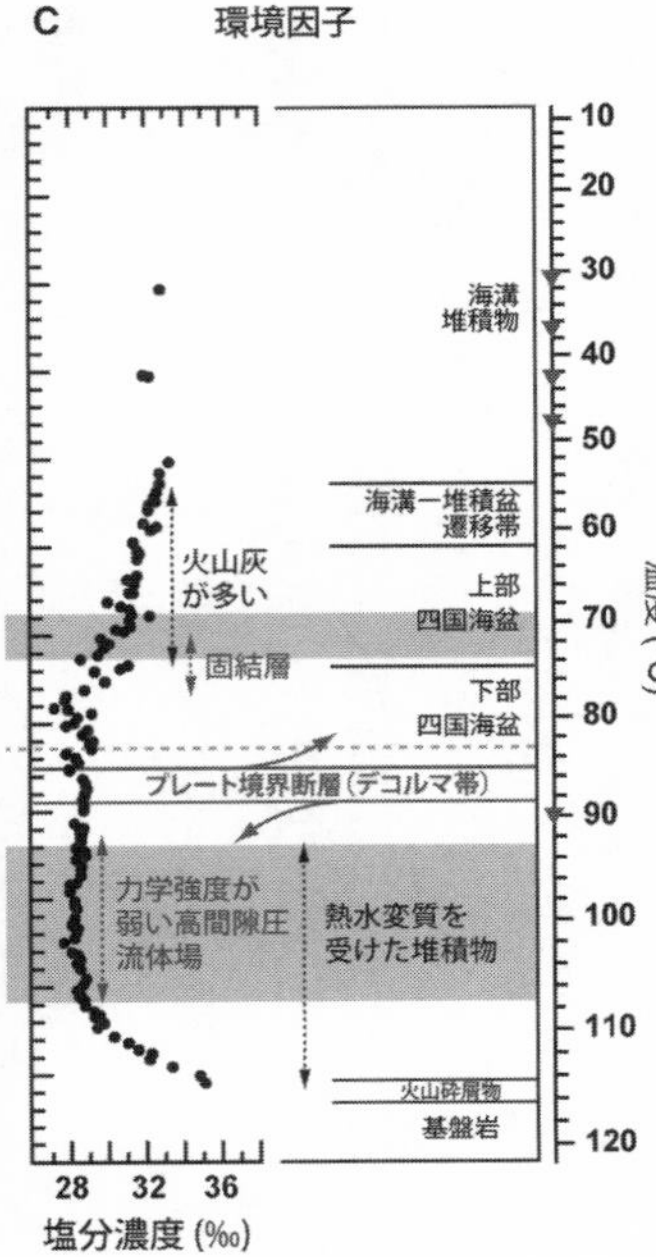

図4-9　室戸岬沖から採取された堆積物コアサンプルに含まれる（A）微生物細胞密度の深度プロファイル。定量下限値よりも高い細胞密度のプロットを●、低いプロットを○で示す。（B）内生胞子に特異的なバイオマーカーであるジピコリン酸の定量分析から推定される内生胞子密度の深度プロファイル。（C）堆積物の間隙水中の塩分濃度、温度、堆積学的特徴の深度プロファイル。基盤岩に向けての塩分濃度の上昇は、基盤岩（玄武岩）の変質の影響を受けた流体が堆積物側に供給されていることを示している。灰色は、微生物細胞と内生胞子の両方が有意に検出されなかった深度区間。（Heuer et al., 2020を改変）

につれて微生物の細胞密度は徐々に小さくなっていき、細胞計数の限界値である16細胞／cm³以下にまで達します。これは、表層から海底下の浅い堆積物に生息している多くの好冷性～常温性の微生物群集は、時間の経過とともに深くなり、そして熱くなっていく地層の温度変化に感受性があり、その多くが自然界に存在する好冷性～常温性の微生物のように50℃前後に温度限界があることを示しています。

深さ400メートル・地層温度が55℃を超えると、そこか

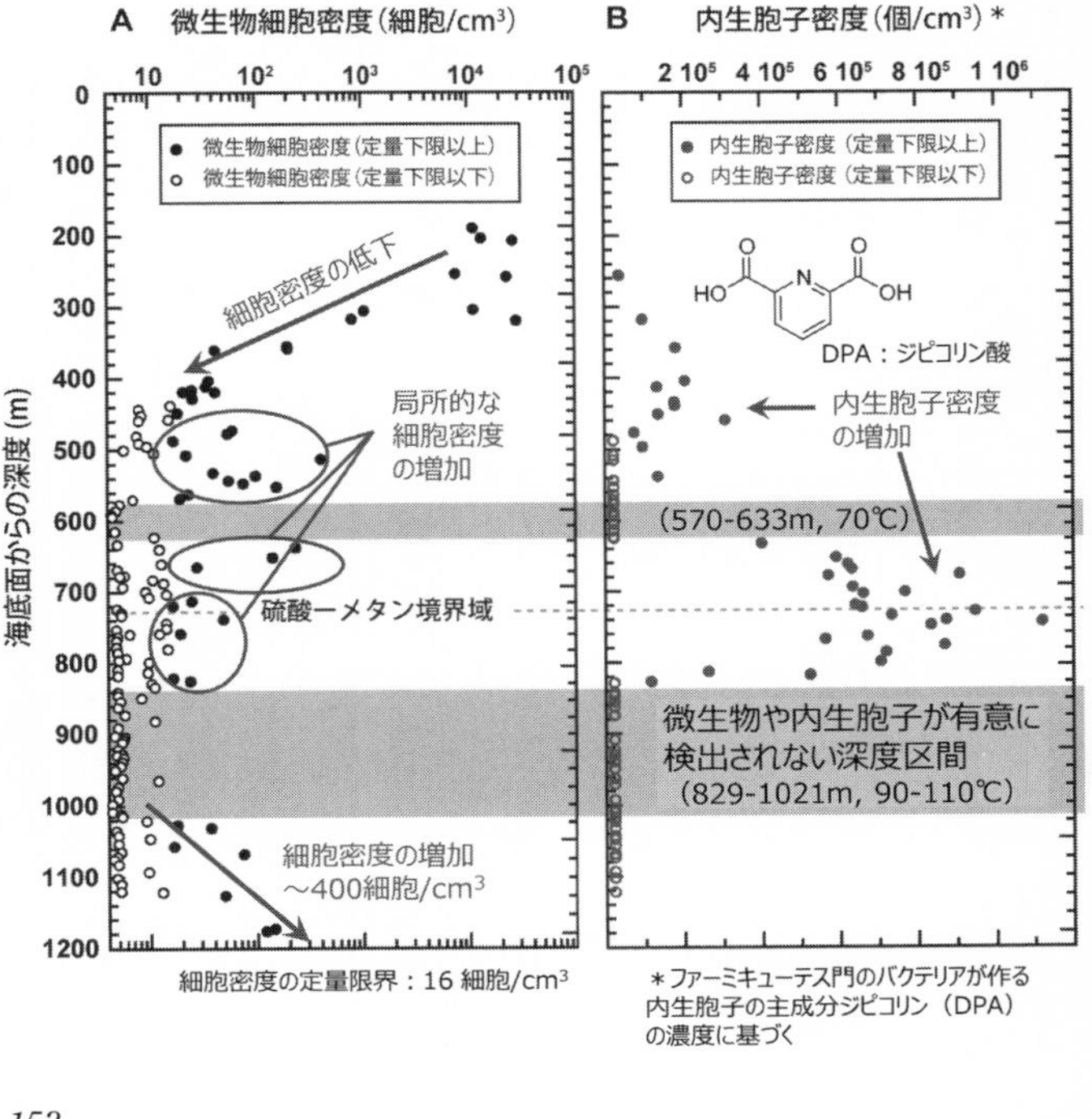

ら先は好熱菌の世界です。低温の浅い堆積物に比べると、微生物の細胞密度は極端に小さいのですが、ところどころで細胞計数の限界値を上回る数百細胞／cm^3にまで増加していることがわかります（図4－9A）。しかし、図中の灰色の帯の範囲、①深度570～633メートル・70℃付近と、②プレート境界断層下部の829～1021メートル・90～110℃の区間では、計数限界値を上回る微生物細胞や生命活動のシグナルとなる地球化学的な特徴が有意なデータとして検出されませんでした。そこに生命がいないことを証明することは大変に難しいことです。これらの地層は、①の区間は上部四国海盆の形成初期に多くの火成活動があり、何層もの固結したガッチガチの火山灰層が認められること、②の区間は最大220℃の突発的な熱水移流の影響を受けた高間隙圧流体場であるといった特徴を持っています（図4－9C）。このことは、堆積物の土着の微生物細胞が死滅または存続できないイベントが生じ、それから現在に至るまで、そこに生命が持続的に存続するための条件を満たすことができていない可能性が考えられます。

驚くべきことに、そのような「ライフレス」な地層に物理的に空間を隔てた深さ1021～1180メートル・110～120℃の下部四国海盆～基盤岩までの堆積物に、再び細胞計数の限界値を上回る数の微生物細胞が検出されました（図4－9A）。しかも、深度が増加するにつれて（玄武岩層に近づくにつれて）細胞数が増加する傾向が認められ、最深部では400細胞／cm^3にまで達していました。この結果は、付加体先端部の基盤岩直上に、いまだ発見されたことのない超好熱性微生物生態系が存在していることを示しています（現場の温度は１００℃を超えていますが、圧力が約６００気圧の海底下では間隙水は沸騰しません）。

微生物学の教科書を見ると、自然界の微生物は「好冷菌→常温菌→好熱菌→超好熱菌」というように、生育できる温度範囲によってタイプが分けられています（図４−10）。

好冷菌や常温菌は、私たち人間が衣服を調節するなどして暮らせる温度範囲、氷点下から45℃くらいまで生息できる微生物たちです。

好熱菌は、45℃くらいより高い温度を好む微生物たちです。お風呂の温度よりも高く、私たちには耐え難い熱さです。例えばサイレージと呼ばれる飼料作物の発酵槽や堆肥の中、湯気が立つ温泉の流路などに生息しています。

超好熱菌は、90℃以上のアッツアツの熱水に生息する、いわゆる「極限環境微生物」の一つです。これまでに、陸上の火山や、ボコボコと煮え立つ温泉、深海の熱水噴出孔などで発見されています。いくつかの超好熱菌は、自然界から分離されていて、実験室で培養できます。現在のところ、培養

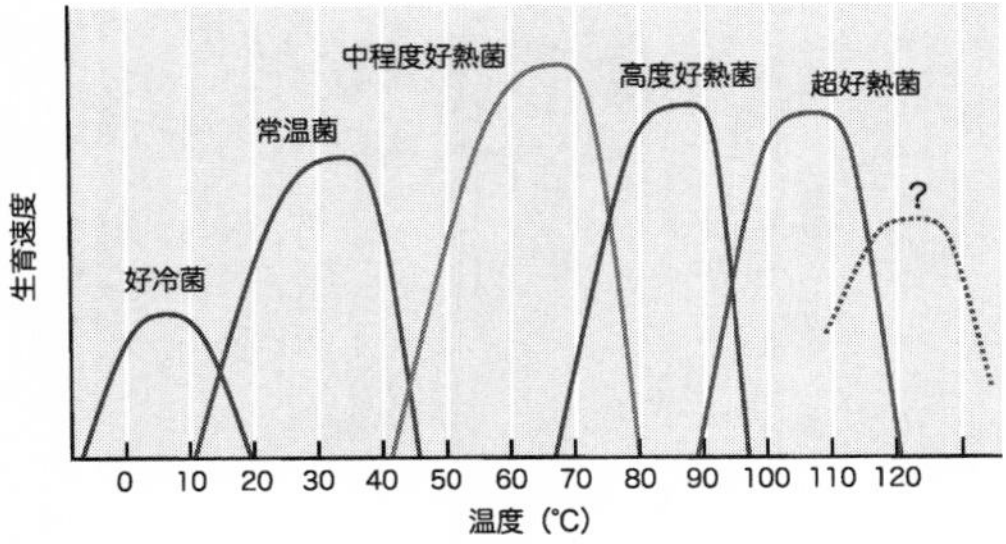

図4-10　微生物の生育温度タイプとその生育速度を示す概念図（著者）。

可能な超好熱菌の生育限界温度は高圧条件下で１２２℃という報告があります。

また、石油地質学の分野では、堆積物中の有機物の微生物による分解作用は80℃程度までという報告があります。一方で、１００℃を超えるアッツアツの高温・深部の油田から陸上や洋上のプラントに汲《く》み上げられた地下水（鹹水《かんすい》）に、1ミリリットルあたり1０００〜1万細胞の超好熱性のアーキア（古細菌）の存在が確認されています。それらは、有機物を発酵してエネルギーを得るパイロコッカス属（*Pyrococcus*）やサーモコッカス属（*Thermococcus*）といった従属栄養型の超好熱性アーキアや、従属栄養でも独立栄養でもエネルギーを得ることができるマルチな代謝能力を備えた硫酸還元アーキアであるアーキオグロブス属（*Archaeoglobus*）などであり、どのアーキアも酸素が存在しない嫌気条件でしか生育できません（偏性嫌気性と呼びます）。しかし、これらのアーキアの現場における生存・生育を証明するための信頼できる高品質なサンプル・データの取得や、それらを高精度な温度・圧力条件下で管理することは大変難しく、さらに分離・培養できていない謎の超好熱菌もおそらく存在するでしょう。そのため、海底下における超好熱性微生物の実態や生育温度限界についてはいまだ不明な点が多いのが実状なのです。

海底下微生物の長期生存の秘密は？

生命における加齢と長期生存メカニズムの解明は、ライフサイエンス・メディカル分野の第一級の課題の一つです。その謎を解く鍵の一つは、単細胞の微生物から構成される海底下生命圏の中にあるかもしれません。

大陸沿岸域や外洋といった場所を問わず、海底下の堆積物に生息する微生物たちは、過酷な条件の中で地質学的時間スケールを生き抜く長期生存のスペシャリストです。ある種の微生物たちは、ライフ・サイクル（生活環）の中で、「胞子」と呼ばれるサバイバル・モードの細胞形態をとることが知られています。第3章では、下北八戸沖の石炭層から分離されたスエヒロタケの一種を紹介しましたが、それらのカビ・菌類も、おそらく胞子として海底下深部の地層で存続してきたに違いありません。第2章で紹介した南太平洋環流域の海底からも、ペニシリウム属（*Penicillium*）に分類されるカビが分離されています。

一般的に胞子は、疎水性《そすいせい》の高いアミノ酸や有機化合物からなる多層構造を持ち、含水量が少なく、外界との物質のやりとりがしにくい細胞構造になっています。胞子を形成できる種類の微生物たちは、周りに栄養がなくなり、分裂して子孫を残すことができないような飢餓状態になると、細胞に残された最後のエネルギーを振り絞り、自らの体を胞子へと変化させるのです。第1章や第3章で紹介した放線菌や菌類（カビ）も、実験室では基底菌糸～気中菌糸といった栄養細胞の状態で対数的に増殖しますが、ある一定の環境ストレスのシグナルを検知すると、気中菌糸が形態分化をして胞子を形成します。また、ファーミキューテス門という系統に属する細菌は、栄養細胞の中に「内生胞子」と呼ばれる別の細胞を形成することが知られています。例えば、私たちの生活の中でよく耳にする納豆菌や乳酸菌なども、内生胞子を作る典型的なファーミキューテス門の細菌です。通常は、1つの栄養細胞の中に、1つの内生胞子を形成します。内生胞子は、栄養細胞の中で形成されたばかりの状態では、まだ膜の流動性を保持しているために、DNAの染色試薬などの分子を細胞内に取り込むことができます。そのために、DAPIやSYBR Green Iのような蛍光試薬で染色された新鮮な内生胞子は、蛍光顕微鏡下では栄養細胞の中で明るく光ります（図4－11）。

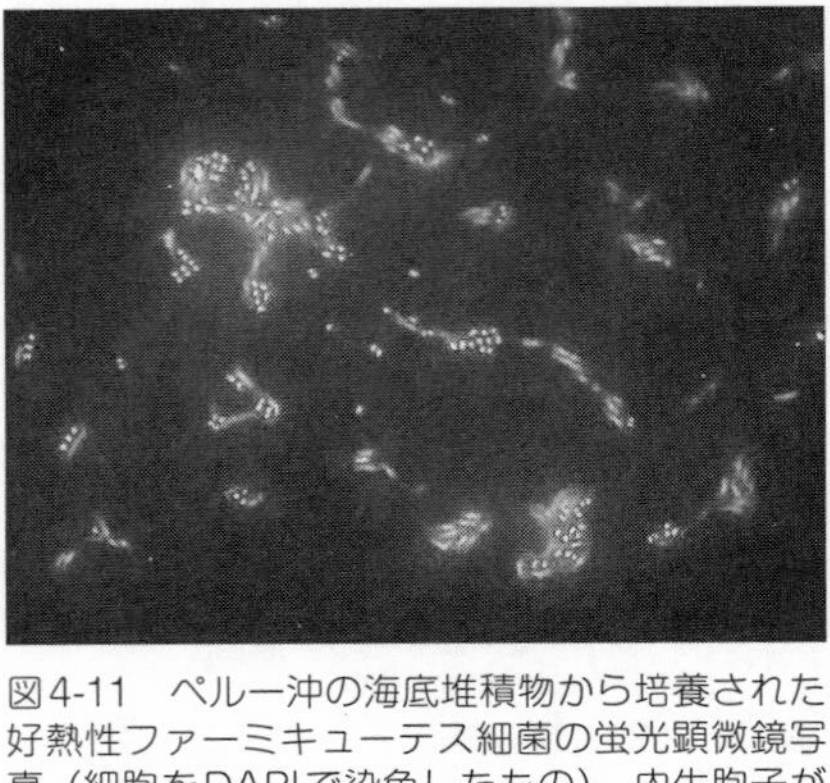

図4-11　ペルー沖の海底堆積物から培養された好熱性ファーミキューテス細菌の蛍光顕微鏡写真（細胞をDAPIで染色したもの）。内生胞子が白く光って見える。2002年にJR号の船上にて著者撮影。

しかし、内生胞子を取り巻く厳しい環境がつづくと、外側の栄養細胞は分解してしまいます。すると内生胞子は細胞内の水分を放出して細胞の表面積と体積を小さくし、完全なサバイバルモードに突入します。そして、栄養が十分にあるハッピーな状況が訪れるまで、休眠状態で待つのです。そのような地質学的なサバイバルモードに入ってしまった内生胞子は、外界からの水の浸透が起こりにくい状態になっているため、蛍光試薬で染色して検出することが難しくなります。

胞子が休眠から目覚めて栄養細胞になることを「発芽」と呼びます。一般的に、内生胞子の発芽誘起物質としては、アミノ酸、糖、核酸などの栄養源の他に、水分や温度、pH、酸化還元電位、金属イオンなどの物理化学的な因子が考えられます。それらの変化を、胞子の外膜にある受容タンパク質が感知して、連鎖的に発芽に必要な生合成遺伝子群のスイッチを誘起していきます。しかし、そもそも栄養・エネルギーの供給が乏しい海底下生命圏において、胞子がその休眠から目覚める生理・生化学的なメカニズムは未解明のままです。

ファーミキューテス門の細菌が形成する内生胞子の内部組織（コアと呼ばれます）には、乾燥重量で約15～25％程度を占めるジピコリン酸（DPAと略します）が含まれていて、脱水状態にあるコア内部のタンパク質やDNAを熱損傷や酸化ストレスなどから保護する役割を担っています。興味深いことに、内生胞子は発芽する際に、不必要になったDPAを細胞外に遊出させ、胞子形成に必要であったほぼ全ての性質を不可逆的に失うと考えられています。海底下深部のような栄養・エネルギー供給の枯渇した環境においては、内生胞子が何らかのトリガーにより発芽したとしても、周りの環境はアッツアツのキッツキツ。復活しても、必ずしも快適に生育できるわけではなさそうですが……。

⊕室戸岬沖海底下深部の微生物は？

さて、室戸岬沖の付加体先端部の話に戻りましょう。

乗船研究者であるドイツ・ブレーメン大学の大学院生ベンハート・ヴィエガーさんは、〈T－リミット〉で得られた堆積物コアサンプルから直接DPAを抽出・精製する手法を確立しました。そこから定量したDPAの濃度を内生胞子に含まれる平均的なDPA濃度で割り算することで、堆積物1立方センチメートルあたりに含まれる内生胞子の細胞密度を推定します。

その結果、深さ約400メートル・55℃付近をピークに、2×10^5細胞／㎤もの内生胞子が存在していることが明らかになりました（図4－9B）。これは、前にも述べたとおり、海底表層から浅部にかけての堆積物に生息する好冷～常温菌の生息限界にあたり、限界に近くなるにつれて内生胞子を作ることができるファーミキューテス門の細菌が、自らの種の存続を守るために形態分化をしたと考えられます。

さらに、深さ740メートル・85℃付近には、55℃のピークに比べて約10倍多い最大1・2×10^6細胞／㎤もの内生胞子が存在していました。この深部のピークは、中程度～高度の好熱菌の生息限界に相当します。従って、検出された内生胞子は好熱菌が産出する好熱性内生胞子（サーモ・スポアと呼ばれます）に由来すると考えられます。

一方、DPAは、840メートル・92℃付近から深い地層では検出されませんでした（図4-9B）。この結果は、90℃以上で生育可能な超好熱菌に内生胞子を形成することができる種が存在しないことと一致しています。深くなればなるほど、アッツアッになる環境の変化に対して、海底下の微生物は最後の力を振り絞って内生胞子を作り、種の存続をかけて戦っていたのでしょう。私たちは、これらの内生胞子を形成する微生物（ファーミキューテス門に属する常温性または好熱性の細菌）の培養を試みましたが、残念ながら細胞の生育は認められませんでした。

では、深さ740メートル・85℃付近の好熱性内生胞子はどこからきて、なぜそこにいるのかをモデルを立てて考えてみましょう（図4-12）。

掘削サイト「C0023」の基盤岩は約1500万年前に形成されたものです。その頃、四国海盆（現在の下部四国海盆）が形成・拡大していくのと同時に、伊豆-小笠原弧が本州弧に衝突して沈み込みを開始します。また、深さ740メートル・85℃付近の地層は、およそ560万年前に堆積したものです。当時、伊豆-小笠原弧の火成活動は活発に続いており、火山や海嶺付近の熱水から多くの好熱菌が深海底に放出され、その周辺の冷たい堆積物に埋没したと考えられます。それらの好熱菌の中には、デサルフォトマキュラム属（*Desulfotomaculum*）の細菌のような内生胞子を形成する嫌気性の好熱性硫酸還元菌もいたに違いありません（これに似た現象として、冷たい北極海の堆積物に1万細胞／cm^3程度の好熱性胞子が存在するという報告があります）。

それらの好熱菌は冷たい海底堆積物では生育することができません。そこで、内生胞子を形成してサバイバル・モードに突入します。その状態からおよそ520万年間をジッと胞子の状態で耐え、現在から40万年前になると、掘削サイト「C0023」の位置はより南海トラフの海溝軸の近くにまで移動します。それ以後は、海溝軸に供給されるタービダイトの影響も受けて堆積速度が速まると同時に、現場の地層温度が高くなっていきます。

そして32万年前、現場温度が50℃を上回り、栄養細胞が生育できる温度がやってくると、これまで約520万年以上もの間、ジッと耐えていた好熱菌の内生胞子が発芽します。植物の種が春の暖かい季節の到来により一斉に発芽をするように、長い冬の時代を過ごした好熱性細菌の内生胞子が発芽する時代がやってきたのです。

さしあたり、560万年前の堆積物に1000細胞／cm^3の内生胞子形成細菌が存在し、内生胞子と栄養細胞の割合が50：50（1：1）であると仮定してみましょう（図4－12）。その条件では、現在から12万年前、発芽に適した温度になる32万年前から数えておよそ20万年、1000世代をかけて現在の1・2×10^6細胞／cm^3の内生胞子の密度に達します。12万年前の地層の温度は約75℃であり、それ以降の高い温度では、ほとんどの栄養細胞は死滅してしまうでしょう。

一方で、現在の85〜90℃の状態になるまで好熱菌の内生胞子は存在しつづけます。しかし、無常にも時間と深さが増すにつれて地層の温度は上がり続けます。〈T-リミット〉で得られた内生胞子の深度分布のデータは、近い将来、現場の温度が約92℃を超えると内生胞子でさえも熱により分解され、消失してしまう運命であることを物語っています。

では、微生物にとって内生胞子となることが、究極の長生きの秘訣なのでしょうか？

確かに、海底下の微生物たち

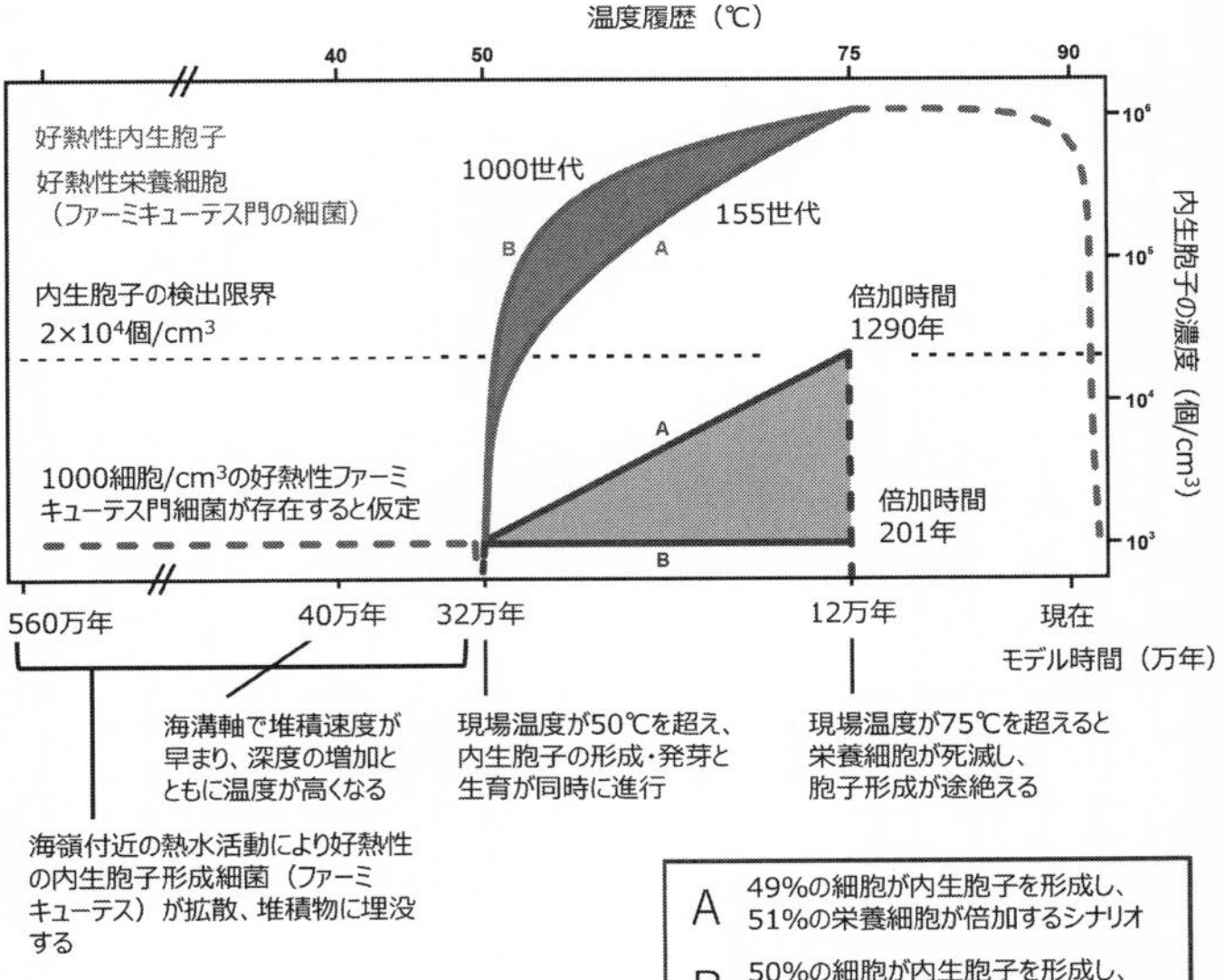

図4-12　室戸岬沖の海底下に埋没した内生胞子の生存シナリオ。堆積物の温度履歴や海嶺からの距離と密接な関係がある（Heuer et al., 2020を改変）。

の中には内生胞子を形成できるファーミキューテス門の細菌がいます。しかし、近年のメタゲノム解析などの結果から、どちらかというと海底下生命圏の住人の中では、彼らはマイナーな存在であることがわかっています。自然界の全ての微生物が、胞子を形成し、DPAを細胞内に合成・濃縮することができるわけではありません。むしろ、進化プロセスの中で特殊なサバイバル能力を獲得した種であるといえるでしょう。では、他の微生物たちはどうやって生きているのか……。何か、私たちが知らない生存戦略があるに違いありません。

海底下深部の微生物は、ほぼ例外なく、現場環境でその細胞の体積を小さくして、カッサカサの梅干しのように脱水した状態でいるようです。それは、胞子が細胞のコアにDPAを蓄積して含水量を減らし、DNAの保護や細胞の損傷修復に必要な最低限の酵素機能を守っていることと同じ状態であると考えられます。渦鞭毛藻やいくつかの原核微生物は、カッサカサの梅干しのようなシストと呼ばれる特殊な細胞形態に変化することで、胞子と似たようなサバイバルモードの生活環を実現することができます。今後、海底下における長期生存や生命機能維持のためのメカニズムは、海底下から採取された微生物をさまざまな栄養・温度条件で培養し、詳細な遺伝子発現実験や観察を行うことによって明らかにされていくことでしょう。

⊕海底下深部の超好熱性微生物生態系とは何か

これまでは海底下に存在している微生物の限界を中心に見てきました。もう一つ重要な視点があります。彼らの形成している「生態系」とその機能です。

一般的に、海底下に存在する一つ一つの微生物細胞の代謝活動は極めて微小なものですが、それらが集団（コミュニティ）として、地質学的なスケールにわたって継続することで、生命活動は地球規模の元素・物質循環に影響を与えます。例えば、日本沿岸の堆積物に多く存在するメタンハイドレートの多くは、海底下の微生物たちが埋没した有機物を分解し、その最終産物であるメタンがある一定の温度・圧力条件下で水分子と反応してできたものです。そのような微生物生態系が担う役割や機能は、堆積物に含まれる間隙水やガスなどの化学成分の濃度や同位体組成を調べることで理解を深めることができます。

「室戸沖限界生命圏掘削調査（T－リミット）」では「ちきゅう」のライザーレス掘削により非常に高品質な堆積物コアサンプルを連続的に採取することに成功しました。米国ロードアイランド大学の地球化学者アート・スピバック教授が、「これほどまでに高品質なコアと間隙水が採取できたことは驚きだ！」と、絶賛していたほどです。ここでは、限界生命圏の実態を示すいくつかの重要な発見についてご紹介したいと思います。

第3章の「下北八戸沖石炭層生命圏掘削調査」でも述べましたが、堆積物に含まれるメタンが、微生物が作ったものなのか、有機物の熱分解作用によって生じたものなのかを調べることは、従属栄養型の微生物生態系の機能がどこまで広がっているのかを明らかにする上で重要です（図3－10）。

それには、ガスを構成するメタン／エタン比（C_1／C_2比）やメタンの炭素同位体比（^{12}Cに対する^{13}Cの割合が低いほど微生物起源とされる）の測定が有効です。〈T－リミット〉で採取されたガスのメタン／エタン比は、表層から深くなるにつれて減少し、深さ800メートル・

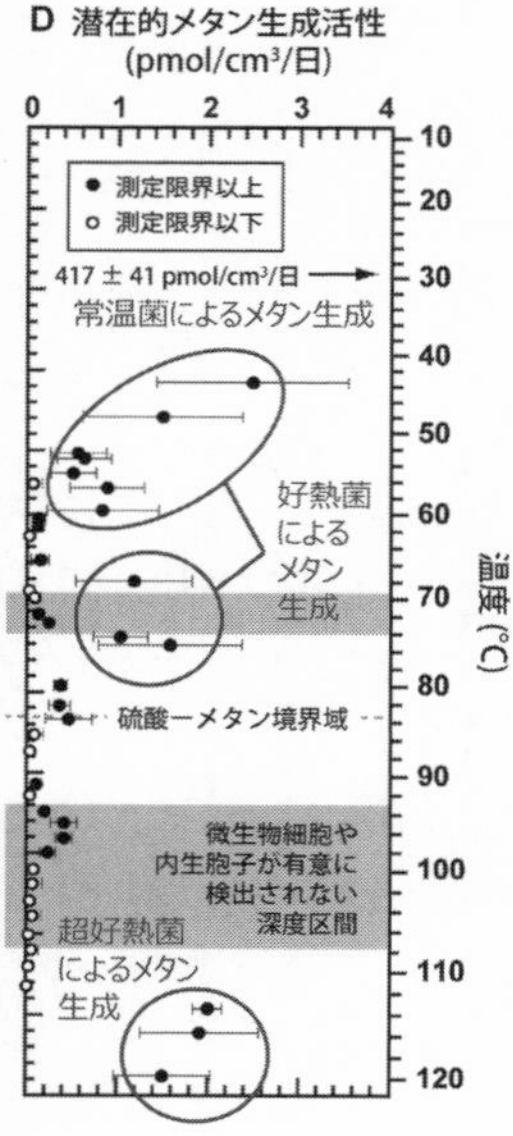

図4-13　室戸岬沖の掘削地点C0023におけるガス・間隙水の地球化学的特性とメタン生成活性の深度プロファイル。(A) 硫酸（●）とメタン（○）の濃度。(B) メタン/エタン比（●）とメタンの炭素同位体比（○）。(C) 間隙水中の酢酸の濃度（●）と酢酸の炭素同位体比（○）。(D) ^{14}Cで標識されたCO_2を放射性トレーサーとして用いた潜在的メタン生成活性（$^{14}CO_2$から$^{14}CH_4$への転換量に基づく水素資化性メタン生成反応の速度）。定量下限値（0.094 pmol/cm³/日）を超える測定値を●、それ以下で検出された測定値を○で示す。深度180 mでの潜在的メタン生成活性は417 ± 41 pmol/cm³/日とスケール外の値を示した。これらの活性値は、深度360 mでは40 ℃、405-585 mの区間では60 ℃、604-775 mの区間では80 ℃、816 m以上の区間では95 ℃でインキュベーションを行い測定された（Heuer et al., 2020を改変）。

AOM: Anaerobic Oxidation of Methane　硫酸還元と共役した嫌気的メタン酸化

90℃付近からその値が100を下回ってきます（図4－13B）。これは、堆積速度が速く、有機物を多く含むタービダイト層や上部四国海盆において、最終的にメタンを生産する従属栄養型の微生物生態系が機能していることを示しています。

一方、90℃を上回る下部四国海盆においては、微生物が作るメタンよりは、有機物の熱分解により生じるメタンの方が、その割合が多いことがわかります。

間隙水に含まれるメタンと硫

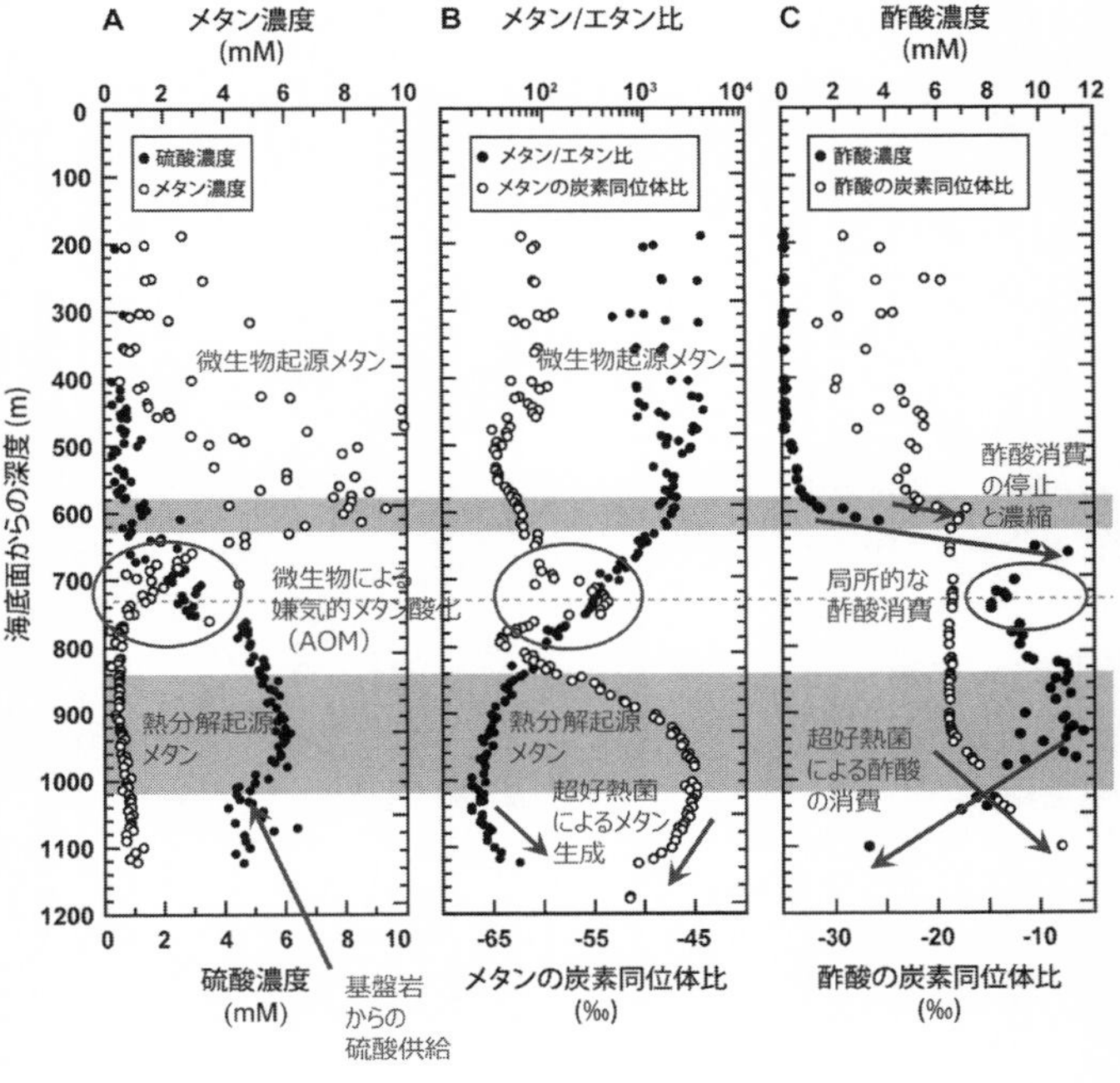

酸の濃度に着目してみましょう（図4－13A）。

深さ700メートル・80℃前後の下部四国海盆は、プレート境界の直上に位置し、好熱菌由来の内生胞子が多く検出された場所です。この深度の地層を境界に、浅部には微生物起源のメタン、深部には熱分解起源のメタンが存在しています。そして、熱分解起源のメタン濃度は表層の微生物起源のメタン濃度に比べてあまり高くありません。一方、堆積物の下の上部玄武岩からは、約4～6ミリモルの硫酸（海水に含まれる硫酸の1／5～1／7程度）が供給されています。この硫酸は、深さ700メートル・80℃前後の境界域で急激に減少しはじめます。メタンと硫酸の減少の割合がおよそ1：1であることから、メタンが硫酸により二酸化炭素と硫化水素に還元される「嫌気的メタン酸化」と呼ばれる微生物代謝活動が起きている可能性があります。

$$CH_4 + SO_4^{2-} \rightarrow HCO_3^- + HS^- + H_2O$$

このメタンと硫酸の濃度プロファイルが交差する深度は「硫酸－メタン境界」と呼ばれ、浅い堆積物においては、ANMEと呼ばれるアーキア（古細菌）と硫酸還元バクテリア（細菌）が互いに共役して嫌気的メタン酸化反応を行っていることがわかっています。これまでに、この炭素・硫黄循環を担う重要な微生物活動については、化学合成生物群集（チューブワームや二枚貝など、微生物を体内に共生させて生育のためのエネルギーを得る生物群集）が生息する深海底の冷湧水環境や海底泥火山、海底熱水活動域などにおいて精力的な研究が行われてきました。しかし、上部玄武岩の帯水層から供給される硫酸を用いた海底下深部の嫌気的メタン酸化については、その詳細はいまだ明らかになっていません。

ただし、メタンの炭素同位体比の深度プロファイルでは、深さ700メートル・80℃前後で局所的に10パーミル（‰）程度重くシフトしています（図4-13B）。これは、現場の好熱性微生物が軽い炭素（^{12}C）を持つメタンを優先的に消費（酸化）したため、結果として重い炭素（^{13}C）に富むメタンが残ったと解釈することができます。80℃前後の高温環境で起こる嫌気的メタン酸化は、カリフォルニア湾のグアイマス海盆に存在する熱水活動域での研究例が報告されていますが、水深4776メートルの海底からさらに深さ800メートルの海底下で、約500万年前に形成された堆積物に生息する微生物たちが、炭素と硫黄の元素循環にとって重要な役割を担っているとすれば、それは驚くべきことです。

次に、間隙水中に含まれる酢酸（CH_3COOH）の濃度と炭素同位体比の深度プロファイルをみましょう（図4-13C）。酢酸は微生物によって生成されたり消費されたりと、非常に使い勝手の良い貴重な成分です。

深さ約600メートル・72℃あたりの上部四国海盆の初期を境に、それまでに低い濃度で軽めの炭素同位体比を持っていた酢酸の濃度が急激に高くなり、炭素同位体組成も重くなる傾向が認められました。微生物が軽い炭素（^{12}C）を持つ基質を好んで消費する傾向は、メタンばかりではなく酢酸でも同じです。この酢酸の分析データは、72℃以上の高温の堆積物（下部四国海盆）では、微生物による酢酸の生成や消費が停止し、有機物の熱分解により生じた酢酸が高濃度に濃縮していることを示しています。興味深いことに、前述の嫌気的メタン酸化が起きている硫酸－メタン境界（深さ700メートル・80℃前後）では、酢酸の炭素同位体比が一定のまま、局所的に酢酸の濃度が2ミリモル程度減少している傾向が認められます。この原因は定かではありませんが、嫌気的メタン酸化のプロセスと何らかの関係がある可能性があります。

また、プレート境界断層の下のライフレスと思われる深度区間（829〜1021メートル・90〜110℃）には、浅いところの堆積物と比べて400倍以上の濃度の酢酸が存在していました。その濃度は最大で約12ミリモルです！　酢酸分析を担当したコチーフのベレナは、「すごい！　この濃度は、『お酢』のように舌で舐《な》めると酸《す》っぱく感じるレベルよ！」と興奮気味に語りました。

この現象は、微生物による消費を免れた熱分解由来の酢酸が、デコルマに蓋をされたような状態で、高濃度に蓄積したものと捉えることができます。

大変興味深いのは、デコルマの下のライフレス・ゾーンと基盤岩に挟まれた110〜120℃のアッツアッツ・キッツキッツの環境で、何が起きているのかです。

この区間では、１立方センチメートルあたり最大４００細胞もの微生物が確認されました（図４-９A）。間隙水の地球化学分析のデータは、この超好熱性微生物生態系がどのように存続・機能しているのかを知る上で、大変重要な情報を与えています。例えば、硫酸の濃度を見てみると、基盤岩から浅くなるにつれて１~２ミリモル程度減少し、微生物（硫酸還元菌）による消費を受けていることが見て取れます。また、基盤岩に近づくにつれてメタン／エタン比が若干高くなる傾向があり、メタンの炭素同位体比も５パーミル程度軽くシフトしています。この傾向は、超好熱菌によるメタン生成が起きている可能性を示しています。さらに、ライフレス・ゾーンにたまっていた高濃度の酢酸は、基盤岩に近づくにつれて濃度が１／５程度にまで減少し、酢酸の炭素同位体組成も10パーミル近く重くシフトしていく傾向が認められました。これは、軽い炭素

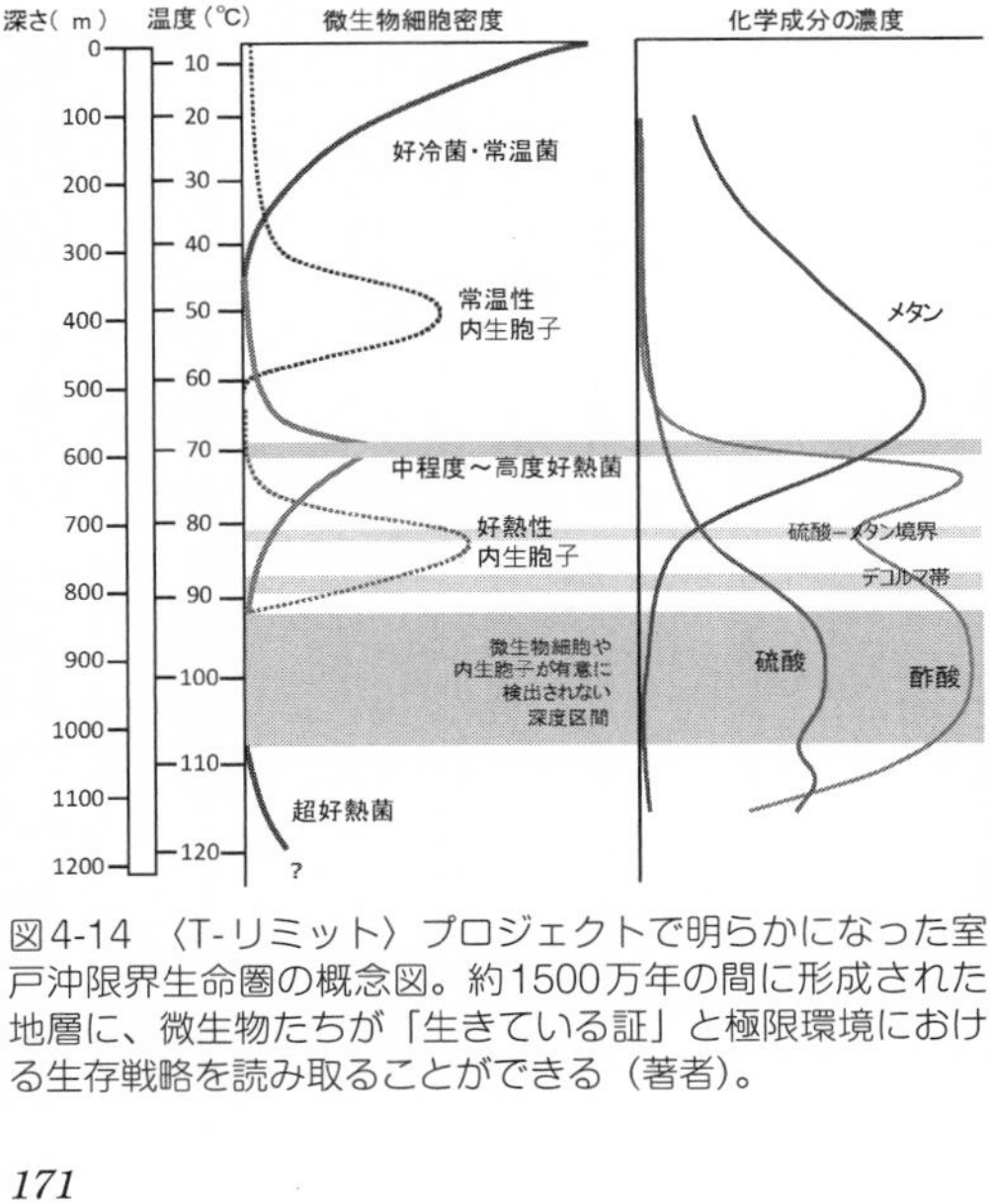

図4-14　〈T-リミット〉プロジェクトで明らかになった室戸沖限界生命圏の概念図。約1500万年の間に形成された地層に、微生物たちが「生きている証」と極限環境における生存戦略を読み取ることができる（著者）。

（^{12}C）を持つ酢酸が超好熱菌により選択的に消費され、その結果として重い炭素（^{13}C）に富む酢酸が残されたと解釈することができます。

以上のように、基盤岩直上の超好熱性微生物生態系の存在には、デコルマと呼ばれる水平断層直下のライフレス・ゾーンに蓄積した「お酢」が重要な役割を果たしていたのです（図4－14）。

これらの研究成果は、2020年12月4日付けの米科学誌「Science」に「我々の想像以上に深く、熱く、過酷な環境に生命が存在する」という編集長のコメントとともに掲載され、世界的に大きな反響を呼びました。

生命の温度限界と新たなる謎

2016年2月、私はカリフォルニア大学ロサンゼルス校（UCLA）の生物地球化学者ティナ・トルード教授に会うために、サンタモニカの北側にあるゲッティセンターにいました。〈T－リミット〉における限界生命圏を成功に導くためには、放射性トレーサーを用いた微生物代謝活性分析のスペシャリストの協力が必要不可欠であると考えていました。そのために、「ちきゅう」では放射性トレーサー基質を扱うことができる「アイソバン」というコンテナラボを船上に整備しました。ティナは、私が2006年にドイツ・マックスプランク海洋微生物学研究所に留学していた時に出会った嫌気的メタン酸化反応の専門家で、^{14}Cや^{35}Sの放射性元素で標識された化合物を栄養基質のトレーサーとして用い、嫌気的メタン酸化に関わる微生物の各種代謝活性速度とそれを規定する環境要因の研究をしていた方でした。私たちは、この挑戦的な研究の重要性を共有し、少数精鋭で世界最高の放射性トレーサー・チームを作ろうと考えました。そして、世界中から優れた研究者を集め、最高のチームが結成されました。

「ちきゅう」船上では、堆積物コアが採取されてから直ちに、トレーサー分析用のWRCサンプルが採取されていきます。その後、滅菌されたガラス瓶に小分けに堆積物を分取し、アイソバンの中で極微量の放射性トレーサー基質を添加します（図4－15）。例えば、^{14}Cで標識されたメタン（$^{14}CH_4$）からどのくらいの量の$^{14}CO_2$が生成されるかは、液体シンチレーションカウンターという放射線量を測定する装置を用いて測定します。現場の温度に近い温度に設定した恒温槽（40℃、60℃、75℃または80℃、95℃）の中に一定期間放置した後、微生物の代謝活動を固定して各国の陸上研究施設に輸送します。この放射性トレーサー法による基質転換速度の測定値と細胞密度のデータを用いて、堆積物1立方センチメートルあたりの代謝活性速度、微生物細胞の炭素が完全に入れ替わる

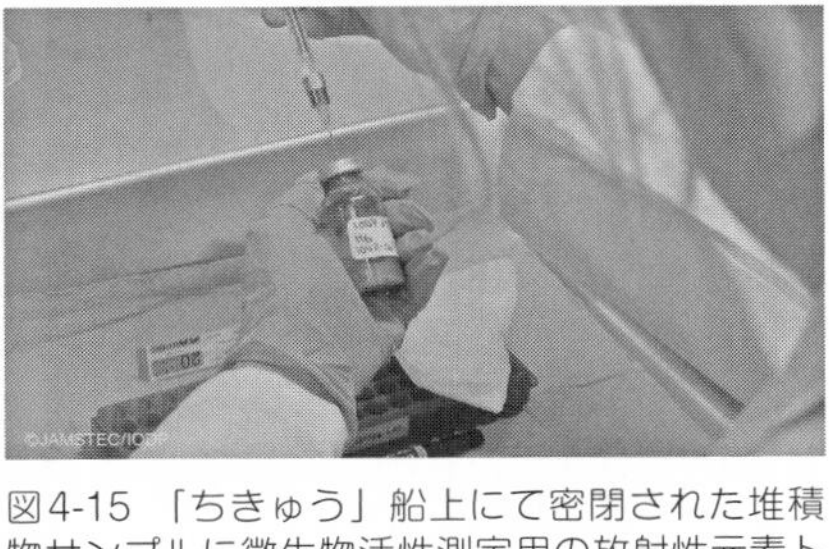

図4-15 「ちきゅう」船上にて密閉された堆積物サンプルに微生物活性測定用の放射性元素トレーサーを添加するティナ・トルード教授(JAMSTEC／IODP)。

までの時間（ターンオーバー時間）、および一細胞が1日あたりに転換するバイオマス炭素の割合（転換率）を算出しました。

その結果、深さ400メートルより浅い堆積物に生息する微生物たちは、堆積物1立方センチメートルあたりに生息する微生物群集が1日あたり約100ピコモル（1ピコモルは1モルの1／10^{12}）のメタン生成や硫酸還元の代謝活性を持つことがわかりました。また、それらの単位体積あたりの微生物活性は、深さと温度の上昇とともに減少する微生物密度と同じように減少しつづけ、深さ400メートル・55℃付近では1／1000（約0・3ピコモル）程度にまで低下します。この代謝活性の減少速度は、海水から供給される硫酸（海水1リットルあたり28ミリモル程度）を9万年かけて完全に枯渇させる減少量に相当します。

さらに、深さ400メートル・55℃以上の深度区間においては、堆積物1立方センチメートル・1日あたり0・1～10ピコモル程度の好熱性微生物群集によるメタン生成活性が認められました。ここで測定したメタン生成活性は、水素（H_2）と二酸化炭素（CO_2）からメタン（CH_4）を作る反応です。特に、深さ1050～1180メートル・温度110～120℃までの堆積物環境では、それよりも浅い深度区間に比べて10～100倍程度高いメタン生成や硫酸還元の代謝活性が認められました（図4－13D）。

これらの測定結果は、超好熱性微生物の一細胞あたりの平均代謝速度が、少なくとも1日あたり０・２フェムトモル（１モルの１／10^{15}）以上に維持されていることを示しています。これは、海底下浅部の堆積物に生息する好冷性～常温性微生物の平均的な代謝活性（堆積物１立方センチメートル・１日あたり約０・００１～０・０１フェムトモル）と比較すると、なんと、10～100倍高い代謝活性です。つまり、海底下深部の高温堆積物環境で生命機能を維持していくには、表層から浅部にかけての冷たい堆積物環境よりも多くの代謝エネルギーが必要なのです。

第３章で解説したように、海底下に埋没した微生物の存続は、タンパク質を構成するアミノ酸のラセミ化やＤＮＡの脱プリン化といった生体高分子の熱損傷をいかに修復するのかにかかっています（図３－21）。例えば、１２０℃の堆積物に存在する微生物が生体高分子の熱損傷を「死」に至る前までに修復し、そして復活可能な状態で生き続けるためには、少なくとも硫酸還元代謝は一細胞・１日あたり０・１フェムトモル以上、メタン生成代謝は０・２フェムトモル以上を維持する必要があります。そして、その熱損傷の修復とエネルギー代謝の速度バランスにおいて、海底下深部の超好熱菌のターンオーバー時間は数日～数週間と著しく短いものでした（図４－16）。

これらの結果は、高温の堆積物に生息する微生物の一細胞・１日あたりに転換する炭素量（転換率）が、海底表層などの冷たい堆積物に生息する微生物に比べて４～６桁ほど高いことを意味しています。一方、本研究や他の研究で得られた異なる温度条件での微生物代謝活性の値は、アミノ酸の一種であるアスパラギン酸のラセミ化速度定数から推定される「生命機能維持のための限界ライン」を下回らない、理論上、生命機能維持が可能な範囲内にあります（図4－16）。タンパク質を構成するアミノ酸は、生体の大部分を構成するL型のアミノ酸と、その光学異性体であるD型のアミノ酸からなり、その反応は温度と時間によって規定される非生物学的な一次反応速度に従います。その速度定数をラセ

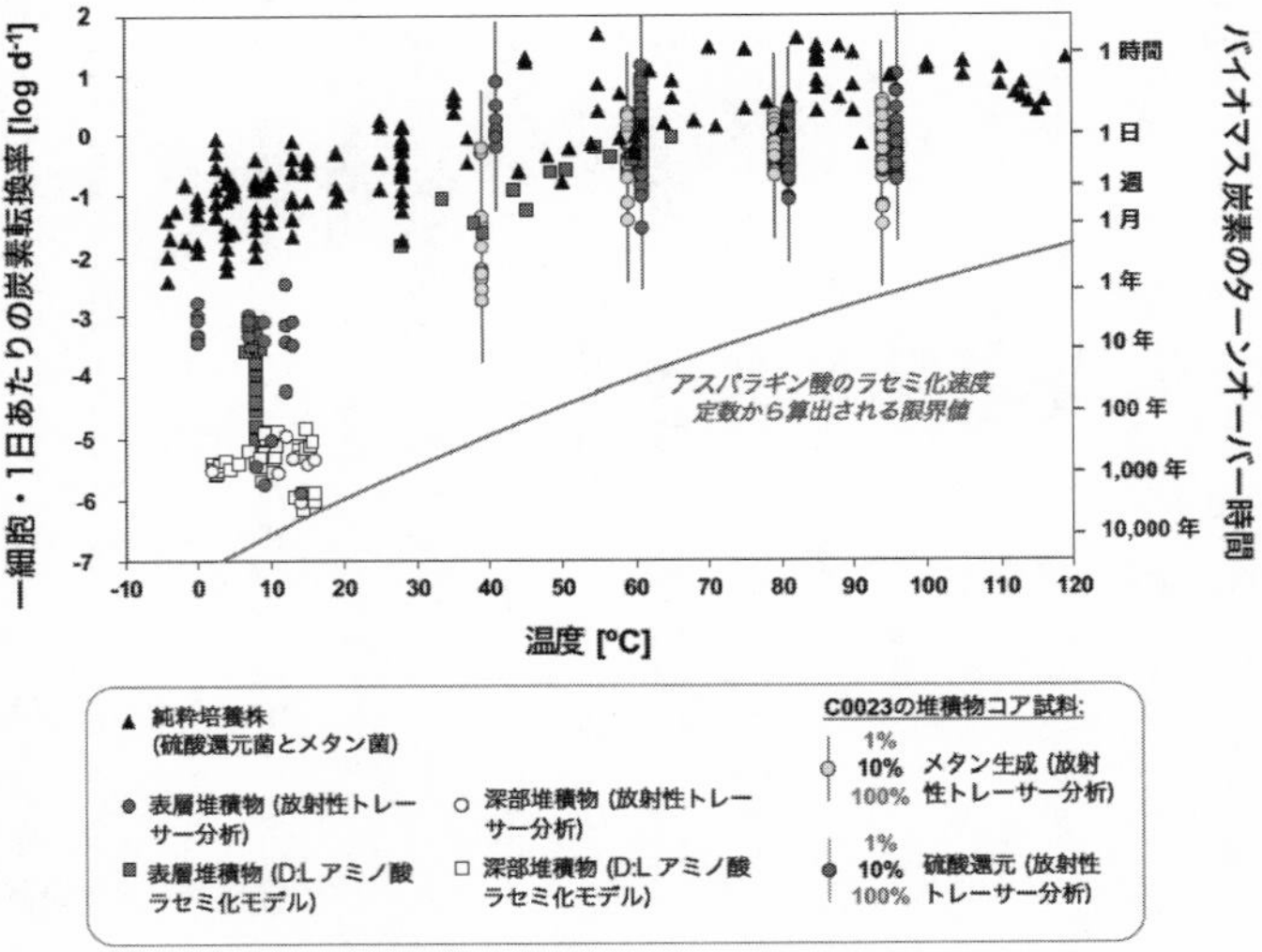

図4-16　一細胞・1日あたりの炭素転換率（左軸）と細胞骨格（バイオマス）に含まれる炭素のターンオーバー時間（右軸）を温度（下軸）に対してプロットした図。室戸岬沖の掘削サイトC0023における分析データとともに、硫酸還元菌やメタン菌の純粋培養株から得られるデータ（三角のプロット）や既報の測定データ（灰色や白色のプロット）を示す。灰色の線は、アスパラギン酸のラセミ化速度定数から算出される理論上の生命存続限界曲線を示す（Beulig et al., 2022を改変）。

ミ化速度定数と呼び、アミノ酸の中でも比較的ラセミ化反応の進行が遅いアスパラギン酸は、細胞の老化反応や年代測定など、生命限界を示す標準物質として用いられています。別の角度から解説をすると、室戸岬沖の海底下深部では、低い代謝活性で地質学的時間スケールを生存するような好冷性〜常温性の微生物は存在できないことがわかります。

限界生命圏で生きていくには

それでは、110〜120℃のアッツアッツ・キッツキッツの海底下環境にいるはずの超好熱性微生物群集とは、いったい何者で、どうやって生きているのでしょうか？

私たちは試行錯誤をしながら堆積物コアサンプルから環境DNAを抽出し、それらの遺伝子シグナルの検出を試みました。しかし、残念ながら、信頼のおけるデータの取得には至っていません。もしかしたら、そもそもの細胞骨格が特殊で、結晶化されたタンパク質やジピコリン酸のような有機物質で保護されているなど、DNAが抽出・精製しにくい構造になっているのかもしれません。しかし、本調査で得られた地球化学的な知見に基づくと、検出された高いメタン生成活性は、酢酸を介した2ステップの反応により起きているのではないかと考えられます。微生物によるメタン生成にはいくつかの代謝経路が知られています。例えば、水素と二酸化炭素からメタンを生成するタイプ（$4H_2+CO_2 \rightarrow CH_4+2H_2O$）や、酢酸開裂によりメタンを生成するタイプ

($CH_3COOH \rightarrow CH_4 + CO_2$)、その他にも、ギ酸やメタノール、メチル化合物などを基質としたメタン生成経路があります。これらのメタン生成経路は、いわゆる1《ワン》ステップ型のメタン生成反応と呼びます。

一方、自然界には2《ツー》ステップ型（共役型）のメタン生成反応が存在することが知られています（図4－17）。まず、ある微生物細胞が水を用いて酢酸を酸化し【ステップ1】、その反応によって生じる水素、炭酸水素イオン、電子を、また別の微生物（メタン菌）が利用してメタンを作る反応です【ステップ2】。

ステップ1　$CH_3COO^- + 4H_2O \rightarrow 4H_2 + 2HCO_3^- + H^+$

ステップ2　$4H_2 + 2HCO_3^- + H^+ \rightarrow CH_4 + HCO_3^- + 3H_2O$

ステップ1＋2　$CH_3COO^- + H_2O \rightarrow CH_4 + HCO_3^-$

この反応は、1936年に生化学者のホーランス・アルバート・バーカーにより提唱されたものです。その後、1984年に細菌学者のステファン・ジンダーとマーカス・コッホによる好熱

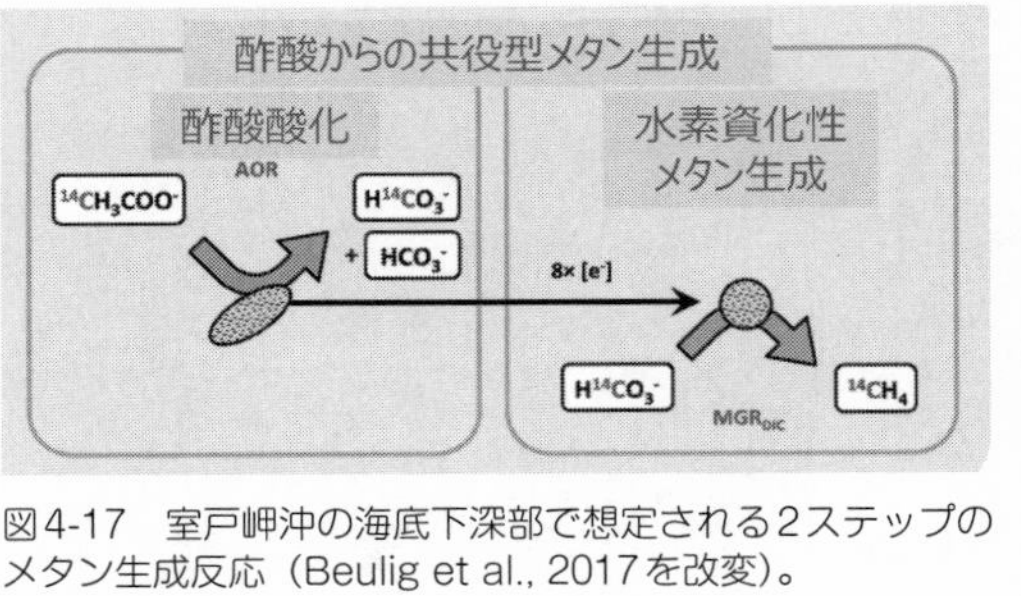

図4-17　室戸岬沖の海底下深部で想定される2ステップのメタン生成反応（Beulig et al., 2017を改変）。

菌を用いた共培養実験で再発見されました。近年では、このような反応が表層の海底堆積物中でも起きていることが放射性トレーサーを用いた評価手法により確認されています。室戸岬沖の限界生命圏においても、このステップ1と2が共役することで、下部四国海盆に存在する酢酸からエネルギーを作り出し、最終的にメタンを生成していることが考えられます。

室戸岬沖の限界生命圏に生息する超好熱性海底下微生物生態系は、現場における高い代謝活性により得られるエネルギーのほぼ全てを細胞機能の損傷修復とバイオマスの維持に費やし、理論上の生命限界に近い極限的な状態の下で維持・存続しています。そのような超極限環境（＝限界生命圏）に生息する微生物にとっては、増殖して子孫を残すというレベルを超越し、すでに残された自らがどう生きのびるかが問われているギリギリの世界です。まだ科学的な確証は不十分ですが、余剰の栄養分やエネルギー基質を必要とする同化反応（細胞骨格を作る反応）は限りなく抑制され、いわゆる生存エネルギーを作り出すためだけの異化反応が優先されている（そのような制御メカニズムがある）のではないかと考えています。

さて、皆さんが微生物の立場なら、どうしますか？

コラム

4

海底下生命圏を紡ぐ蜘蛛の糸

プレートテクトニクスにその運命を支配されている海底下生命圏の微生物たち——地球の内部に存在する生命には、どのような未来があるのでしょうか?

深海底のさらにその下の堆積物や岩石に暮らす微生物たちは、海嶺で海洋プレートが形成されてから、数千万〜1億年を超える長い歳月にわたってサバイバル生活を続けています。彼らは、やがて海洋プレートが沈み込む「海溝」にたどり着くでしょう。少し専門的な言い方をすれば、「海嶺」と「沈み込み帯」は、海底下生命圏を規定する2つのエンドメンバー(端成分《たんせいぶん》)と位置付けることができます。その先に待ち受けるのは、プレート境界断層の上側の地層がたどる「付加体への道」か、下側の地層がたどる「マントルへと沈み込む道」です(これについては第6章で詳しく紹介します)。

第4章では、室戸岬沖南海トラフ付加体先端部のプロトスラスト帯と呼ばれる、海洋プレートにとっても、海底下生命圏にとっても、その一生の分岐点となる場所をご紹介しました。

おそらく、デコルマと呼ばれるプレート境界断層の下側にある高間隙圧流体場や上部玄武岩帯水層に発見された超好熱性微生物群集は、その生息場に居つづけることが何よりの種の存続につながるはずです。実はそれは、自然界で一般的に見ることのできる摂理です。例えば、高温の温泉に生息する超好熱性微生物や高度好熱性微生物は、鉱物に付着してバイオフィルムを作り、生息不可能な下流の低温域に流されないための居住可能環境を維持しています。その居住空間はキッツキツの隙間のような環境かもしれませんが、わずかながらに流動性を持っています。膨大な微生物たちの中には、不可避的な水の流れに身を任せ、新たな居住可能域にたどり着く細胞もいるかもしれません。しかし、プレート境界下部の地層に閉じ込められたほぼ全ての微生物は、生命圏の限界に直面してその一生を終え、アッツアツのマントルへと回帰していきます。

他方、プレート境界から上側の未固結の堆積物は、海洋プレートから剝がされ、陸側に付加体と呼ばれる構造を形成していきます。海底下の微生物にとっては、種の存続といった観点からは絶望的に見える「マントル行き」の切符ではなく、少しでも希望がある「付加体行き」の切符を手にしたことになります。しかし、そこからは、プレートテクトニクスに支配される動的な物理化学的環境の変化に耐えていかねばなりません。例えば、突発的に起こる断層滑りや耐え難い温度の熱水・ガスの移流にさらされるかもしれません。そして、その先には長期間にわたる拘束・飢餓状態、そして温度や圧力の上昇といった、超極限的な環境ストレスが待ち受けています。そこは、（人間のような）生命にとっては、あまりにも過酷で、耐え難い環境のようにみえます。しかし、生命としての存続をかけた10^{29}細胞もの微生物たちにとってみれば、どうでしょうか？

付加体に移住した海底下の微生物たちには、わずかながら、水や栄養分が豊かな浅部堆積物に戻れる方法があります。その一つの方法は、「海底泥火山」に遭遇することです。プレートの沈み込みに伴って応力を受ける付加体内では、堆積物から絞り出された水が逃げ場を失って上昇し、ある場所で泥だまりを形成します。その泥だまりとは、固結した周りの堆積物に比べて水分を多く含み、周りの地層に比べて密度が小さくなるため、上方への浮力を持ちます。地震などのトリガーによって、海底面に向かって水分を多く含む泥が噴出する現象を「泥ダイアピル」と呼び、それによって形成された円錐《えんすい》状の高まりが海底泥火山です。付加体の上にたまった堆積物は前弧堆積盆と呼ばれ、豊富な栄養や水分を含んでいます。キッツキッツの付加体に閉じ込められた微生物たちが、この「奇跡のシャトル・エレベーター」に乗ることができれば、遠い昔に経験した（かもしれない）パラダイスな

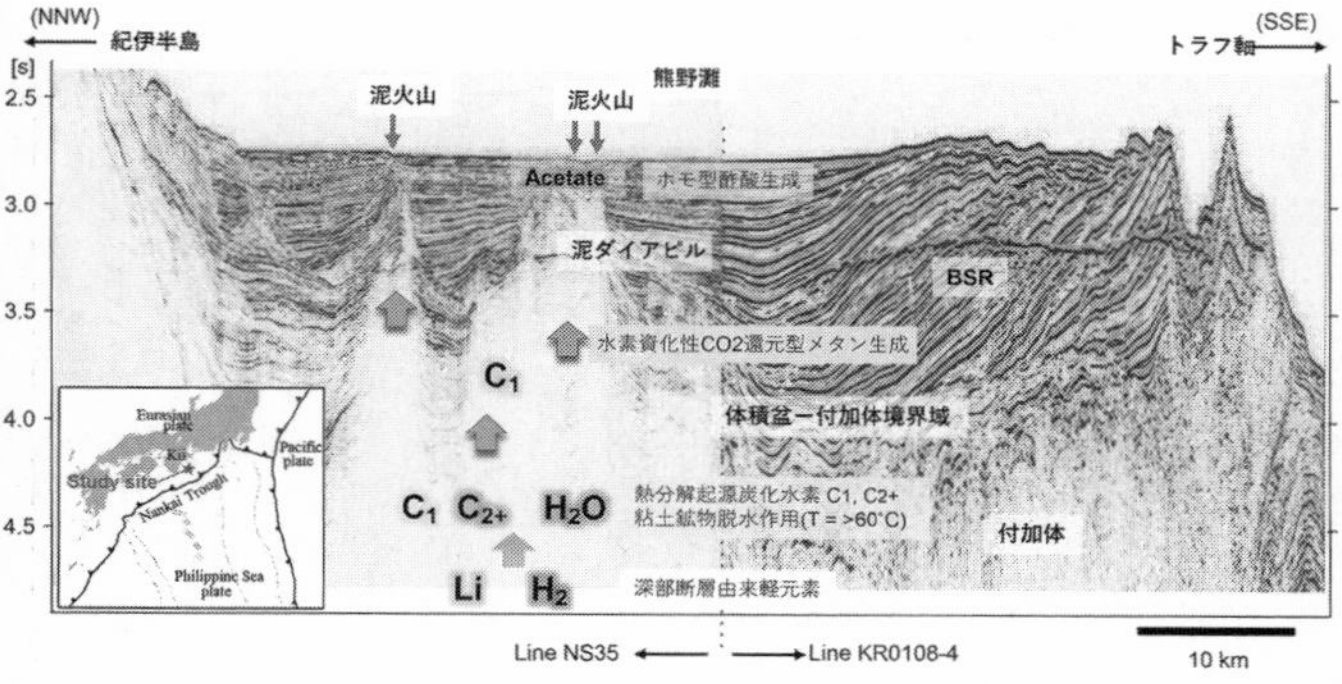

環境に戻れる可能性があります。

実際に、2012年に行われた「ちきゅう」による「南海トラフ熊野灘第5泥火山掘削調査」では、現・神戸大学の井尻暁准教授らによる生物地球化学的な研究により、泥だまりの中で微生物によるメタン生成が活発化し、泥火山の流路に微生物起源のメタンハイドレートが形成されることがわかっています（図4－18）。

さらに、星野辰彦研究員（JAMSTEC高知コア研究所）らは、種子島沖の泥火山の頂上から湧出する流体に、沿岸域の海底下生命圏の優占種であるアトリバクテリア門の細菌が海水中に放出される現象を発見しました。また、泥火山以外にも、圧搾された水分が断層を通じて湧昇する冷湧水環境も、「奇跡のシャトル・エレベーター」のような機能があるかもしれません。

さらに大胆な仮説としては、海山などの沈み込みやプレートの衝突などにより付加体構造が大きく褶曲《しゅうきょく》（地層の側方

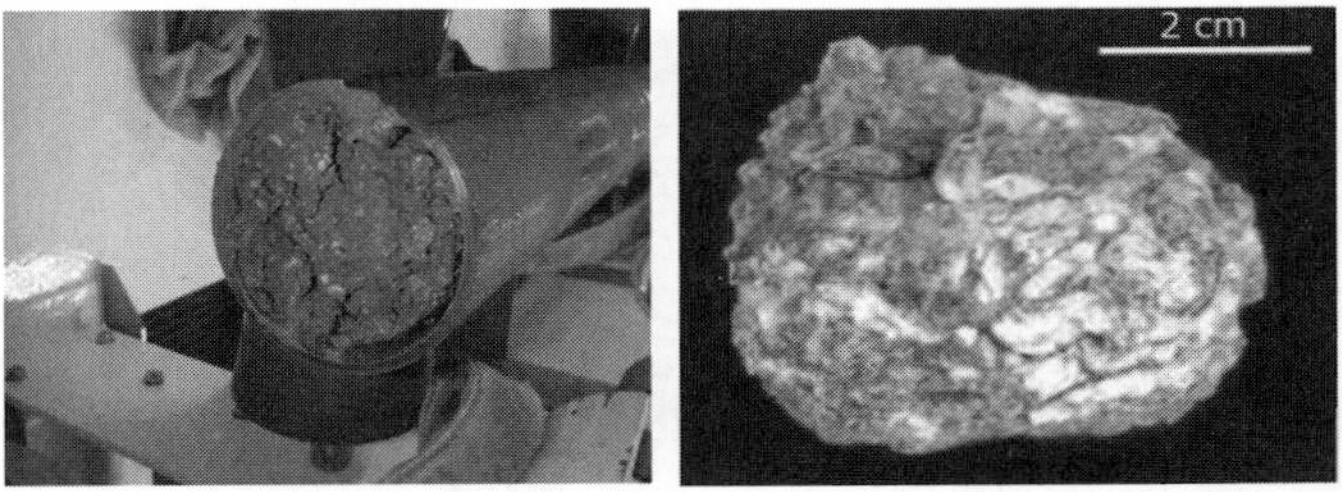

図4-18　（右頁）南海トラフ熊野灘の地質構造と泥火山内で起きている地化学反応の概念図。写真は「ちきゅう」による南海トラフ熊野灘第5泥火山掘削調査で観察されたメタンハイドレートを示す（Ijiri et al., 2018を改変）。

から応力がかかり、地層が曲がりくねるように変形する現象のこと）するような大規模な断層活動（衝上断層《しょうじょう》と呼びます）が起こり、結果として、浅い海底にたまった若い堆積盆が海底面や地表にたどり着くケースもあるかもしれません。しかし、それも前途多難です。

第3章では、地層は一番上の海底表層が最も新しく、深くなるにつれてその形成年代が古くなるという説明をしてきました。これを専門用語で「地層累重《るいじゅう》の法則」と呼びます。しかし、実際の付加体の形成プロセスは複雑で、古い地層の下流側にはぎ取られた上側の地層が付加されて逆断層が発達していきます。さらに、古い付加体の上側には新しい堆積物が累積した被覆堆積物（スロープエプロンと呼びます）や堆積盆地があります（図4－3）。そのような複雑な地質構造の中には、地層累重の法則の上下が逆転しているケースもあります（この地質形成プロセスと海底下生命圏の実態は、現在もあまりよくわかっていません）。海洋プレートにより運ばれて、ようやく陸側に付加された微生物たちにとっては、油断も隙もあったもんじゃありません。

私は、海底下生命圏の一生は、まるで芥川龍之介の短編小説『蜘蛛の糸』のような壮絶なドラマであると思います。「プレートテクトニクスに支配される地球－生命システムのからくり」は、生命圏に持続可能な進化と存続の機会を与えます。そして、そのからくりは、今後もプレートテクトニクスが停止するまで続いていくことでしょう。

第5章 海底下生命圏とは何か

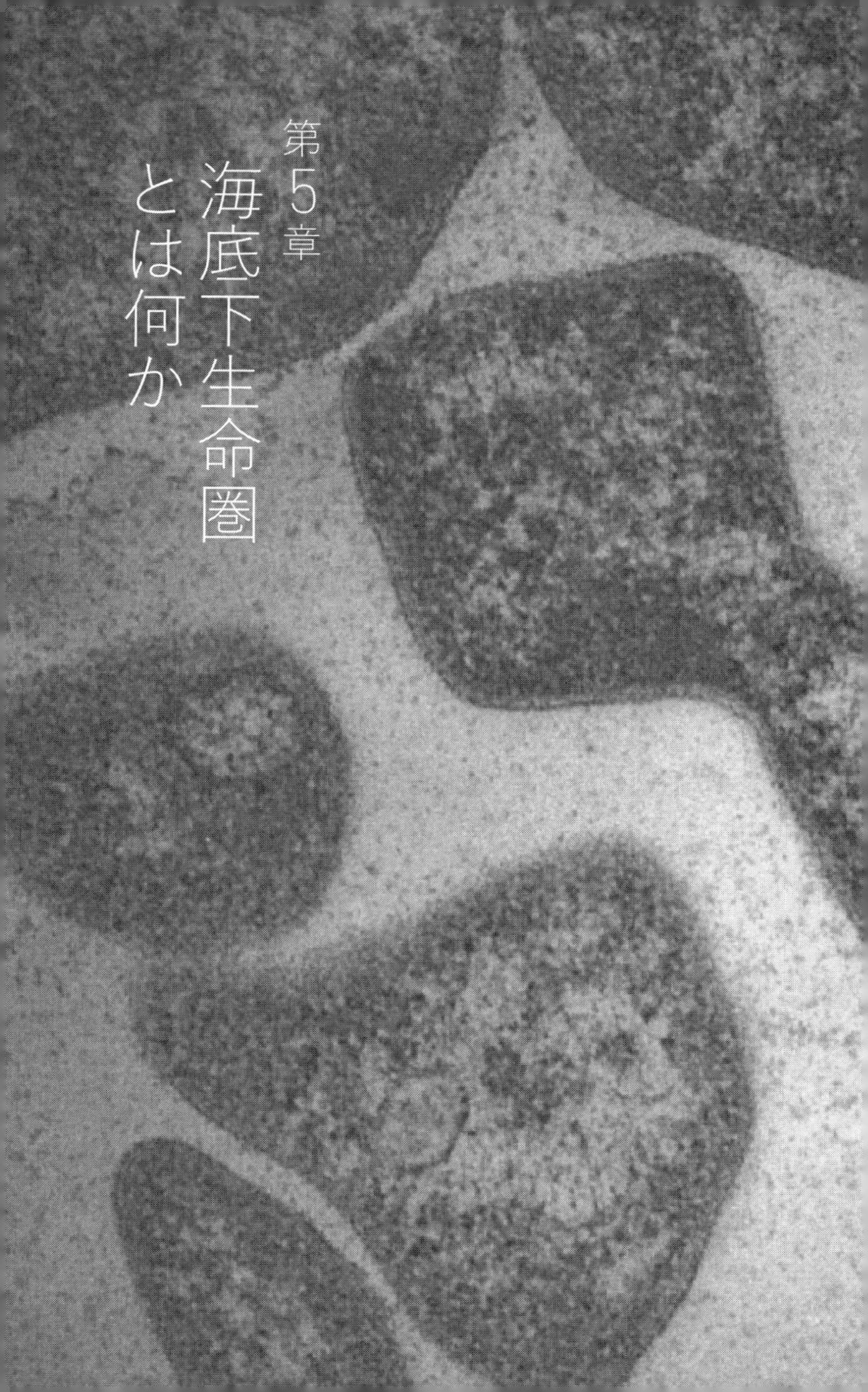

海底下に暮らす微生物たちは、長期生存のスペシャリストたちです。人間の視点で海底下を想像すると、生育に必要なエネルギー供給に乏しく、光の届かない暗黒の世界であり、周りを鉱物で囲まれて動くこともできないような超極限的な環境であるといった印象を持ちます。生命にとっては、全く快適であるとは思えません。しかし、その視点を微生物に移せば、地表の世界はエネルギーをめぐる熾烈《しれつ》な競争と自然淘汰が繰り広げられる世界であり、ほとんどの生物は短命で、全く穏やかではない超極限的な環境と見えるかもしれません。

では、地球の表層と地下に存在する世界（生命圏）が、全く性質の異なる別世界なのかというと、どうやらそうでもなさそうです。それらの生命圏は、互いに連動し合いながら、一定の法則のもとで生命居住可能性（ハビタビリティ）の安定性を維持しているようです。

本章では、過去20年以上にわたる海洋科学掘削プロジェクトにより探究されてきた、海底下生命圏の全球的な実像に迫りたいと思います。

⊕海底下の生命居住可能空間と微生物量

地球の海底下に存在する堆積物の総体積は、3×10^8立方キロメートルと推定されています。そのうち40℃以下の堆積物が占める体積は1・4×10^8立方キロメートルです。つまり、海洋堆積物全体の48・1%は、好冷菌や常温菌が生存する「低温ハビタブル・ゾーン」と位置付けることができます（図5－1）。ここでいう「ハビタブル」とは、生命が「居住可能」であることを意味します。

また、40～80℃までの堆積物の体積は8・15×10^7立方キロメートルであり、全体の27・2%を占めています。この温度の堆積物空間は好熱菌の世界であり、差し当たり「高温ハビタブル・ゾーン」と区分しましょう。さらに、高度好熱菌～超好熱菌の生息温度範囲に相当する80～120℃の海洋堆積物の体積は、3・57×10^7立方キロメートルで、全体の11・8%を占めます。ここでは「限界ハビタブル・ゾーン」に区分するとしましょう。

第4章で紹介した室戸沖限界生命圏掘削調

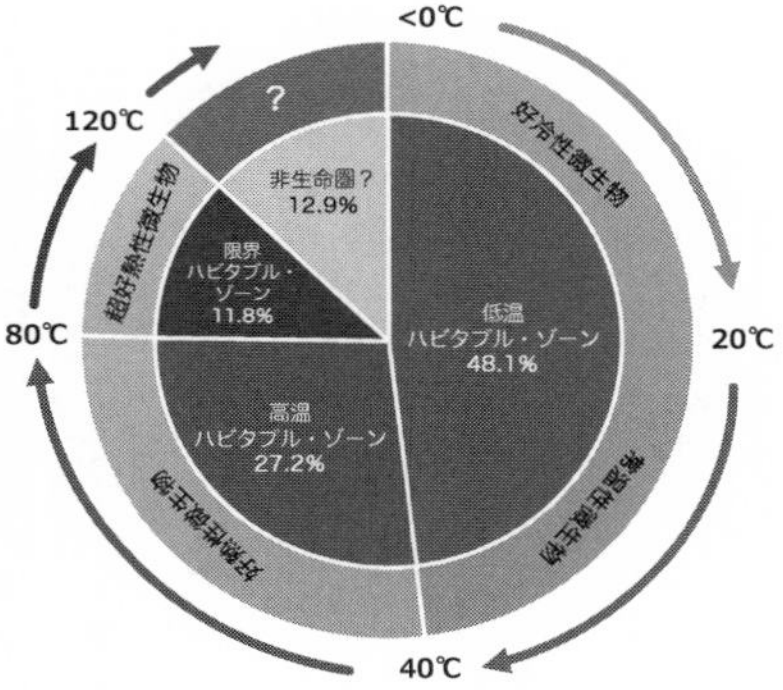

図5-1　全地球の海底堆積物3×10^8 km^3の87.1%は生命が居住可能な空間（ハビタブル・ゾーン）である。堆積物の下に存在する岩石圏の実態は未解明である（著者）。

査〈T－リミット〉では、海底下深部における超好熱性微生物生態系の存在が明らかになりました。〈T－リミット〉の掘削調査地点は付加体先端部のプロトスラスト帯と呼ばれる特殊な立地条件です。しかも、超好熱性微生物生態系の存続には、ライフレス・ゾーンに蓄積したお酢（酢酸）の供給と、玄武岩基盤から供給される硫酸を含んだ水・栄養源の供給が必要であるなどの条件があり、全球的にどのような類似の居住環境が広がっているのかについてはわかっていません。

従って、海底堆積物の11・8％を占める「限界ハビタブル・ゾーン」の全てがハビタブルで、かつ、そこに生命が存在するということが科学的に保証されているわけではないことに留意が必要です。また、たとえ温度が低温または高温であっても、堆積物がガッチガチに変質し、間隙率や透水率などの物理特性が極端に低い場合には、生命が存続できない（していない）環境が想定されます。いずれにしても、現時点において、地球の海洋堆積物の最大87・1％は、生命が居住可能な領域（ハビタブル・ゾーン）であり、その詳細は今後の調査により明らかになっていくでしょう（図5－1）。

海底下の微生物の総量は？

2012年、ドイツ・ヘルムホルツ地球科学センターのイェンツ・カラメイヤー博士らは、

① 海底堆積物中の微生物量（バイオマス）は、深さとともに減少する（表層〜浅部の堆積物に最も多く微生物細胞が存在する）。

② 大陸からの距離と海底下１メートルの深さの堆積物に存在する微生物量との間には正の相関がある。

という、２点の要因に留意し、海域による平均的な堆積速度（表層海水からの有機物の沈降量）と陸からの距離との相関解析から、海洋堆積物に含まれる微生物細胞密度の世界地図を作成しました（図５－２）。

その結果、堆積速度が遅く、陸から離れた環流域の堆積物環境には１平方キロメートルあたり約10^{18}細胞の微生物が存在し、堆積速度が速く、陸に近い沿岸の堆積物環境には、１平方キロメートルあたり約10^{20}〜

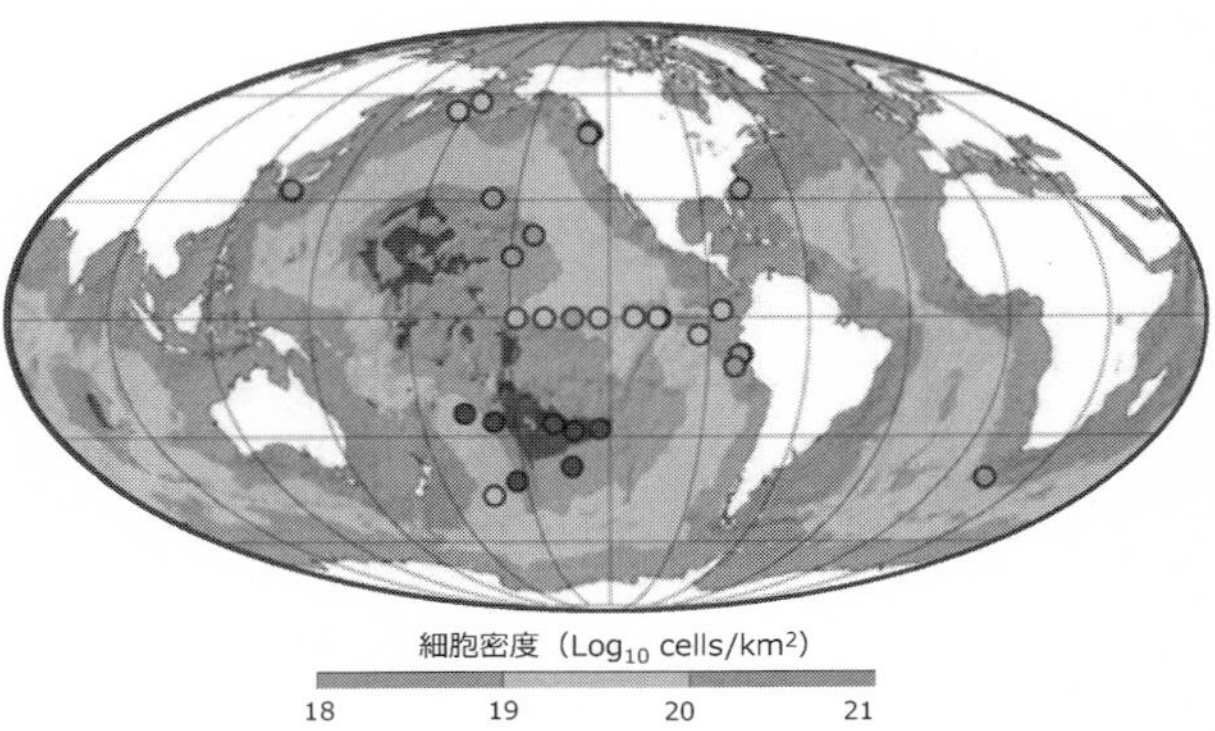

図5-2　海底堆積物に存在する微生物細胞密度の空間分布（Kallmeyer et al., 2008を改変）。

10^{21}細胞の微生物細胞が存在することが推定されました。また、地球上の海洋堆積物に存在する微生物の総量は、２・９×10^{29}細胞で、その炭素量は４・１ペタグラム（１ペタグラムは10^{15}グラム）程度であると試算しました。この海底下微生物のバイオマス炭素量は、微生物１細胞あたりに含まれる炭素量を最小で５フェムトグラム（１フェムトグラムは１／10^{15}グラム）、最大で75フェムトグラムとすると、１・５～22ペタグラムの幅を持ちます。仮に、海底堆積物に存在する微生物のバイオマス炭素が４ペタグラムであるとすると、その量は地球上のバイオマス炭素量（約５５０ペタグラム炭素）の約０・６％（１・５～22ペタグラムでは、０・18～３・６％）に相当する量です。

いずれにしても、過去20年間に実施された海底下生命圏掘削調査と細胞計数などの分析技術の進歩により、海底下生命圏のバイオマス分布は、それまでに大陸沿岸の堆積物のデータのみで考えられてきた従来の微生物の細胞数（３・６×10^{30}～５×10^{30}細胞）より90％以上少なく、そのバイオマス炭素（60～３０３ペタグラム炭素）よりも94～98・７％少ない量であることが示されたのです。

全球規模の海底下微生物のバイオマスとその地理的空間分布の推定は、２００３年から開始された統合国際深海掘削計画（ＩＯＤＰ）の10年間で達成すべき主要な科学達成目標の一つであり、複数の海域で掘削調査が実施されなければ解明することが難しいものでした。

この海底下生命圏のバイオマスの試算は、蛍光色素で染色可能な栄養細胞の数に基づくものです。一方、堆積物にはそのような蛍光色素では染色することができない（水や蛍光色素の分子が細胞膜を透過しない）、カッサカサに干涸びた「見えない細胞」が存在します。森林生態学の分野では、枯死した枝葉・幹・根などが地中に残ったものの量を「ネクロマス」と呼びます。海底下生命圏の研究分野では、生物細胞の死骸・残骸というよりは、内生胞子や休眠細胞のような、現場における不活性細胞の量（や集団）をネクロマスと呼んでいます。海底下で何万年もジッと耐えているネクロマスは、栄養細胞のように蛍光染色法によって可視化することが難しく、何か得体の知れない連中です。海底下におけるネクロマスとは、いったいどの程度の量なのでしょうか。

デンマーク・オーフス大学のベンテ・ロムスタイン教授らは、２００２年にペルー沖で行われた〈ＯＤＰ Ｌｅｇ２０１〉により採取された堆積物コアサンプルを、塩酸で95℃・４時間処理し、内生胞子由来のジピコリン酸（ＤＰＡ）やムラミン酸（細菌や内生胞子のコアを包む外膜の主成分）を抽出・定量することに成功しました。さらに、タンパク質を構成するアミノ酸のＤ：Ｌ比率のモデルと実環境データとの比較を行いました。Ｄ：Ｌ比率とは、アミノ酸のＤ体とＬ体の混合比率です。生物が作り出すアミノ酸がほぼＬ体の光学異性体であるのに対して、時間の経過や温度の上昇とともにＬ体がＤ体に変化して１：１の割合に近づくことが知られています。その性質を利用して、実際のアミノ酸のD：L比と非生物学的なD：L比モデルとの差から、ネクロマスに含まれるタンパク質の経年変化や炭素回転時間（1細胞あたりの炭素が新しい炭素に入れ替わるまでの時間）を算出することができます。ベンテ教授は、その分析結果を科学誌「nature」に発表しました。〈ODP Leg201〉から10年間かけて行われた研究の集大成です。

その内容を要約すると、以下のようなことがいえます。

① ペルー沖の海底堆積物に存在する微生物のネクロマスは、栄養細胞のバイオマスに匹敵する量が存在する。

② ある深さのネクロマスにおける1細胞あたりの炭素回転時間は、同じ堆積物環境に生息する数千年レベルの栄養細胞に比べて、最低でも100倍遅い10万年以上の速度である。

つまり、海底堆積物には2・9×10^{29}細胞・4・1ペタグラム炭素と見積もられていた栄養細胞の量に匹敵するネクロマスが存在し、それらは栄養細胞に比べて1／100以下の非常にゆっくりとしたスピードで生命機能を維持している可能性があるのです。

2019年、ブレーメン大学のラース・ウォーマー博士らは、私たちとの共同研究によって世界各地47サイトの海洋底から採取された331もの堆積物コアサンプルから、最新の手法を用いてDPAを抽出・精製・定量し、内生胞子／栄養細胞の比率が、深くなるにつれて対数的に増加し、深さ25メートルより深い堆積物では栄養細胞よりも内生胞子の数が上回ること（1より大きくなる）、そして、地球全体の海洋堆積物に存在する内生胞子のネクロマスは2・5×10^{28}〜1・9×10^{29}細胞・4・6〜35ペタグラム炭素に相当することを明らかにしました。

この結果は、地球上の全バイオマス炭素の約0・8〜6％に相当する量であり、栄養細胞のバイオマスよりも最大で1桁大きい値です。ただし、この試算はDPAを細胞のコアの部分にため込む性質を持つ内生胞子およびそれに類する構造を持つ細胞に限ったものであり、まだ発見されていないネクロマスが存在する場合には、さらにその総量は大きくなる可能性があるので注意が必要です。いずれにせよ、海底下生命圏には、栄養細胞のバイオマスを上回る量のネクロマスが存在している可能性があります。

バクテリア×アーキアの論争

現在、地球上のあらゆる生物の進化系統は、バクテリア（細菌）・アーキア（古細菌）・ユーカリア（真核生物）の3つの界（ドメインと呼びます）に分類されています。未知の海底下生命圏には、バクテリアが多いのか、アーキアが多いのか、もしくは真核生物もいるのでしょうか？

一般的に、バクテリアとアーキアからなる原核生物は一つの細胞として生育する単細胞の生物であり、細胞内に膜構造を持たないゲノムDNAの凝集体（核様体と呼びます）やタンパク質の合成を担うリボソームという分子を持っています。

他方、真核生物は、核膜に包まれた染色体をはじめ、さまざまな細胞小器官（オルガネラと呼びます）を持つなど、原核生物とは異なる特徴を持っています。また、典型的な原核生物に比べて細胞の直径が10倍以上大きく、植物やヒトなどのように多細胞生命体として機能する生物もいます。原核生物の例外としては、肉眼で観察ができる直径0・5ミリメートルほどの巨大な細胞からなるチオマルガリータ・ナミビエンシス（*Thiomargarita namibiensis*）という名前の硫黄酸化・硝酸還元細菌が存在します（図5－3）。

ほぼ全ての真核生物に共通する特徴の一つとして、ミトコンドリアという細胞小器官を持つことが挙げられます。ミトコンドリアは原核細胞に似た外膜と内膜（脂質膜）や好気性細菌（リケッチア属に近縁なアルファプロテオバクテリアの一種と考えられています）に祖先を持つ独自の

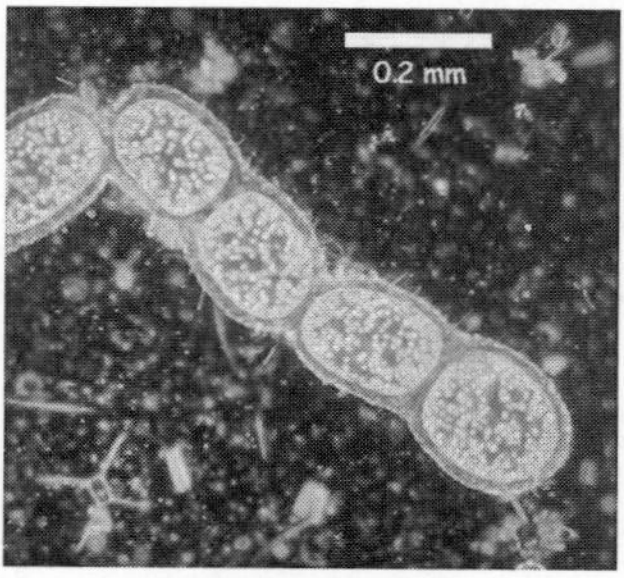

Thiomargarita namibiensis

図5-3　チオマルガリータ・ナミビエンシス。肉眼で観察できるほどの大きな細胞が連鎖状につらなり、細胞内に元素状硫黄の顆粒を蓄積する（http://www.pmbio.icbm.de/mikrobiologischer-garten/eng/enanswer038.htm）。

ゲノムを有し、細胞内に溶存する酸素（O_2）と電子を用いてエネルギー伝達物質であるATP（アデノシン三リン酸）を合成します。つまり、好気呼吸によるエネルギー生産の場として、真核生物が生きる上での必須の機能を担っています。葉緑体も真核細胞に含まれる細胞小器官の一つですが、光合成を行う生物の細胞にしかありません。

また、真核生物が持つ生理・生化学的特徴は、アーキアのそれに大きく似通った部分がありません。例えば、真核生物とアーキアは、多くのバクテリアが持つペプチドグリカンを含む細胞壁を持ちません。また、真核生物とアーキアは、ともに複数のサブユニットから構成される複雑なRNAポリメラーゼを持っていますが、バクテリアのそれは非常に単純なものです。さらに、バクテリアが作り出すタンパク質合成酵素の阻害剤（抗生物質）のほとんどは、真核生物とアーキアのタンパク質合成に阻害を与えません。他にも、真核生物とアーキアには、いくつもの共通点が存在します。

タンパク質の合成に不可欠なリボソームRNAの塩基配列に基づく進化系統樹は、全ての生物の進化の道筋を明確に示しています。まず、全生物の共通祖先からバクテリアとアーキアの2つの界（ドメイン）に分岐し、その後、アーキアから真核生物の界へと分岐する進化イベントが起きたことを示唆しています。そのため、現在では、真核生物の祖先はアーキアの一種であり、ある環境条件下でミトコンドリアの祖先となるようなバクテリアの細胞を取り込み、宿主としてその機能（進化を駆動させるために必要な余剰エネルギーを作らせる機能）を上手に利活用することで、真核生物は独自の進化を遂げてきたと考えられています。

その一方で、バクテリアとアーキアは、「単細胞からなる原核生物」という自らの細胞構造の特性を維持しつつ、さまざまな環境に適応・進化する道を選んだといえるでしょう。第1章でもふれたように、放線菌（バクテリアの一種）とカビ（真核生物の一種）は、形態分化をしながら胞子を形成するという共通の環境適応・サバイバル能力を有しているという点で、進化学的に興味深いと思っています。

海底下生命圏におけるアーキアワールドの発見

さて、海底下生命圏を理解していく過程において、バクテリアとアーキアの存在比、そのどちらが多いのかについては、科学者の間で多くの議論がありました。ここでは、それらのエピソードを少しだけご紹介したいと思います。

バクテリアとアーキアの存在比を明らかにする手段としては、まず定量ＰＣＲ法を用いた遺伝子量の評価が考えられます。この手法では、全ての原核生物が持つ共通の遺伝子である16ＳリボソームRNAをコードする遺伝子（16Ｓ ｒＲＮＡ遺伝子と略します）のコピー数を測定します。まず、16Ｓ ｒＲＮＡ遺伝子の一部をバクテリアやアーキアに特異的な共通配列を持つプライマーを用いてPCR法で増幅していきます。この時、鋳型となる遺伝子断片のコピー数が多いほど、早くPCR産物が増幅されることになります。この仕組みを利用して、もともとの遺伝子断片のコピー数を推定します。しかし、技術的な問題として、有機物を多く含む沿岸の海洋堆積物から、精製度の高い環境DNAを抽出・精製するのは容易ではありません。特に、バイオマスが小さな深い堆積物コアサンプルでは、PCR反応を阻害する茶色い腐植酸や金属イオンなどの物質がDNAと一緒に抽出されてしまいます。そのため、科学的に信頼できる安定的なデータを得るには、バイオマスが大きな表層付近のサンプルに限られていました。また、バクテリアとアーキアの2つの異なるプライマーセットで増幅した遺伝子断片の量を、そのまま単純に比較してよいのか、そして、それらのプライマーは海底下に存在する全てのバクテリアとアーキアに使えるものなのか（プライマーの配列が保存されていない未知の微生物系統については定量できない）といった、さまざまな問題があったのでした。

〈ODP Leg201〉の乗船研究者であったアクセル・スキッパース博士らは、ペルー沖と東太平洋赤道域で採取された堆積物コアサンプルを用いて、細胞内のRNAを標的とした酵素触媒蛍光in situハイブリダイゼーション法（CARD－FISH法と呼びます）によってバクテリアとアーキアの細胞を顕微鏡下で可視化する実験を行いました。そして、2005年、それらの細胞のカウント数と全細胞のカウント数、そして定量PCR法のデータをサンプルの深さごとにプロットした結果を英科学誌「nature」に発表しました。

その結果、蛍光染色された細胞数とほぼ同レベルの量のバクテリアがCARD－FISH法と定量PCR法の両方で検出されました。アーキアはCARD－FISH法ではほとんど検出されず、定量PCR法では1立方センチメートルあたり10^5細胞を大きく下回る量でした。それによりスキッパース博士らは、海底下の微生物はRNAを持つ活性化されたバクテリアが優占している（バクテリアが99％以上）と結論付けました。

当時、私はCARD－FISH法でカウントしたバクテリアの数や定量PCR法で試算した数が、パークス博士やクラッグ博士が船上でカウントした全細胞数とほぼ一致しているという結果に衝撃を受けました。CARD－FISH法は、通常の蛍光標識されたDNAプローブに、さらに蛍光シグナルを増感させるための酵素タンパク質（わさびに由来する過酸化水素触媒酵素）をつけているため、高感度に標的の栄養細胞を光らせることができます。しかし、海底下の微生物たちのように著しく活性が低く、脱水化が進んだカラッカラの細胞に対しては、膜を介して分子量の大きな酵素標識プローブを細胞内に浸透させることが極めて難しいと考えていたからです。特に、メタン菌などのアーキアは、膜に結晶性タンパク質からなる特殊な構造（Sレイヤーと呼びます）を持ち、通常のCARD－FISH法で可視化することも、細胞からゲノムDNAを効率的に抽出することも、技術的に非常に難しい（量的なバイアスが大きい）と考えていたのです。

２００８年、ＪＡＭＳＴＥＣ高知コア研究所に立ち上がったばかりの私たちの研究グループは、ブレーメン大学のカイ・ウエ・ヒンリッヒ教授とユーリウス・リップ博士と共同で、改良された最新のＤＮＡ抽出法、遺伝子定量法、完全体極性脂質の定量法を〈ＯＤＰ Ｌｅｇ２０１〉や下北八戸沖の慣熟訓練航海で得られた堆積物コアサンプルに適用し、バクテリアとアーキアの存在比について検証を行いました。バクテリアとアーキアによって特徴が大きく異なる膜脂質の分析をブレーメン大学が担い、私たちはＤＮＡ抽出と遺伝子定量を行いました。

アーキアの膜成分には、グリセロールリン酸と炭化水素鎖がエーテル結合したエーテル型脂質が含まれています。一方、バクテリアの膜成分は、リン酸化による修飾を受けたグリセリン

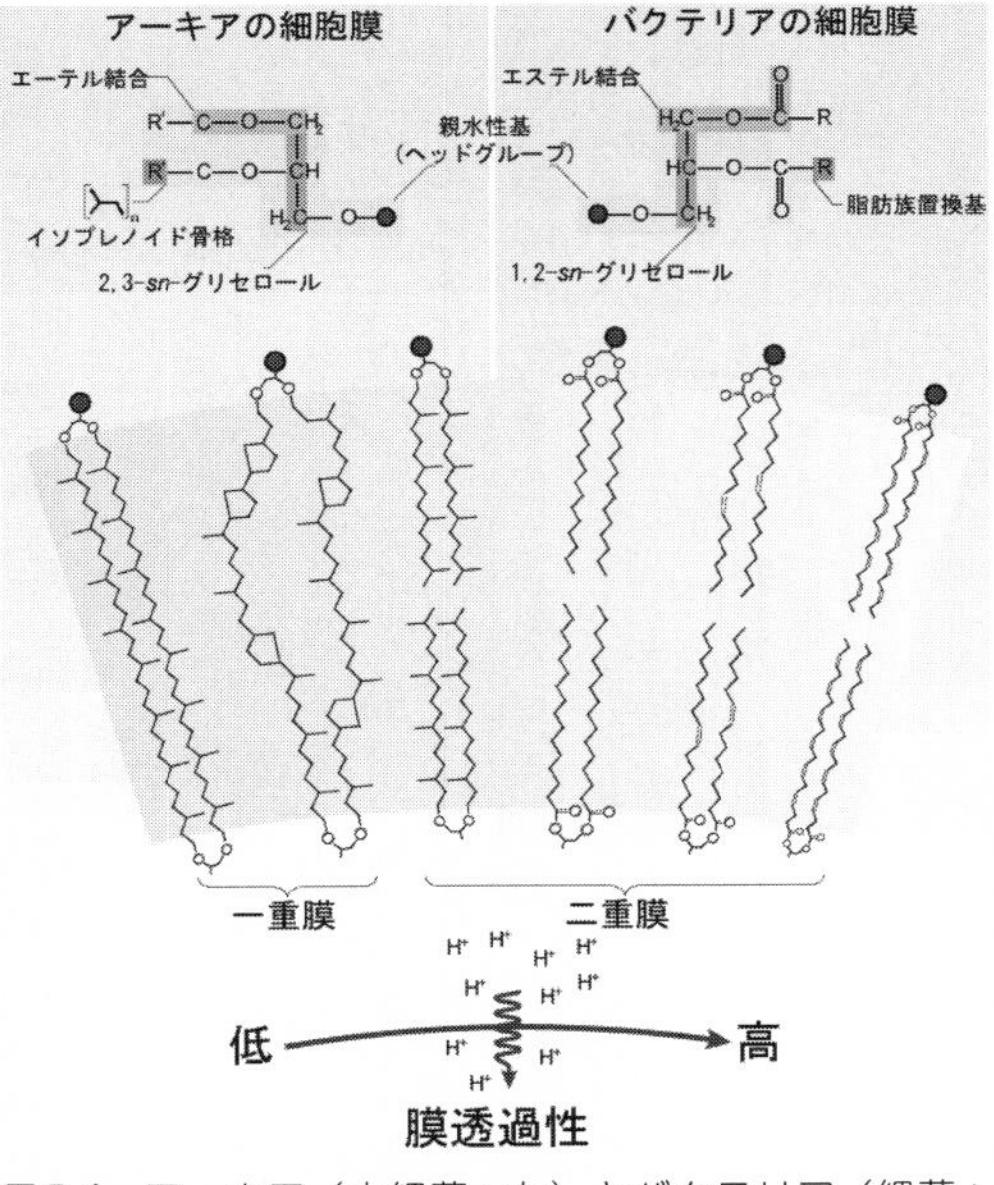

図5-4　アーキア（古細菌：左）とバクテリア（細菌：右）の膜脂質構造と基質透過性の違い（Valentine, 2007を改変）。

やスフィンゴシンが脂肪酸とエステル結合したエステル型脂質です（図5－4）（例外として、いくつかの超好熱性細菌はアーキアに似たエーテル型脂質を持つことが知られています）。それらの脂質構造のなかで、リン酸化を介した炭化水素以外の部分については、細胞の死後に速やかに分解され、他の微生物の栄養源としてリサイクルされると考えられています。そのため、海底堆積物から抽出されたバクテリアとアーキアの完全体の極性脂質（ＩＰＬ：Intact Polar Lipid）の濃度は、各ドメインの生細胞の量を示す指標の一つとして考えられていました。

この研究で海底下1メートル以上の深さの堆積物コアサンプルから抽出したＩＰＬの量比は、バクテリアが13％でアーキアが87％でした。さらに、ＩＰＬの濃度は堆積物に含まれる有機炭素量と正の相関を示したことから、海底下のバイオマス分布は表層海水から供給される有機物の量（すなわち、表層の光合成による基礎生産の量）に依存しているということが示されました。

一方、私たちは液体窒素の存在下で堆積物と細胞の物理的な破砕を行い、そこから抽出された環境ＤＮＡに含まれるバクテリアとアーキアの16Ｓ ｒＲＮＡ遺伝子断片のコピー数を、定量ＰＣＲ法とスロットブロット・ハイブリダイゼーション法（ＰＣＲ法に使う2つのプライマーセットを使わず、保存性の高い塩基配列からなる1つのプローブを用いて特定遺伝子の存在量を測定する手法）を用いて測定しました。

その結果、アーキアをはじめとする壊れにくい細胞からの遺伝子検出効率が改善され、アーキアの存在比率が平均で35～45％程度に向上しました。これらの結果は、脂質とDNAで評価したアーキアの存在比率に大きな差が認められるものの、海底下生命圏におけるアーキアの存在量はバクテリアの1／100以下であると考えられてきた定説を大きく覆すものだったのです。本成果は、2008年に科学誌「nature」に発表され、「海底下生命圏におけるアーキアワールドの発見」として大きな注目を集めました。

その後、ブレーメン大学で行われた^{14}Cの放射性元素を用いたモデル室内実験により、深さ約1000メートルまでの海洋堆積物に含まれるアーキアのIPLはバクテリアのIPLに比べて10～100倍ほど分解されずに残存しやすいという結果が得られました。それにより、2008年に「nature」に発表したIPLを指標としたアーキアの存在比率は4～50％の範囲で過大評価していたことがわかりました。また、2008年の段階では第2章で紹介した外洋の南太平洋環流域の掘削調査が行われていなかったため、調査した堆積物コアサンプルのほとんどが大陸沿岸域の有機物に富む掘削サイトから採取されたものであり、全地球規模の海底下生命圏の評価には至らないという問題がありました。私たちは、高知コアセンターに、世界各地から採取される堆積物コアサンプルの一部を液体窒素タンクもしくはマイナス80℃の冷凍庫に保管・管理する「ディープ・バイオス（DeepBIOS）」というシステムを整備し、その後10年以上にわたりサンプルを適切に保管・管理することで、これらの海底下生命圏に関する疑問を地球規模で追究していくことにしました。

⊕表層世界に匹敵する海底下生命圏の多様性

第2章では、海底表層から堆積物の下の基盤岩まで酸素が存在する海域は、太平洋の最大44％、全海洋の最大37％を占めることを述べました（図2－6）。つまり、大陸沿岸域などの有機物を多く含む嫌気性の堆積物が存在する海域は、少なくとも全海洋の63％以上を占めるということになります。ただし、この試算は全海洋の面積に対する割合であって、ハビタブル・ゾーンの体積の割合ではないことに注意してください。この堆積物に含まれる間隙水中の溶存酸素（O_2）の有無によって2つに区分される海底堆積物環境には、微生物のエネルギー呼吸の代謝様式や進化系統が大きく異なる好気と嫌気の2つの微生物群集が存在している可能性があります。

では、それらの微生物たちはいったい何者なのでしょうか？

2014～2017年にかけ、私はJAMSTEC高知コア研究所の星野辰彦研究員らと協力し、海底堆積物に生息する全球規模のバクテリアとアーキアの存在比率の問題や、微生物の遺伝

図5-5　高知コアセンターのDeepBIOSに冷凍保管されている堆積物コアサンプル（JAMSTEC）。

学的多様性とその空間分布の解明に取り組んでいました。当時の私は、２００２年に乗船したＪＲ号による〈ＯＤＰ Ｌｅｇ２０１〉航海以降、各種の条件がそろいつつある今が全球的な解析に挑むべきタイミングだと確信していました。まず、10年以上におよぶＯＤＰ／ＩＯＤＰ掘削調査航海で採取してきた凍結コアサンプルを高知コアセンターのＤｅｅｐＢＩＯＳに移管し、それらを他のＯＤＰ／ＩＯＤＰサンプルと同じように国際的にオープンな研究リソースとして公開しました（図５－５）。その上で、世界各地の40ヵ所の地点から採取された堆積物コアサンプルについて、表層から700メートル以内の深さから代表的な約300サンプルを選出しました。コンタミネーションのリスクが最も小さい凍結コアの中心部分のみをクリーンブースに設置したバンドドソーシステムを用いて取り出し、さらにクリーンレベルの高い「地球微生物学スーパークリーンルーム」で環境ＤＮＡの抽出を行いました。世界各地の掘削サイトから抽出した環境ＤＮＡを「グローバル・サンプル」と名付けました。

これまでの論文報告では、それぞれの掘削サイトのサンプルについてバラバラの手法や環境で実験が行われてきました。しかし、私たちは世界最高レベルのクリーンな環境で徹底した品質管理を行い、統一的な最新の実験プロトコールに沿って一度に処理をすることにより、再現性のある均質なデータを出すことに成功しました。さらに、ＯＤＰ／ＩＯＤＰの堆積物コアサンプルを分析する上での特徴は、その地層の年代や物理特性、間隙水の化学成分データ、古海洋・古環境データなどのさまざまな環境データ（メタデータと呼びます）が乗船研究者らによって研究がなされ、データベース上に公開されているということです。これは、海底下生命圏を一つの地球システムとして理解する上で、極めて重要なアドバンテージとなります。

まず、私たちは、バクテリアとアーキアの存在比率について再検討しました。バクテリアとアーキアの16ＳｒＲＮＡ遺伝子のコピー数を測定するために、蛍光標識されたプライマーやプローブを用いる通常の定量ＰＣＲ法ではなく、マイクロ流体デバイスを用いた「デジタルＰＣＲ法」という新技術を採用しました。デジタルＰＣＲ法は、従来の定量ＰＣＲ法による反応後の産物量から初期濃度を推定する方法とは違い、液滴やウェルに入っている標的ＤＮＡ分子を直接カウントする絶対定量のため、増幅効率に影響を与えるＰＣＲ阻害剤などの影響を受けにくいという特徴があります。星野研究員は、デジタルＰＣＲ法の環境サンプルへの適用を世界で初めて行い、その精度と有用性を事前に確認しました。そして、このデジタルＰＣＲ法をグローバル・サンプルに適用して、バクテリアとアーキアの存在比を測定しました。その結果、大陸沿岸域の有機物濃度が高い嫌気性の海底下生命圏では、微生物群集全体に対するアーキア細胞の占める割合は約40・0％でした。一方、外洋の有機物濃度が低い好気性の海底下生命圏では、微生物群集全体に対するアーキア細胞の占める割合は約12・8％でした。

地球全体の海底堆積物環境において、約1・1×10^{29}細胞のアーキア細胞が存在し、それは微生物細胞全体の数の37・3％に相当します（バクテリアとアーキアの1細胞ゲノムあたりの16SｒＲＮＡ遺伝子の平均コピー数をそれぞれ1・7と4・7として細胞数の割合を算出しています）。これらの結果は、全海洋の微生物細胞に占めるアーキアの割合が41・9％と同程度であり、2008年に私たちが「ｎａｔｕｒｅ」に発表した大陸沿岸域の海底堆積物に存在するアーキアの割合（35〜40％）を概ね支持する結果でした。また、興味深いことに、水深が浅い大陸沿岸域から水深が4000メートル以上と深い外洋の深海平原に行くに従って、全体に対するアーキアの割合が小さくなる傾向が認められました（図5−6）。この原因としては、以下のような可能性が考えられます。

①　アーキアがバクテリアに比べて圧力（水圧）に感受性が高いため。

②　外洋に向かうにつれて堆積速度が遅く、栄養源となる有機物の濃度が少なくなるため。

③　嫌気性と好気性とでアーキアが果たす生態学的な役割が異なるため。

ただし、これらの複数の可能性は十分に科学的な検

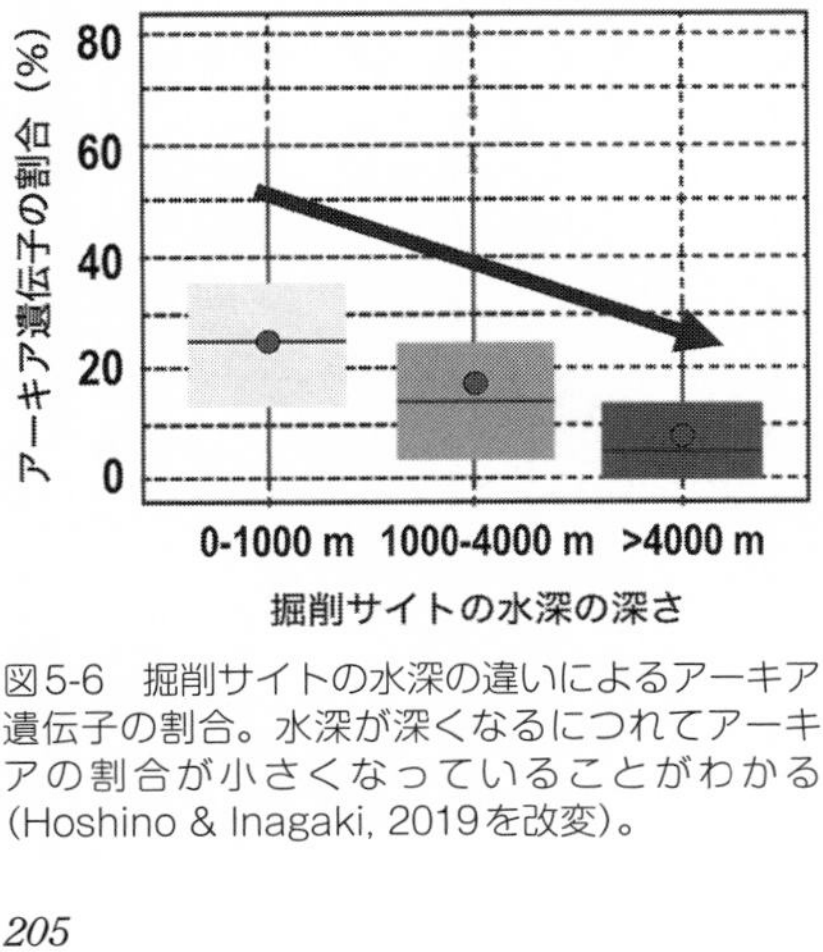

図5-6　掘削サイトの水深の違いによるアーキア遺伝子の割合。水深が深くなるにつれてアーキアの割合が小さくなっていることがわかる(Hoshino & Inagaki, 2019を改変)。

証がなされておらず、アーキアの存在比を決定するための生態学的な原理・原則はまだよくわかっていません。

次に、グローバル・サンプルを用いて、海底下に生息する微生物の系統学的多様性とその空間分布について調査しました。PCR法で増幅された約4700万の16S rRNA遺伝子の塩基配列を次世代シーケンサーにより網羅的に解読し、それぞれの堆積物コアサンプルに存在する微生物群集の分類組成を決定しました。

その結果、大陸沿岸の有機物が多い堆積物と、外洋の栄養が少ない堆積物とで微生物群集組成が大きく異なり、酸素の有無や有機物の濃度、そして堆積物の特性が微生物の多様性を決める大きな要因となっていることが明らかとなりました（図5-7）。

また、兵庫県立大学の土居秀幸准教授（現・京都大学）の協力により、地球全体の海底堆積物に生息する微生物種数の推定を試みました。比較のために、これまでに報告されている表層土壌と海水中の微生物群集のデータを収集し、同様に複数のモデルを用いて種数の推定を行いました。

その結果、地球の全海底堆積物に存在するバクテリアおよびアーキアの種数は、それぞれ、およそ3万~250万種、8000~60万種であると推定されました。

驚くべきことに、海底下生命圏に生息する微生物の種数は、表層土壌や海水中など、地球の表層生命圏に生息する全微生物種数の推定値と同程度であったのです。一見、生命に対するエネルギー供給が限られた過酷な海底下環境に、生命に満ちあふれている地球表層の生命圏と同等に多様な微生物群集が育まれているのは予想外の発見でした。さらに、海底堆積物、表層土壌、海水の3つの全ての生命圏におけるバクテリアとアーキア種数の推算値を足し合わせることで、地球全体の生命圏においてバクテリアの種数がアーキアの種数を大きく上回っている（＝多様性が高い）ことが明らかとなったのです。

これらの一連のグローバル・サンプルを用いた地球規模の研究により、これまでに報告されていた海底下生命圏における微生物細胞の数の多さに加えて、その多様性が表層世界に匹敵するほど膨大であることが明らかになりました。一方で、エネルギーが不足している海底下の環境において、微生物がどのようにその多様性を獲得してきたのか、あるいは、深部の微生物はどのように過酷な環境に

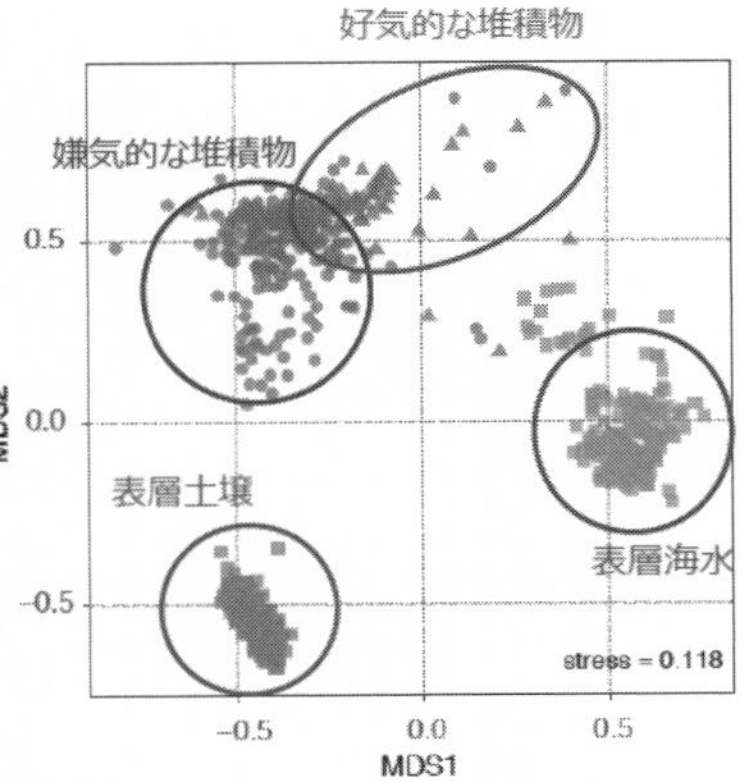

図5-7　地球表層の生命圏（表層土壌や表層海水）と海底下生命圏（好気と嫌気）に生息する微生物群集構造の類似度を示す多次元尺度構成法（MDS）解析の結果。点が近いほど微生物群集組成が類似していることを表している。それぞれの環境が異なる微生物群集を育んでいることがわかる（Hoshino et al., 2020を改変）。

適応し、進化したのかなど、海底下生命圏にはいまだ解明されていない多くの疑問が残されています。それらの疑問は、今後の環境DNAの網羅的な解析（メタゲノム解析）や培養実験などによって解明していく必要があります。

「世にも奇妙な生命体」――培養された海底下の住人たち：ベスト5

過去20年以上にわたる海底下生命圏の探究では、培養法に依存しない分子生物学的なアプローチと同位体地球化学的なアプローチを組み合わせた研究が行われてきました。それにより、海底堆積物には極めて多様で、膨大な数の性状未知の微生物が生息していることが明らかとなりました。一方で、デイビッド・ブーン博士が南海トラフのメタンハイドレートから分離・培養に成功したメタン菌メタノキュレウス・サブマリナス（*Methanoculleus submarinus*）をはじめとして、下降流懸垂型スポンジ（DHS）嫌気バイオリアクターの有効性が実証されるなど、分離・培養を基本とする伝統的な微生物学においても多くの進展がありました（第3章を参照）。

本節では、海底下生命圏の理解を大きく拡大したバクテリアとアーキアの分離・培養株ベスト5を、ちょっとしたエピソードを添えて、ご紹介したいと思います。

①デサルフォビブリオ・プロファンダス（*Desulfovibrio profundus*）

海洋科学掘削により採取された堆積物コアサンプルから分離・同定された初めての微生物です（図5－8）。1989年に、日本海でJR号により行われた〈ODP Leg128〉において、ジョン・パークス教授らのチームにより分離された新種の硫酸還元バクテリア（細菌）です。

本分離株は、ODPの掘削サイト798B孔（海底面までの水深は900メートル）の深さ80メートルと518メートルから採取された堆積物コアを用いて、培養用のスラリーサンプルを調整しています。代表株は、嫌気条件下での集積培養後に、寒天プレート上に生育した単一コロニーから分離されたものです。

16SrRNA遺伝子の塩基配列に基づく系統分類は、プロテオバクテリア門の下位分類群である（旧）デルタプロテオバクテリア綱に位置し、運動性のある桿菌《かんきん》（横に長い棒状の形をした菌）です。偏性嫌気性で、至適生育温度（最も細胞増殖の速度が高い温度）は約25℃（生育温度範囲は15～65℃）、生育可能な塩濃度（NaClとして）は0・2～10％であり、薄い塩濃度では良好な生育を得ることができない海洋性細菌です。酪酸やピルビン酸を栄養源とし、硫酸や亜硫酸、チオ硫酸などを還元すること

図5-8　デサルフォビブリオ・プロファンダス500-1株の走査型電子顕微鏡写真（Bale et al., 1997より転載）。

で、酢酸や硫化水素を排出しつつ、生育に必要なエネルギーを得ることができます。また、硫黄酸化物が枯渇した条件においては、鉄呼吸や酪酸やピルビン酸を発酵して生育することができます。水素を用いた独立栄養的（有機物に依存しない）な生育ができるとも報告されています。この菌は10〜15ＭPa（メガパスカル：１００〜１５０気圧）で最も硫酸還元効率が高くなり、40MPa程度の圧力まで活性を示すという特徴があります。このような圧力を好む（または圧力に耐えて生育できる）微生物を、好圧菌（あるいは耐圧菌）と呼びます。掘削サイトの地温勾配が１１℃／㎞であることから、分離された５１８メートルの現場温度は50℃前後です。また、現場の圧力は約15ＭPaであることから、この菌が分離された地層の物理環境は至適生育条件の範囲内であることがわかります。

しかし、現場の堆積物環境において、生育に必要な栄養や呼吸のための酸化物質（硫酸などの電子受容体）が十分に存在していたとは思えません。やはり、現場で活発に活動していたというよりは、微量の栄養・エネルギー基質を利用しながら存続していたと考えるべきでしょう。２０１７年には、本分離株のゲノムの全塩基配列が決定されました。

②メタノキュレウス・サブマリナス（*Methanoculleus submarinus*）

２００３年、私はペルー沖での〈ＯＤＰ Ｌｅｇ２０１〉から持ち帰ってきた堆積物コアサンプルの分析を進めながら、メタンハイドレートを作ったとされる謎の微生物生態系（その最終プロセスはメタン菌のはずなのですが）とは何かについて、朝から朝まで（晩まではなく）、がむしゃらに研究を進めていました。同年6月、この論文をアメリカ微生物学会の「Applied and Environmental Microbiology」（ＡＥＭ）誌に見たとき、当時、研究生であった中川聡さん（現・京都大学）と一緒に「チョーかっけ〜！」と感動したことを覚えています。

第3章でも少し紹介しましたが、メタノキュレウス・サブマリナスは当時ポートランド州立大学のデイビッド・ブーン教授やアイダホ国立環境工学研究所のフレデリック・コルウェル教授らにより、南海トラフの海底下247メートルのメタンハイドレートを含む堆積物コアサンプルから分離されたメタン菌（アーキア）です（図5－9）。1999年11月〜2000年2月にかけて、静岡県天竜川河口沖合にて通商産業省（現・経済産業省）と石油公団による基礎試錐「南海トラフ」が実施されました。砂層充塡型のメタンハイドレートが存在する堆積物の深度において、JR号によるライザーレス掘削が行われ、温度・圧力の変化によってメタンハイドレートが融解することを防ぐために開発されたＰＴＣＳ（Pressure Temperature Core

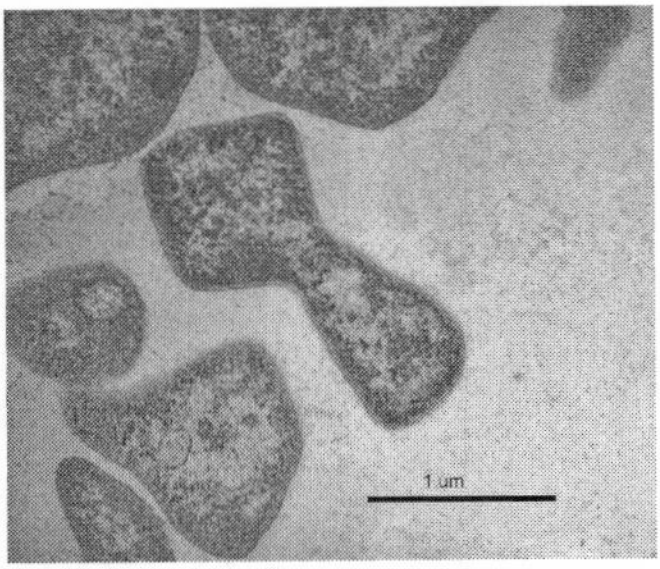

図5-9　メタノキュレウス・サブマリナス Nankai-1 株の透過型電子顕微鏡写真（Mikucki et al., 2003より転載）。

Sampler：現場の地層の圧力と温度を維持したままコアの採取ができるシステム）を用いて堆積物コアが採取されました。本菌が分離された堆積物コアサンプルは、海底面からの深さ250メートルから採取されたものです。その深度は、地震波探査などから推測されるメタンハイドレートの安定存在可能域の範囲内にあります。サンプルは窒素ガスが充塡された嫌気ジャーに入れ、凍結されることなく、4℃で運搬されました。現場におけるメタンの炭素同位体組成はマイナス95・5～マイナス63・9パーミルと軽く、メタンハイドレートが微生物起源のメタンからできていることを示しています。培養は少量の酵母エキスやトリプシカーゼ・ペプトン（トリプシン分解酵素で分解したタンパク質）を含み、ヘッドスペース（試験管の気相部分）を100％の二酸化炭素ガス（CO_2）で満たしたロールチューブ法（試験管を水中で回してガラスの壁面に寒天培地を広げる培養法）により行われました。気相に水素（H_2）が必要な場合には、ブチルゴム栓から直接2気圧まで加圧添加したようです。培地の嫌気度を保つための還元剤として、一般的に用いられる硫化ナトリウムや還元チタン溶液ではなく、メルカプトエタンを使っているあたりに職人のこだわりが感じられます。

分離株は、鞭毛《べんもう》を持っていながら運動性はない非定形菌（形に定めがない細胞）です（図5－9）。また、水素と二酸化炭素を用いてメタンを生成するタイプのメタン菌です。ギ酸からもメタンを生成することができますが、酢酸もしくは（酢酸が含まれる）酵母エキスなどの栄養分を与えないと増殖できません。また、ペプトンなどの有機物があると生育が良くなるようですが、必ずしも不可欠な栄養分ではないようです。16ＳｒＲＮＡ遺伝子の塩基配列に基づく系統解析により、メタノキュレウス属の新種と同定されました。至適生育温度は45℃ですが、52℃を上回ると生育できません。塩濃度は０・１～０・４モル（Na^+として）が至適濃度であり、１・７モル以上の濃度では生育ができません。これは、NaClとして０・５～２・２％です。寒天培地におけるコロニーの大きさは、２ヵ月培養後で直径1ミリメートル未満の小さなものです。

２０１９年に、産業技術総合研究所と台湾の国立中興大学との共同研究によって、本分離株を含め、メタンハイドレートを含む海底堆積物から分離された３つのメタノキュレウス属菌株の比較ゲノム解析が行われました。その結果、それらの菌株は全て他のメタン菌にはないトレハロース合成酵素の遺伝子クラスターを持っていることが明らかとなりました。トレハロースは「非還元糖」と呼ばれる糖です。還元力を持たない糖であることから、酵母やキノコ、ユスリカなどの休眠する昆虫など、さまざまな（微）生物において乾燥・脱水化や温度変化、飢餓などの環境ストレスから細胞を守る働きを担うことが知られています。例えば、極限環境で生命機能を維持できる真核生物として有名なクマムシも、「乾眠《かんみん》」と呼ばれるサバイバル・モードになると、トレハロースが細胞内の水と置き換わり、全体重の15～20％ほど蓄積（あるいはガラス化）することが知られています。トレハロースは海底下においては超高級食材のようなエサですが、ある飢餓状態で自らが細胞内で合成しはじめ、脱水しながらトレハロースの蓄積を制御できるとしたら……海底下の微生物の長期生存の謎に迫れるかもしれませんね。

③ペロリネア・サブマリーナ（*Pelolinea submarina*）

大陸沿岸域の有機物に富む海洋堆積物には、クロロフレキシ門に属する多くの未培養細菌が優占種として存在しています。クロロフレキシ門のいくつかの細菌は、イエローストーン国立公園の温泉の流路や、排水処理の活性汚泥に含まれる有機物分解系の微生物群集から分離例があります。それらの性状から、おそらく海底堆積物に生息するクロロフレキシ門の細菌は、比較的分解しにくい有機物を非常にゆっくりと分解する従属栄養微生物生態系のキープレーヤーであり、増殖が遅く、良好な増殖条件で生育すると糸状（フィラメンタス）の形態になるに違いないと想像されていました。

２００６年、下北八戸沖で実施された地球深部探査船「ちきゅう」の慣熟訓練航海に乗船していたＪＡＭＳＴＥＣの井町研究員は、海底下３６５メートルまでの堆積物コアのうち、５つの層準（深さ０・４２、４・６６、18・３４、48・１１、１０６・７メートル）の混合スラリーを作成し、それを１４７個のウレタンスポンジに染み込ませ、平均的な現場温度に近い10℃の冷蔵庫の中でＤＨＳバイオリアクターの運転を開始しました（図３－16）。培地は、人工的に作成した嫌気海水に少量の有機物（グルコースや酢酸、プロピオン酸、酵母エキス、ビタミンなど）を加えたもので、気相に常に窒素を充塡したリアクターシステムです。スポンジを入れた培養器の側面には小窓が付いていて、スポンジの一部をサンプリングできるようになっています。pHは約7・4、酸化還元電位は平均でマイナス287mVに保たれました。リアクターの稼働開始から357日目、560日目、761日目にスポンジのサンプリングを行い、DNA分析や地球化学的な分析が行われました。その結果、添加したグルコースは微生物により完全に消費され、酢酸の生成と消費が起きていることやメタンが生成されていることが確認されました。そして、堆積物に生息する多くの微生物の集積培養に成功していることがわかりました（図3－17）。

このDHSバイオリアクターを用いた海底堆積物からの微生物集積培養法は、活性化された群集全体の生態応答や代謝機能を理解するのに役立つばかりでなく、炭素や硫黄などの元素循環に重要な生態学的役割を果たしている新規な微生物を分離・培養するための接種源となります。ペロリネア・サブマリーナは、この下北八戸沖の集積培養系からロールチューブ法により分離・培養されたいくつかの興味深い微生物の一つです。2014年、大陸沿岸域の有機物に富む堆積物に優占的に存在するクロロフレキシ門で初めて分離・培養・同定された新属・新種の細菌として発表されました（図5－10）。

この分離株の細胞は、クロロフレキシ門のアンエアロリネアエ綱に属する他の培養株と同様に、胞子を形成しない糸状の形態を示すものです（細い桿菌がつらなり、10マイクロメートル以上の長さになります［1マイクロメートルは、1ミリメートルの1／1000］）。至適生育温度は低温よりの25～30℃であり、至適塩濃度は1・5％（NaClとして）です。グルコースや酵母エキス、多糖類を発酵し、酢酸や酪酸、エタノール、水素を生産します。アンエアロリネアエ綱に属するいくつかの分離株は、水素資化性（H_2をエネルギー基質として消費する性質）のメタン菌と共培養することで、発酵により生じた水素と二酸化炭素を消費してメタンを生成することが知られています。それにより、水素分圧が低く保たれ、生育を良好に保つことができると考えられています。しかし、ペロリネア・サブマリーナはメタン菌との共培養によって生育が促進されることがないことがわかりました。これにより、発酵産物である水素分圧の影響を受けないことがわかります。2019年、この分離株の全ゲノム配列が決定されました。

ちなみに、ペロリネアの「ペロ」の部分は、ギリシャ語で「暗色・泥（＝無酸素の泥）」を意味するために命名したと論文にはありますが、ラテン語では「髪の毛」という意味もあります。光の届かない海底下生命圏から分離された初めての糸状細菌ですから、実にピッタリの名前です

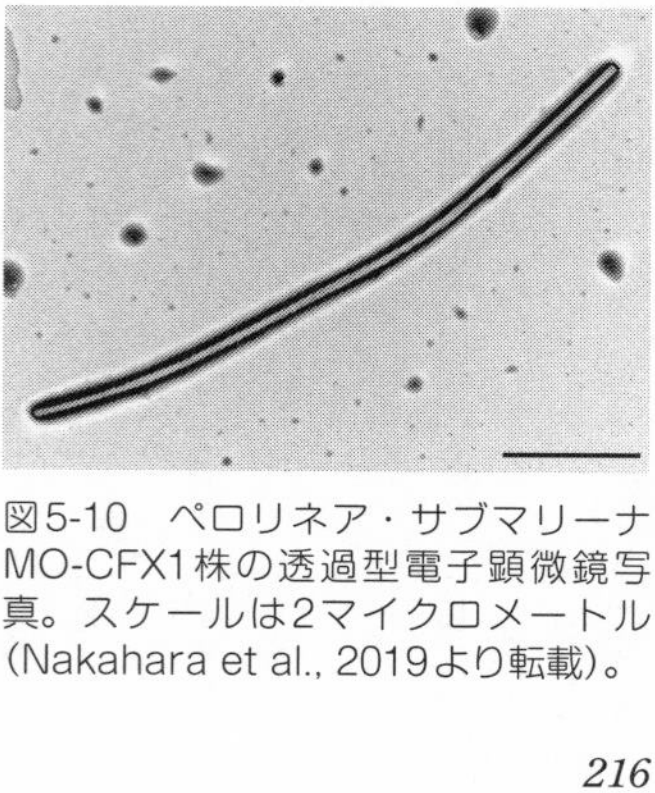

図5-10　ペロリネア・サブマリーナMO-CFX1株の透過型電子顕微鏡写真。スケールは2マイクロメートル（Nakahara et al., 2019より転載）。

ね。

④アトリバクター・ラミナタス（*Atribacter laminatus*）

東京駅近辺であったとある会合の帰り道で、産業技術総合研究所の方々から「いま、稲垣さんがビックリする菌を調べていますよ」と言われました。すぐさま、いろいろと想像したのですが、あまり根掘り葉掘り聞いてもなんなので、「そうですか。そのうちですね。楽しみにしています！」と返答したのを覚えています。

２０２０年12月14日、産業技術総合研究所の片山泰樹研究員らは、前述のクロロフレキシ門と同様に、大陸沿岸の海洋堆積物に優占的に生息する性状未知の未培養系統として暫定的に分類されていたアトリバクテリア門（培養により同定された菌株を含まず、16ＳｒＲＮＡ遺伝子などで暫定的な記載が必要な分類学上の地位には、接頭語に *Candidatus*「暫定候補」というイタリック表記の単語をつけてそれを記載する）に属する新門・新属・新種の細菌アトリバクター・ラミナタスの分離・培養に成功し、その遺伝学的・生理学的な性状を記載した論文を発表しました。培養された分離株を含む系統群は、新たにアトリバクテロータ門という正式名が提唱されましたので、今後はこの名称を使いたいと思います。

本章で、原核生物は、「細胞内に膜構造を持たないゲノムＤＮＡの凝集体（核様体）を持つ」

と説明しました。驚くべきことに、アトリバクター・ラミナタスは細胞表面の外膜と細胞膜だけではなく、細胞の中（原形質と呼びます）にもう一つ別の膜が独立してゲノムDNAを覆う形で存在していたのです（図5－11）。プレス発表を見て、一瞬、「えっ、真核チック?」と思いましたが、論文をよく見ると、ゲノムDNAが含まれる内膜の原形質にもリボソームが分布しているし、真核生物が持つ核膜構造や染色体とは違うようです。細菌の中には、高度好熱菌サーモトガ属（*Thermotoga*）のように、外膜と細胞壁を鞘《さや》のようにして、細胞の内側にもう一つの内膜を作るものもいますが、それとも微妙に違うようです。いずれにしても、海底下生命圏における構造進化や生理・生態学的な観点からも大変興味深く、素晴らしい発見です。これだったのね。ビックリした!

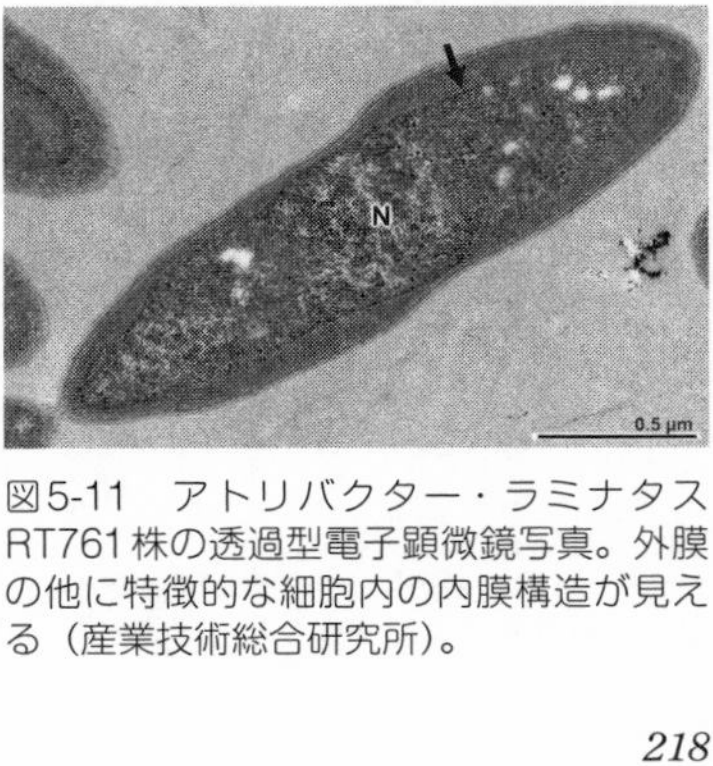

図5-11　アトリバクター・ラミナタスRT761株の透過型電子顕微鏡写真。外膜の他に特徴的な細胞内の内膜構造が見える（産業技術総合研究所）。

暫定的な分類学的地位であるアトリバクテロータ門は、1998年にカリフォルニア大学バークレー校のノーマン・ペース教授とフィル・ヒューゲンホルツ博士らにより、イエローストーン国立公園のオブシディアン・プールと呼ぶ温泉から検出された未培養系統群OP9と、前述の日本海で行われた〈ODP Leg128〉により採取された堆積物からパークス教授やゴードン・ウェブスター博士らにより検出・提唱された未培養系統群ＪＳ１の、陸と海の両方の未培養系統群を含んでいました。この謎の系統群の潜在的な代謝機能は、分離が不完全な集積培養系や、培養に依存しないメタゲノム解析などにより詳しく調査されました。例えば、当時イリノイ大学の延優さん（現・産業技術総合研究所）らは、単一細胞ゲノミクスとメタゲノムにより再構成されたゲノム塩基配列を体系的に解析し、アトリバクテロータ門に属する系統種は嫌気性の従属栄養細菌であり、糖などの炭水化物またはプロピオン酸などの有機酸を栄養・エネルギー源とする発酵細菌（またはＪＳ１ではプロピオン酸発酵の一部の代謝を別の微生物種に依存して生育する共代謝系）であることを予想していました。また、これらの解析は、ＯＰ９（陸）とＪＳ１（海）の進化系統は、系統樹の上流側（根元に近い側）に位置する１つの分岐点から系統がわかれますが、ゲノム構造から推測される機能性に共通点が多く、分類学上は１つの門として位置付けられることを支持していました。

アトリバクター・ラミナタスは、千葉県茂原市にある南関東ガス田の鹹水《かんすい》（天然ガスの生産井に付随する地下水のこと）やガスとともに噴出する堆積物サンプルから培養用のスラリーを調整し、バッチ式の液体培養により分離・培養された偏性嫌気性細菌です。運動性や胞子形成能はありません。アトリバクテロータ門の中でも、陸からの検出例が多いＯＰ９の系統群に位置する細菌です。至適生育温度は45℃と若干高めで、至適塩濃度は０・１モル（NaClとして：生育範囲は0・01〜0・6モル）ですので淡水系の細菌です。メタゲノム解析で予想されていたように、本分離株は嫌気呼吸を行うことができず、グルコースやスクロースなどの糖を発酵して水素、酢酸、二酸化炭素そして微量のエタノールを生産します。栄養源としては酵母エキスを要求しますが、タンパク質やその分解産物であるアミノ酸は生育を促進しません。メタン菌との共培養により、糖からの発酵産物である水素をメタンに転換すると、菌の生育が促進されます。アトリバクテロータ門のＪＳ１の系統群も、アトリバクター・ラミナタスと同じような核様体を包む内膜構造があるのかどうか、堆積物の中で水素を食べるメタン菌やそれ以外の微生物との共生関係はどうなっているのか、膜輸送系はどうなっているのかなど、興味はつきません。アトリバクテロータ門は、大陸沿岸域の海洋堆積物に膨大に存在している多様な未培養微生物を含む細菌系統群であり、今後の研究の進展が大変楽しみです。

⑤プロメテオアーカエウム・シントロフィカム（*Candidatus* Prometheoarchaeum syntrophicum）

本節の「世にも奇妙な生命体」のラストにご紹介する微生物は、ＪＡＭＳＴＥＣの微生物培養のスペシャリスト、井町研究員によりＤＨＳ嫌気バイオリアクターを用いて集積培養され、その後、10年以上もの長期間にわたって培養系を確立したプロメテオアーカエウム・シントロフィカム　ＭＫ－Ｄ１株です（図５－12）。

接種源は、２００６年5月6日に井町研究員が有人潜水調査船「しんかい６５００」に乗船して南海トラフ大峯リッジにある水深２５３３メートルの冷湧水堆積物から採取した海底表層の軟泥堆積物です。この培養株の遺伝子系統は、「アスガルド（Asgard）・アーキア」と呼ばれる、培養株が存在していなかった謎のアーキア系統群に位置しています。これまでに、世界各地の海底熱水活動域や冷湧水、大陸沿岸の有機物に富む海洋堆積物からアスガルド・アーキアに含まれる16ＳｒＲＮＡ遺伝子が検出されており、以前はＤＳＡＧ（Deep-Sea Archaeal Group）やMarine Benthic Group-B、ロキアーキオータなどといった名前で知られていました。培養に依存しないメタゲノム解析などから、真核生物に最も近い進化系統に位置すると考えられてきました。

２０１９年に、井町研究員とゲノム解析などの分析を担当した産業技術総合研究所の延優研究員らは共同で、学術誌に投稿する前の論文のプレプリント・リポジトリであるBioRxivにその研究成果を登録・公開しました。その後、査読審査が行われ、２０２０年1月15日に英科学誌「ｎａｔｕｒｅ」に論文が発表されました。この論文は、米科学

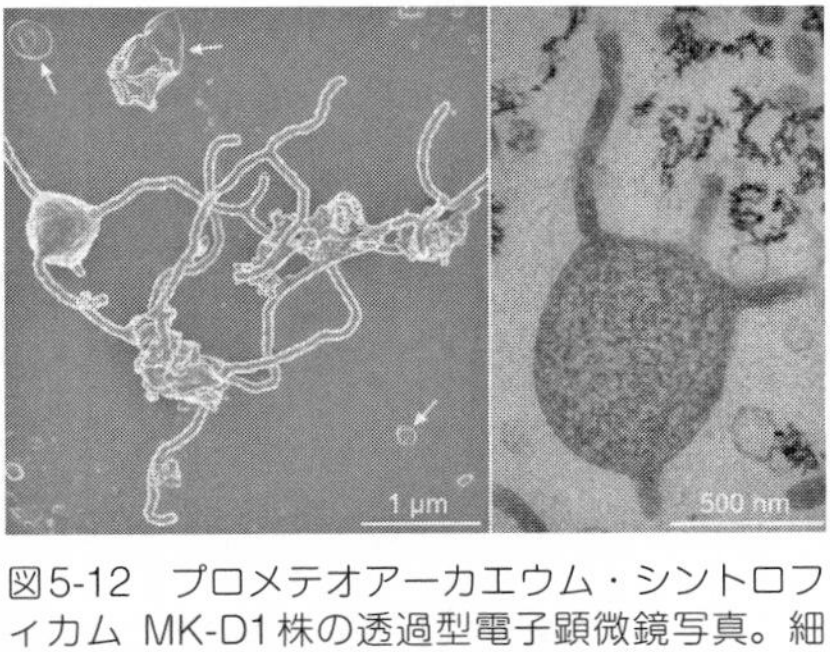

図5-12　プロメテオアーカエウム・シントロフィカム MK-D1株の透過型電子顕微鏡写真。細胞から特徴的な触手構造が伸びているのが見える（Imachi et al., 2020より転載）。

誌「Science」が選ぶ2019年の10大ニュースの一つに選出される（まだ論文が査読中なのに……）など、世界的に高い注目を集めました。

このMK－D1株は、その遺伝学的・生理生態学的な特徴はもちろんのこと、真核生物の発生進化学的な考察をする上でも、極めて重要な分離株です。偏性嫌気性で、水素濃度に対して感受性があることから、最終的にはメタノジェニウム・ブーネイ（*Methanogenium boonei*：②でご紹介したメタノキュレウス・サブマリナスを分離・培養したブーン教授の名前を冠したメタン菌）の近縁株との共培養系として培養されています。しかし、増殖速度が遅いため菌体の収量が非常に少なく、微生物保存機関に登録して継続的に培養液を維持することが困難であることなどの理由から、「暫定（Candidatus）」という接頭語がついています。

この菌の増殖速度は非常に遅く、20℃の培養温度で振盪《しんとう》することなく静置培養を行い、細胞濃度が倍になるのに半月～1ヵ月を要します。この研究の集積培養に用いたDHS嫌気バイオリアクターの稼働日数は、2000日を超えているそうです。しかも、対数増殖期の前に30～60日の誘導期（ラグ・フェーズと呼ぶ生育準備期間です）があり、最終的な液体培地中の細胞濃度も1ミリリットルあたり10^5細胞程度とウスウスです（典型的な大腸菌の培養液に比べると1万分の1以下の濃度です）。培養当初は、ハロデサルフォビブリオ属（*Halodesulfovibrio*）に近縁な海洋性硫酸還元菌とメタノジェニウム属メタン菌が混在していましたが、硫酸還元菌（細菌）の生育阻害剤の添加や継代培養を工夫することで、最終的にＭＫ－Ｄ１株の割合が87・５％程度を占めるメタノジェニウム属メタン菌との共培養系が確立されました。栄養・エネルギー源は、タンパク質が分解されたペプチドやアミノ酸です。ＭＫ－Ｄ１株のアミノ酸発酵の代謝産物は水素とギ酸、二酸化炭素であり、それらは共培養のパートナーであるメタン菌（または硫酸還元菌）により消費されてメタン（または硫化水素）を生成します。この分析には、ＪＡＭＳＴＥＣ高知コア研究所に整備した超高空間分解能二次イオン質量分析器（ＮａｎｏＳＩＭＳ）が活躍しました（図２－７）。

ゲノム解析の結果により、ＭＫ－Ｄ１株は自らの細胞を形成するのに必要な一部のアミノ酸やビタミン類、ヌクレオチドを合成することができないようです。つまり、それらは自身以外からの供給に依存していることになります。興味深いことに、ＭＫ－Ｄ１株のパートナーはメタノジェニウム属でなければダメだということではなく、下北八戸沖の掘削コアサンプルから分離・培養されたメタノサーモバクテリウム属（*Methanothermobacterium*）などの水素資化性のメタン菌でも共培養できるそうです（生育に必須の機能を欠落しているため、パートナーは必要ですが、そこに愛はないようです……）。

多くの微生物学者の度肝を抜いたのは、謎のアスガルド・アーキアの培養に成功したという事実だけではなく、その独特で奇妙な姿です。通常のＭＫ－Ｄ１株の形態は、直径０・５マイクロメートル程度の小さな球状細胞ですが、しばしば膜から長い触手のような突起構造を形成することが観察されています（図5－12）。また、本菌のゲノム解析や他のメタゲノム解析によって、アスガルド・アーキアのゲノムには真核生物に由来すると推察される多くの機能遺伝子が含まれていることが明らかとなりました。例えば、真核生物の細胞骨格の形成に必要なアクチンや小胞体輸送に関連するユビキチンをコードする遺伝子です。それらの結果に基づき、真核生物の誕生のシナリオとして、アスガルド・アーキアがミトコンドリアの祖先といわれる好気性または通性嫌気性の細菌（酸素呼吸でエネルギーを作り出せるアルファプロテオバクテリア）を触手によって物理的に絡め取り、細胞内部に取り込んだとする進化モデル（Entangle〔巻き込む〕）-Engulf〔飲み込む〕-Endogenize〔内部に発達させる〕というE^3モデル）が提案されました。今後のさらなる研究展開で何がわかるのか、この微生物以外の新規海底下アーキアの分離・培養も含めて、大いに期待したいと思います。

ちなみに、このアーキアの属名につけられた「プロメテオ（Prometheo）」という部分は、泥から人間（真核生物）を作り、人間に火を作る能力を授けたとされるギリシャ神話の神プロメテウス（Prometheus）に由来しています。アスガルド（Asgard）という上位の門の名前も、北欧・スカンジナビア神話に登場するアースガルズという神族（アース神族）の名前に由来していますす。アース神族は、死すべき定めの人間の世界（ミズガルズ）の一部であるともいわれているようです。「名は体を表す」ということわざがありますが、この菌株は、深海底の軟泥堆積物から分離された真核生物の進化の鍵を握る、系統分類学上最も真核生物に近縁な原核生物です。また、真核生物はミトコンドリアを介して進化に必要な余剰エネルギー（＝プロメテウスに与えられた火）を得ることができるようになったのです。さらに、属名につづく種名の「シントロフィカム（syntrophicum）」は、「共生を好む」という意味ですのでピッタリですね。実に深淵で、MK－D1株にふさわしい名前だと思います！

コラム

5 世にも奇妙な冥界の主と常識外れな地下生命体

本コラムでは、陸域の地下生命圏の実態について、いくつかの研究トピックスを簡単にご紹介したいと思います。

陸の地下生命圏の研究の多くは、金属鉱床の鉱山や核廃棄物の地層処分施設などの人工的に掘削された坑道を介して行われてきました。代表的な例の一つは、南アフリカ共和国にある金鉱山です。プリンストン大学のT・C・オンストット教授をリーダーとする国際研究者チームは、地表から3キロメートル以上にわたって採掘された坑道や横穴から抜水する地下水脈を調査し、数百万年間酸素に触れていない地下の岩石の亀裂に、微小な地下微生物生態系が存在することを突き止めました。中には、デサルフォルーディス・オウダクシエーター（*Candidatus* Desulforudis audaxviator）というファーミキューテス門に属するバクテリアが一種類だけ存在するロンリーな単一微生物生態系が発見されています。この細菌は、内生胞子を形成することができ、そのゲノムにアーキアに由来する遺伝子を有しています。また、ラジオリシスや鉱物溶解などの岩石－水反応によって生じる水素や硫酸イオン、炭酸水素イオンなどを栄養・エネルギー源として生育する化学合成独立栄養細菌（地球を食べる微生物）であると考えられています。この菌は、2019年に西シベリアの地下2キロメートルの地下水から分離・培養されました。培養株を用いた研究により、水素や岩石成分をエネルギー源とする独立栄養型の生育以外にも、ギ酸や酢酸などの有機酸やアルコール、糖などを用いた従属栄養型の硫酸還元で生育できることがわかりました。

さらに驚くべきは、地表から1・3キロメートルの深さの岩石の亀裂に、地下微生物のバイオフィルムを食べる新種の線虫ハリセファロバス・メフィスト（*Halicephalobus mephisto*）が発見されたことです（図5－13）。この線虫は微好気条件下で41℃まで生育でき、1日に約1万細胞の原核生物を捕食しているようです。ちなみに、種名の「メフィスト（mephisto）」とは、中世ドイツのファウスト伝説の中にある「光を愛さぬ者（地底に閉じ込められた悪魔）」を意味しています。その線虫の電子顕微鏡写真は、まさしく冥界

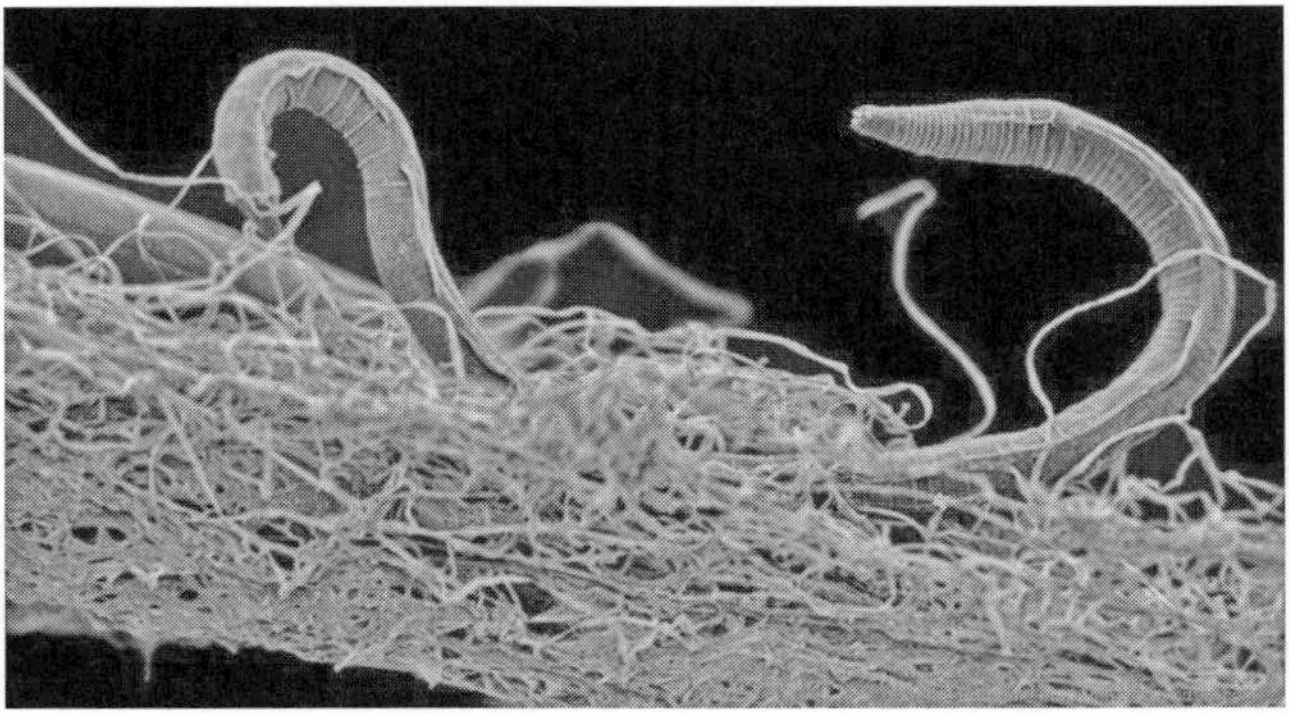

図5-13　南アフリカ金鉱山の地下深部から発見された線虫ハリセファロバス・メフィスト（Deep Carbon Observatory）。

の主である悪魔を暗示しているかのようにおぞましく、世界中の科学者やメディアを驚かせました。

T・C・オンストット教授と一緒に南アフリカの陸域地下圏を調べていたカナダ・トロント大学の地球化学者バーバラ・シャーウッド・ローラー教授らは、カナダ・オンタリオ州ティミンズにあるキッド・クリーク鉱山の地下2・4キロメートルの坑道から湧き出る地下水の希ガスの同位体化学組成を分析し、それが11億～26億4000万年前から保存されている世界最古のものであることを突き止めました。海洋プレートでは、海溝に沈み込む前の古い海洋地殻でもせいぜい1億数千万年前に形成されたものまでですので、大陸地殻の地下圏は時間軸の桁が違います。キッド・クリーク鉱山は、始生代に形成されたグリーンストーンベルトを母岩とする世界最大級の火山性塊状硫化物鉱床です。1963年に発見されて以降、露天掘り鉱山として銅、亜鉛、銀などの金属鉱石を生産しています。この世界最古の地下水は、非生物学的な岩石‐水反応や不均化反応等により生成される水素やメタン、酢酸などを含んでいます。また、硫化鉱物の融解や水のラジオリシスにより生じる硫酸や水素の量は、地下水1ミリリットルあたり100～3000細胞の水素資化性硫酸還元菌の存続を支えうるエネルギー量に相当すると考えられています。このような陸域の地下水圏環境は、（準）閉鎖系の生命居住可能域（ハビタブル・ゾーン）である可能性があります。つまり、地球大気に大量の酸素が供給される以前の始生代20億年スケールの時間軸で、どのように環境と生命が保持されてきたのかが気になります。現在、私たちはバーバラ・シャーウッド・ローラー教授らと共同でキッド・クリーク鉱山の微生物の調査研究を行っています。直近の現地調査では、地下2・4キロメートルの亀裂から噴出する地下水1ミリリットルあたりに、100細胞程度の微生物群集が存在することを確認しました（図5－14）。今後、それらの詳細なメタゲノムの解析を進める予定です。

世界各地の地下水の中には、極端にpHが高く、還元的なものがあります。カリフォルニア州サンフランシスコ北部に位置するソノマ郡には、ザ・シダーズ（The Cedars）という私有地の冷泉地帯があります。そこから湧き出る水は、1億5000万〜1億7000万年前のジュラ紀中・後期ごろから古第三紀にかけてアメリカ大陸側に沈み込んだ海洋プレートの付加体堆積岩や火成岩、海洋性玄武岩などを含む、グジャグジャっとした複雑な地質構造に由来します（この地層をフランシスカン・コンプレックスと呼び、混在化した地質体をメランジェと呼びます）。いくつかの湧水はpHが11以上、酸化還元電位（E_h）がマイナス600mV（ミリボル

図5-14　カナダ・オンタリオ州のキッド・クリーク鉱山内で世界最古と推定される地下水圏環境を調査する星野辰彦博士（左）と鈴木志野博士（右）。

ト）近い超還元的な水で、深海性の蛇紋岩化《じゃもんがん》したかんらん岩を経由し、衝上断層を通じて地表に湧出していると考えられています。このような超還元的な地下水環境にはプロトン（H^+）やナトリウムイオン（Na^+）が極めて乏しいため、生体内外のイオンポンプを介したエネルギー呼吸を行うことが難しく、生命活動に必要なＡＴＰ（アデノシン三リン酸）などのエネルギー物質を作り出すことができないような、生命にとってあまりにも過酷な環境条件です。

２０１７年、ＪＡＭＳＴＥＣ高知コア研究所の鈴木志野研究員（現・宇宙航空研究開発機構）らは、この超極限的な地下水圏環境に、実に奇妙な超好アルカリ性微生物群集が存在することを発見しました。それらの微生物群集の詳細なメタゲノム解析の結果、それらの微生物の多くは、１細胞あたりのゲノムサイズが世界最小レベルであり、生命機能を維持する上で必須と思われるいくつかの重要な遺伝子群（例えば、ＡＴＰ合成酵素遺伝子や糖の発酵代謝に必要な遺伝子）を欠損していることがわかりました。この謎に満ちた「常識外れな微生物」の多くはCandidate Phyla Radiation（ＣＰＲ）という未培養系統群に属する細菌たちです（図５－15）。さらに、このフィールド調査に同行した高知コア研究所の星野辰彦研究員は、ＣＰＲ細菌が深部フランシスカン・コンプレックスに由来する超塩基性岩の鉱物粒子にビッシリとへばりついている（バイオフィルムを形成している）様子を捉えました。重要な遺伝子がゲノムから欠損しているＣＰＲ細菌は、その不完全な部分を他の微生物細胞に依存する共生系の中で生きていかねばなりません。

このマントル由来の鉱物粒子にへばりついている常識外れな細菌を見た瞬間に、私は「これって、岩石共生の証拠ではないのか?」と思いました。つまり、蛇紋岩化のような岩石-水反応により生じる水素やプロトン（H^+）、電子などのエネルギー生産物質は超還元的な地下環境において極めて貴重な「通貨」のはずであり、そこで生きていくには一分子（あるいは一粒子）たりとも無駄にはできないはずです。岩石共生だけで全ての欠損遺伝子機能を補うことは難しいのかもしれませんが、へばりついているには、それなりの事情があるはずです。

今後、陸・海を問わず、かんらん岩や蛇紋岩などのマントルを構成する岩石成分と水、生命との関わりを徹底的に調べていくことで、地球生命の誕生の鍵となる物理化学的なプロセスや、その後の生命進化の謎に迫ることができるかもしれません。

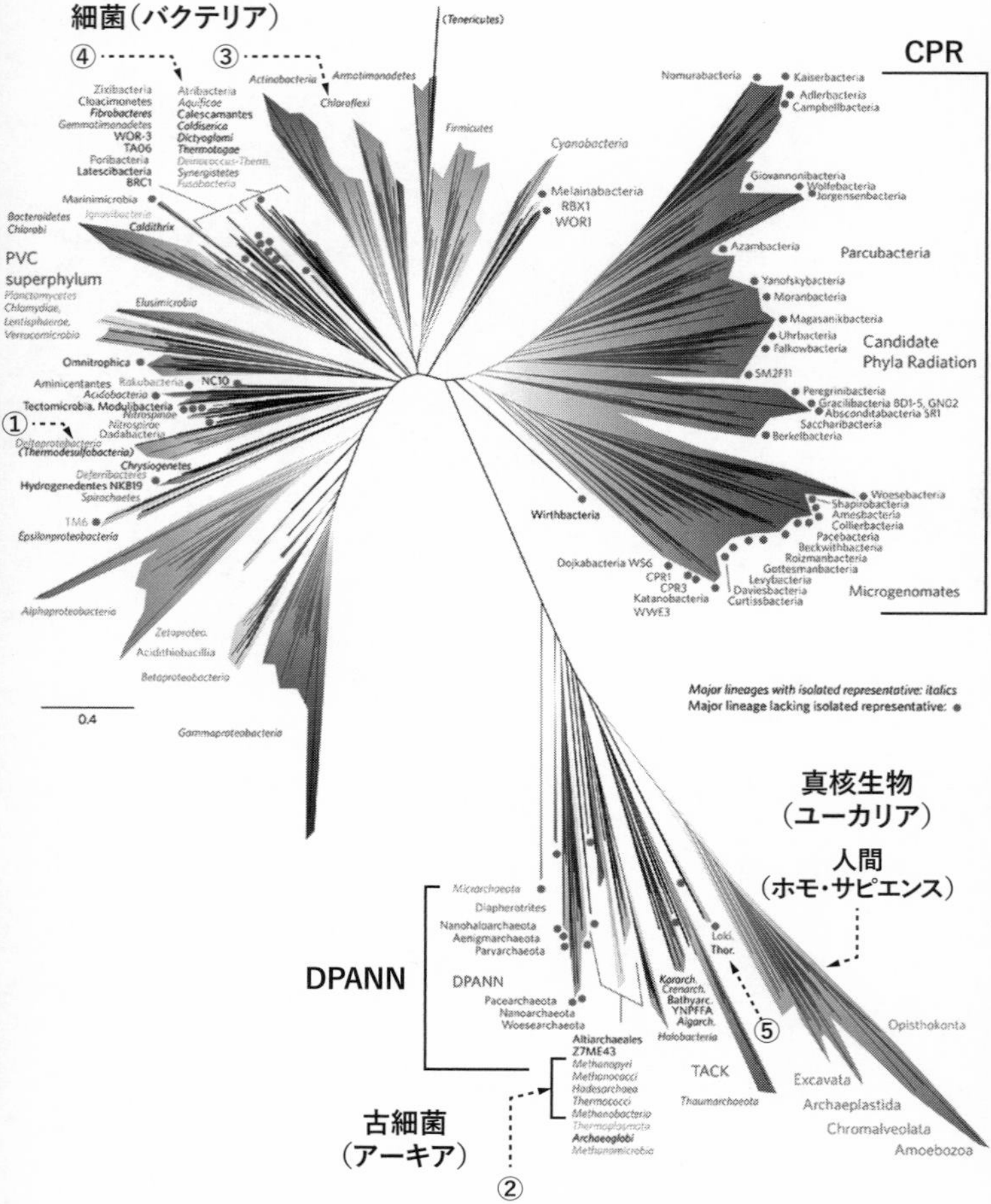

図5-15　メタゲノムに基づく生物の進化系統樹（Hug et al., 2016を改変）。

第6章 まだ見ぬ先へ

——海洋地殻やマントルに生命は存在するのか

⊕海洋・地球・生命フロンティアへの挑戦

「ちきゅう」による深海底掘削が行われれば、海底下の（生命の）最深記録が更新されるのは間違いないでしょう。（中略）初期の段階ですから、分離や培養に難しい問題もあり、まだ分からないこともたくさんありますが、巨大かつ未知の地殻内微生物圏には、私たちの想像を超えるような多様な微生物が存在している可能性もあります。

（「Blue Earth」vol.70　２００４年3月4日発行・JAMSTEC）

この言葉は、２００４年当時、ＪＡＭＳＴＥＣ極限環境生物フロンティア研究システムを牽引《けんいん》していた掘越弘毅システム長が、海と地球の情報誌「Blue Earth」の取材で語ったものです。掘越先生の「予言」から20年近くがたち、その予言通り、私たちの海底下生命圏の理解は大きく拡大しました。ちょうど同じ時期、東京大学海洋研究所（当時）からＪＡＭＳＴＥＣ地球深部探査センター（ＣＤＥＸ）のセンター長に赴任したばかりの平朝彦博士とこのような会話をしたことがあります。

——マントルに生命はいると思いますか？

「いや～熱すぎるし、いないと思います」私は即答しました。

——そうかな……、我々が予想だにしない生命がいてもおかしくないんじゃないか？

サイエンスとはまた、直感とロマンと実行だと思う。夢を食う男と言われることがあるが、ロマンがない科学者になってしまったらおしまいだ。

（JT生命誌研究館　季刊『生命誌』19号）

これも後年に掘越先生の語った言葉です。止まることがない時間の中で、誰も切り拓いたことがないフロンティアを突き進もうとすると、予想もしないような逆風に直面します。もっとも重要なことは、自分が信じるビジョンがぶれたり、矮小化《わいしょうか》したりしないことです。そのような状況に遭遇するたびに、多くの偉大な先人たちの言葉を思い出します。

地球表層の約70％を占める海洋のその下には、典型的な堆積物や岩石環境以外にも、泥火山や蛇紋岩海山、ホットスポット火山、溶岩流、混濁流、超深海、極域など、まだ生命圏の実態や変動が明らかではないさまざまな環境が存在します。そして、宇宙で私たちが暮らす唯一の惑星である地球には、容積の約83％を占める広大な海洋・地球・生命フロンティア「マントル」が存在します。そこには、40億年以上にわたる地球と生命の起源から現在、そして私たち人間を含む「地球－人間システム」の未来を左右する大きな秘密が隠されているはずです。

海底下の海：海洋地殻内の生命圏フロンティア

本書では、深海底の下に広がる堆積物に生息する微生物について解説をしてきました。しかし、堆積物のその下には、海洋地殻と呼ばれる岩石圏が広がっています。地球内部の岩石圏に、どこまで、どのくらいの生命がいるのでしょうか？　地球はいつまでハビタブル（生命居住可能）な惑星なのでしょうか？　あと50億年もすると太陽は膨張し、赤色巨星になるといわれています。それより前に、地球内部のエネルギーが消失して、マントル対流が停止してしまうかもしれません。もし、地球滅亡の日が近いとすると、最後に生き残る生命体は何なのでしょうか？

現在、実験室で培養できる超好熱性微生物（アーキア）の最高生育温度は１２０℃くらいです。その温度を超える海底堆積物環境は、地球全体の海洋堆積物の約12・９％を占めています（図５－１）。そして、その下には広大な岩石空間が広がっています。

海洋地殻の形成の場は、主に海嶺と呼ばれる地球規模の連続的な海底山脈のような場所です。地下深部から上昇してきた高温のマントルが減圧融解（メルト）を起こし、海水付近で冷やされることによって玄武岩質の海洋地殻（プレート）を形成します。海嶺で噴出した玄武岩マグマは流動性が高く、枕状溶岩と呼ばれる俵型の構造が積み重なってできたような地層を形成します。やがて、海嶺で形成された海洋地殻は、海嶺軸に沿って左右に拡大していきます。その際、枕状溶岩からなる一つ一つの溶岩流のユニット間に隙間や亀裂が多く形成され、そこに海水が浸透することで、巨大な帯水層空間を形成していると考えられています。それを、「海底下の海（Subseafloor Ocean）」と呼びます（図６－１）。

第２章でご紹介したＩＯＤＰ第３０１次研究航海「ファンデフカ海嶺翼部水文地理学」では、２００万～３５０万年程度の若い玄武岩帯水層を通じて比較的大きな熱水循環が起こり、その一部が熱水噴出孔から噴出しているような環境を調査しました。この航海では、ＪＲ号で掘削した孔にＣＯＲＫ（コーク）と呼ばれる孔内センサーキット

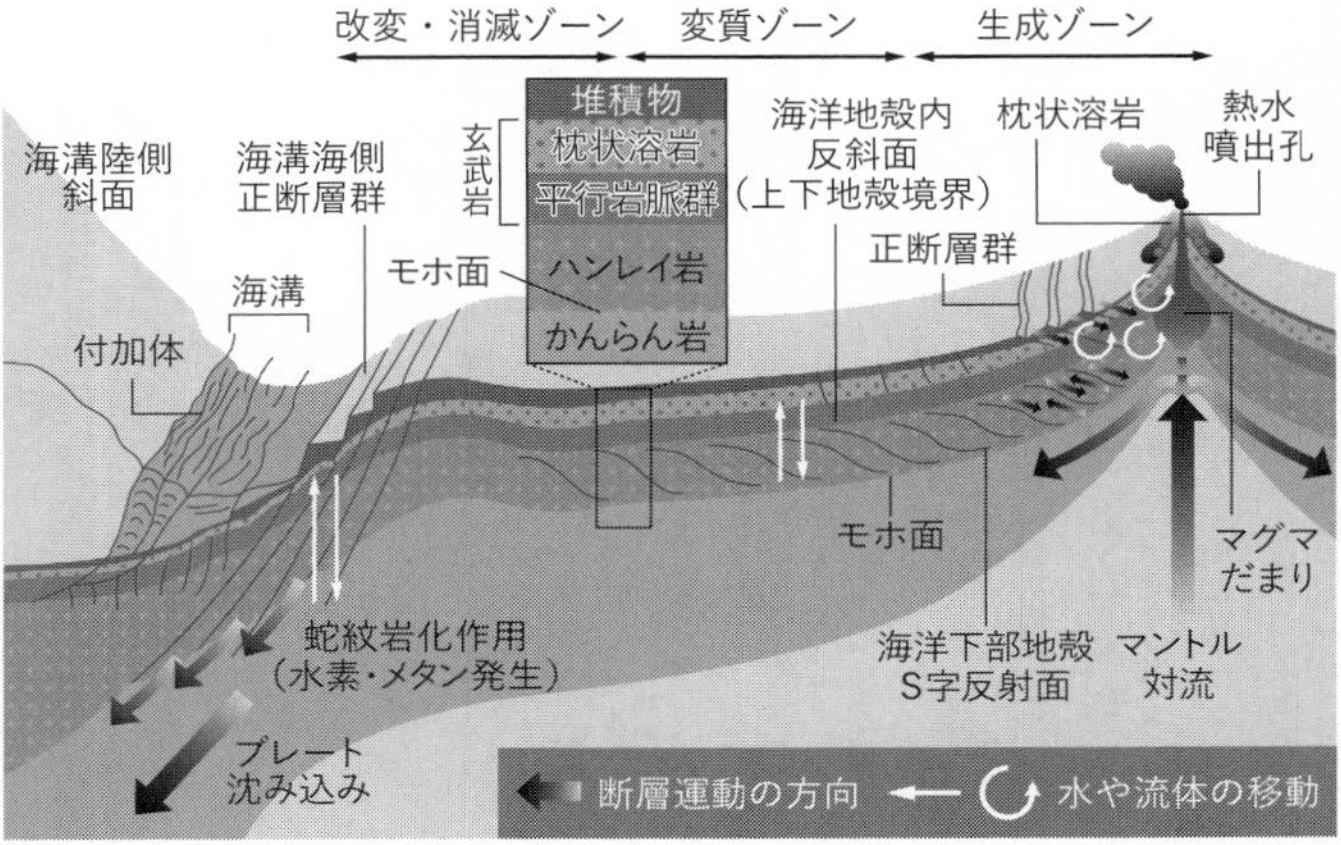

図6-1　海洋地殻の構造。

を設置し、堆積物のその下に広がる約50～60℃の玄武岩帯水層の熱水循環をモニタリングするとともに、微生物の培養実験などが行われました。それにより、海嶺付近の若い玄武岩帯水層は、微生物が居住可能（ハビタブル）な環境であることが示されました。一方、掘削調査による人工的な環境攪乱を受けた後では、もともとそこに、どのような微生物生態系が存在していたのかについての科学的な証拠をつかむことが難しいという問題がありました。

２０１３年、私たちはＩＯＤＰ第３０１次研究航海から約10年の分析研究の末に、ファンデフカ海嶺翼部の亀裂を含む玄武岩コアサンプルから、微生物生態系の活動と存在を示す同位体地球化学と微生物学的な証拠を突き止めました（図２－10）。この掘削孔を用いた長期孔内観測・実験と、掘削された岩石コアサンプルの詳細な分析研究の成果を総合的に見ると、海嶺翼部の若い玄武岩層に炭素や硫黄などの元素循環を担う活動的な海洋地殻内微生物生態系が存在することは確かなようです。

その後、第２章でご紹介したＩＯＤＰ第３２９次研究航海「南太平洋環流域海底下生命探査」では、当該海域の海洋地殻の最も浅い部分にある1億年前に形成された上部玄武岩の亀裂に、人間の腸内環境に相当するような高密度の微生物群（バイオフィルム）が存在していることがわかりました。しかも、それらのバイオフィルムは変質した粘土鉱物で満たされた亀裂の中に存在していたので、掘削による海水や泥水などから微生物細胞が入り込む物理的な空間が存在せず、もともとその場に存在していた真の地殻内微生物であると考えられます。この結果は、堆積物のその下にある上部玄武岩帯水層の生命圏が、海嶺翼部の数百万年前の海洋地殻環境だけではなく、海嶺から遠く離れた数千万〜1億年前に形成された海洋地殻にも存在することを示しています。つまり、海洋地殻内の生命圏の規模は、その時間軸と平面積において2桁程度大きい可能性が示されたのです。

さらに、第4章で紹介した〈T－リミット〉プロジェクトでは、水深4700メートルの深海底から深さ1200メートル・120℃までの堆積物環境を調査し、玄武岩直上の堆積物に超好熱性微生物生態系の存在を発見しました。本発見は、海底下生命圏の温度限界は120℃までの付加体先端部の堆積物では見出すことができず、真の限界点は堆積物の下の海洋地殻内に存在することを示しています。

では、生命圏の限界を超えた地球内部環境は、生命の起源や化学進化、表層生態系の成り立ちに対して、どのように関わってきたのでしょうか？

近年、IODP第304次研究航海により掘削された北大西洋中央海嶺のアトランティス岩体において、「ガブロ」と呼ばれる下部地殻の岩石コアサンプルの中に、非生物学的な地化学反応によって生成した芳香族アミノ酸が発見されました。また、インド洋マダガスカル沖アトランティス海台という場所で実施されたIODP第360次研究航海では、海洋プレートの衝突によって海底面に露出したガブロを掘削調査し、海底下10～750メートルの深さの海水が浸透している岩石の亀裂や隙間に、1立方センチメートルあたり131～1660細胞の微生物群集が発見されました。それらの科学的成果は、海底堆積物のその下の海洋地殻やマントルに、まだ知られていない岩石依存の生命圏や、生命起源や進化の謎をひもとく鍵が存在していることを示唆しているのです。

海洋地殻内生命圏の実態は、その空間規模、バイオマス、遺伝学的多様性、代謝活動、生理・生態など、いまだ多くの謎に包まれています。そして、それを明らかにする唯一の手法は、海洋科学掘削により代表的な海洋地殻を掘り抜き、孔内観測・実験とコアサンプルの科学分析の双方のアプローチで検証

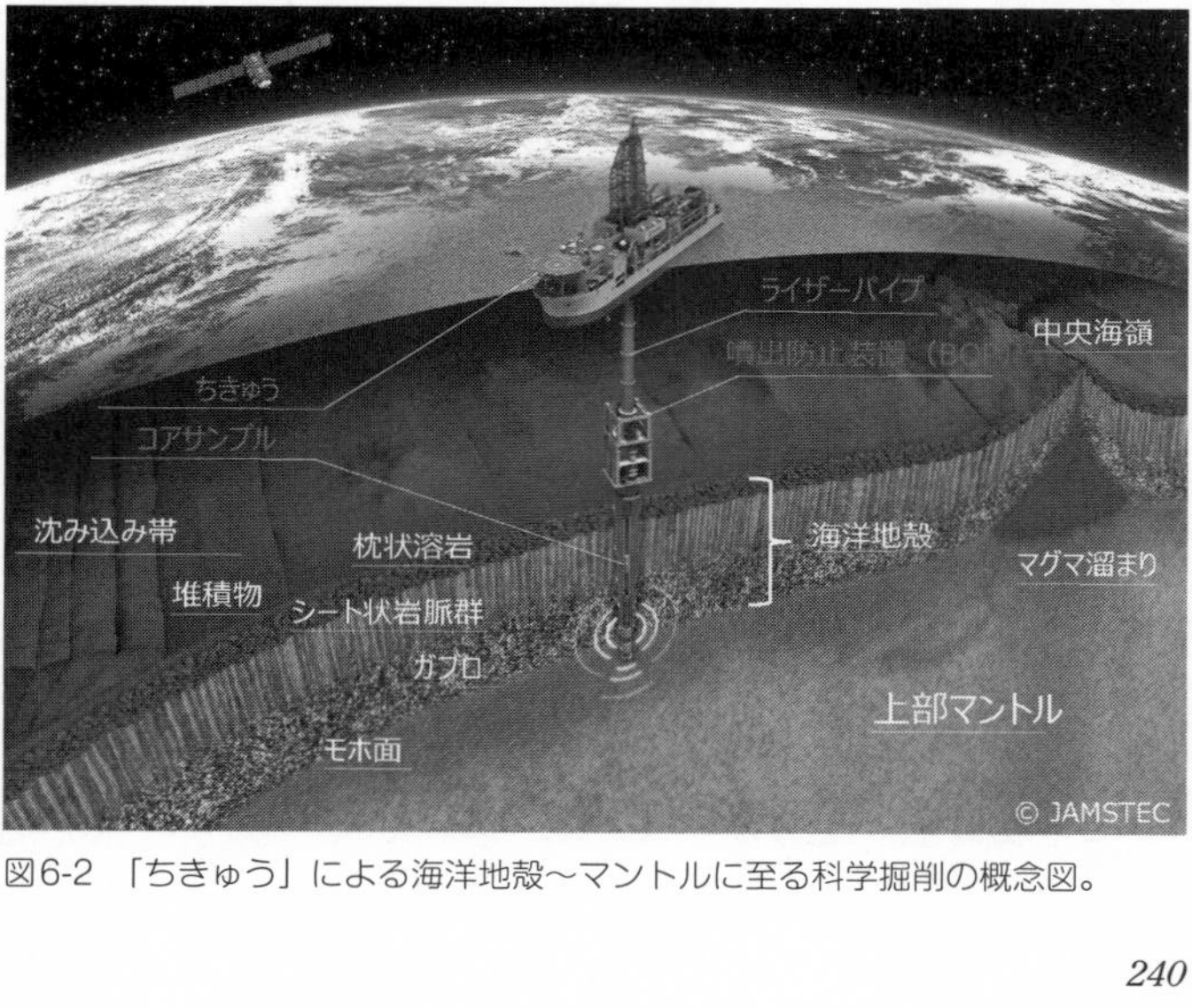

図6-2 「ちきゅう」による海洋地殻～マントルに至る科学掘削の概念図。

していく以外に手段はありません（図6－2）。将来の海洋科学掘削が抱える最大の挑戦は、この地球に残された最後のフロンティア空間である海洋地殻を段階的に切り拓いていくことだと私は思います。

⊕マントル到達に必要な技術

1961年に「カス1号」によってメキシコ沖で行われた「モホール計画」は、海洋地殻から初めての堆積物の下の岩石コアサンプル（上部玄武岩）の採取に成功しました（図6－3）。当時、「LIFE」誌の特派員としてカメラマンのフリッツ・ゴーロと一緒に乗船していたアメリカの文豪ジョン・スタインベックは、「全てが新しい！　教科書の多くは書き換えられなければならない」と書き記しています。本計画は、フィジビリティ・スタディ（実行可能性調査）の段階で断念せざるを得ませんでしたが、その後の海洋科学掘削の確立や教科書を

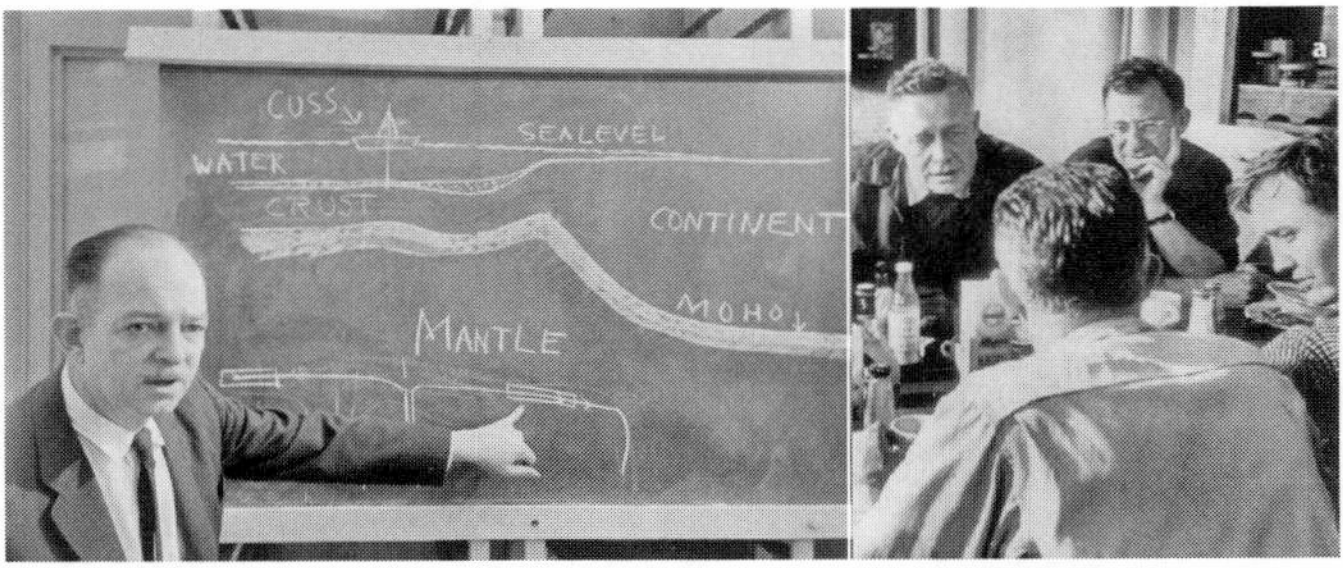

図6-3　1961年にプリンストン大学でモホール計画について講義するハリー・ヘス博士（左）。掘削船「カス1号」の船上で議論するモホール計画の実施メンバー（右）（左：Getty Images、右：Given & Monroe, Oceanography, 2019より転載）。

書き換える数々のプロジェクトの成功、そして海域における石油・天然ガスのエネルギー産業の発展に大きな影響を与えたプロジェクトでした。

その後、約半世紀以上もの間、宇宙開発事業では米国を中心に年数兆円規模の国家予算の投資がなされ、アメリカ航空宇宙局（ＮＡＳＡ）を中心に、多くのフロンティア開拓ミッションが実現しました。例えば、アポロ計画後に行われたロケット開発やスペースシャトルの開発、太陽系に存在する複数の惑星・天体の観測ミッション、国際宇宙ステーションやハッブル宇宙望遠鏡の後継となるジェイムズ・ウェッブ宇宙望遠鏡などがあります。それらの予算投資の積算は、数十兆円規模（年数兆円）という巨額なものです。しかし、残念ながら、私たちが暮らす惑星地球のフロンティア科学への投資額は宇宙開発事業に比べて少なく、いまだに人類は海洋地殻を貫

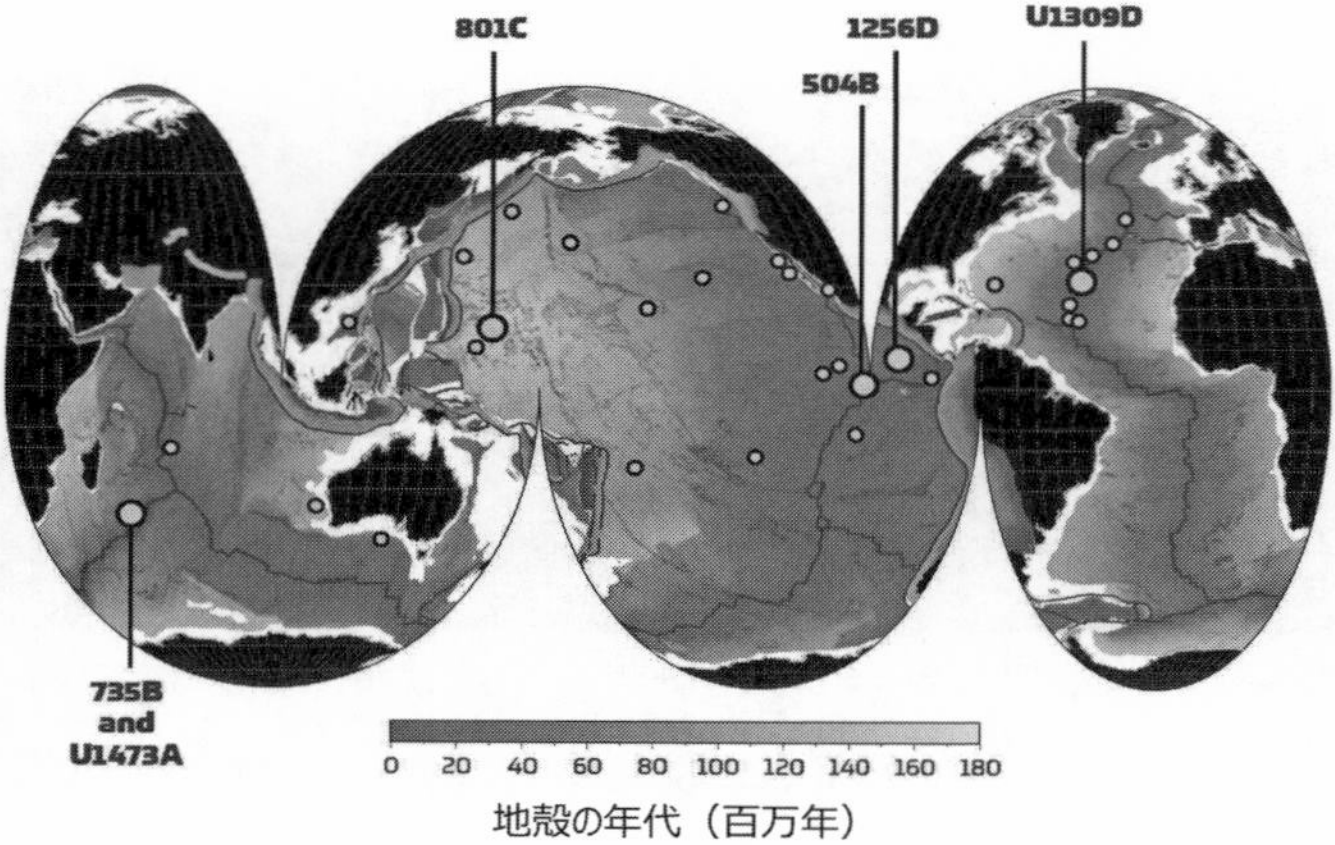

通して地球内部を構成するマントルに到達したことはありません。

これまでの米国を中心とする海洋科学掘削においては、その主たる掘削プラットフォームが掘削泥水をコントロールできないライザーレス掘削方式の掘削船（グローマー・チャレンジャー号やジョイデス・レゾリューション号）であったため、科学掘削調査の主なターゲットが表層から数百メートル程度の堆積物に限られていました。そのため、海洋地殻を構成する岩石圏の掘削プロジェクトは、海嶺付近やコスタリカ沖など、数えるほどしか実施されておらず、岩石コアサンプルの回収率もあまり高くありませんでした（図6－4）。私たちは、この現実を重く受け止め、ライザー掘削システムを搭載した地球深部探査船「ちきゅう」に期待される科学的な役割や、世界的なインパクトがある掘削ターゲットは

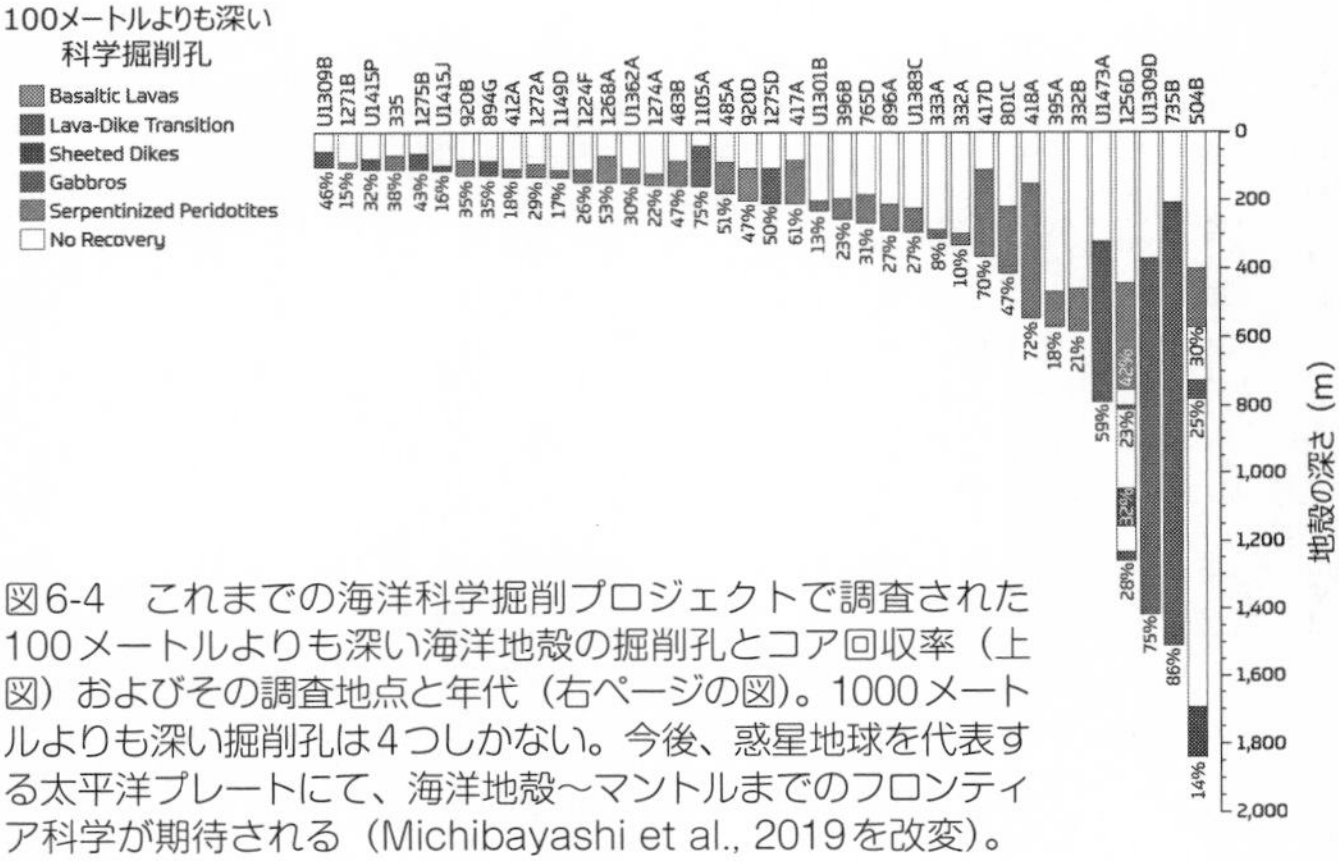

図6-4　これまでの海洋科学掘削プロジェクトで調査された100メートルよりも深い海洋地殻の掘削孔とコア回収率（上図）およびその調査地点と年代（右ページの図）。1000メートルよりも深い掘削孔は4つしかない。今後、惑星地球を代表する太平洋プレートにて、海洋地殻〜マントルまでのフロンティア科学が期待される（Michibayashi et al., 2019を改変）。

何であるのかについて、その科学的な挑戦性と技術的な実現性の双方の観点から考えていかねばなりません。

人類が世界で初めて海洋地殻を貫通し、モホ（地殻とマントルの境界）と呼ばれる地震波探査の境界面の下にある上部マントルに到達するには、少なくとも、水深4200メートルの海底から約6000メートルの岩石を掘り抜く技術が必要です。2005年に建造された地球深部探査船「ちきゅう」のスペックは、水深2500メートルの海底に噴出防止装置（BOP：重量が約370トンもある）を設置し、そこから約7000メートルのライザー掘削を行うことができるものです（ライザー掘削のみならず、ライザーレス掘削も行うことができます）。従って、実際にマントルに到達するには、その候補地点の立地条件に適した形で、オペレーションのスペックを高めていかねばなりません。

大水深の掘削で問題なのは、船体から吊り下げるライザーパイプとBOPの総重量を、船体が安定的に保持・制御できるのか否かです。現在、石油業界で市場に出ているライザー掘削船の最大稼働水深は3658メートル（1万2000フィート）です。この水深の制約は、商業掘削のターゲットとなる石油・ガス田が、どの程度の水深・海底面からの深さに存在するのかに依存しています。大深度ライザー掘削技術については、石油業界では既に、海水面からの総パイプ長が1万2192メートル（4万フィート）を超える浮遊式リグが30基以上存在しています。これは、メキシコ湾やブラジル沖、西アフリカ沖などで、1500メートルの大水深で掘削深度が海底面から8000メートル級を含むプレソルトの大型・油ガス田（海底下の岩塩層でシールされた原油や天然ガス）が発見されたことにより、大深度掘削の商業的なニーズが高まったためです。

では、水深4000メートル級の大水深・大深度科学掘削を想定した場合、どのような技術的なオプションがあるのでしょうか？

そもそも、科学掘削のターゲットは成層した海洋地殻であり、油田やガス田を掘削するわけではありません。しかし、オペレーション側の多くの関係者は、誰も経験したことがない初めての場所では、BOPを用いたライザー掘削システムを適用することが最も安全で確実な手段であると考えています。そのため、少なくとも現段階においては、BOPを船体から吊り下げる長大なライザーパイプの自重を軽減することが課題となっています（図6－5）。

通常、ライザーパイプは海底坑口装置（BOPとウェルヘッドを含む）から船内設備までを連結するスチール製の二重管で、「ちきゅう」が保有するパイプの直径は21インチ、一つのパイプの長さが15メートル程度のものをつなぎ合わせて使います。これまでに、21インチ径のライザーパイプの自重を軽減化する手法として、炭素繊維強化プラスチック（CFRP素材）など、密度の軽い異素材を用いる手法が考案されています。しかし、その商品化（標準化）と実海域での実証には時間がかかりそうです。また、近年の石油業界では、海底にBOPを設置するのではなく、船上にＢＯＰを設置するSX Drillingと名付けられた手法が考案されています。それ以外の手法としては、ライザーパイプの直径が21インチのものだけではなく、16インチないしは14インチの小径ライザー（スリムライザー）パイプと呼ばれるものを組み合わせる手段があります。口径が小さなライザーパイプは、大きなものに比べて相対的に軽いため、全体の自重を軽減化し、ライザー掘削システムの適応水深を拡大できる可能性があります。また、ライザーパイプの本管ではなく、その側面についている補助管の素材を軽減するというオプションもあります。現在のスチール製のライザーパイプは、全体重量の約50％近くを補助管が占めています。この素材を、本管とのバランスを考慮しつつ、アルミやチタン、ＣＦＲＰなどの複合素材に置き換えることで、大水深ライザーの軽量化に大きく貢献できる可能性があります。

　時折、モホール計画とアポロ計画とを比較して、人類のマントルへの到達は「月より遠い道」であるとか「科学者の夢」と比喩されることがあります。しかし、技術的にはもう少しで実現可能

図6-5　（左）「ちきゅう」に搭載されている噴出防止装置（BOP）、（右）ライザーパイプ（ともにJAMSTEC）。

な状態にあるので、そのような悠長なことは言っていられません。夢は見るためではなく、叶えるためにあります。海洋地殻の貫通によるマントルへの到達が実現すれば、宇宙で私たちが暮らす唯一の惑星である地球の理解は飛躍的に拡大することは疑う余地がありません。

M2Mミッションとハワイ沖パイロット孔プロジェクト

2012年3月、国際的な科学者コミュニティの度重なる議論により、海洋地殻の貫通によるマントル到達を目指す科学掘削プロジェクトの構想として"MoHole to Mantle（M2M）"がIODPに提案されました。

この国際プロポーザル（805－MDP）を取りまとめたのは、金沢大学の海野進教授であり、国際的に著名な多くの研究者・日本人研究者が共同提案者となっています。本構想では、将来的にマントル掘削（M2M）を実施する調査候補地点として、

① コスタリカ沖ココスプレート
② バハ・カリフォルニア半島沖
③ ハワイ東方沖

の3ヵ所が提案されています。

「マントルに到達する」ということは、「マントルの上にある海洋地殻を貫通する」ことが必要

条件です。また、ドロドロのマントルをゴリゴリと掘り進めるというSF映画のようなイメージも、かなり現実とは違います。「マントル掘削」とは、地球を代表する海洋地殻を上部から下部地殻まで掘削して調査する「統合的な海洋地殻掘削プログラム」と考えることができます。その究極のゴール（＝メインイベント）こそが、モホ面（マントルと地殻の境界）の貫通と上部マントルの岩石コアサンプルの採取だと思います。そのために、できることから段階的にゴールに向かって進めていくことが重要です。

M2Mにおける3ヵ所の候補地点は、それぞれ地質学的なセッティングやオペレーション上の制約条件などが異なります（図6－6）。

現時点において、②のバハ・カリフォルニア半島沖の掘削候補地点は、物資供給の拠点となる港湾設備からの距離が遠く、具体的な議論をするための地下構造探査デ

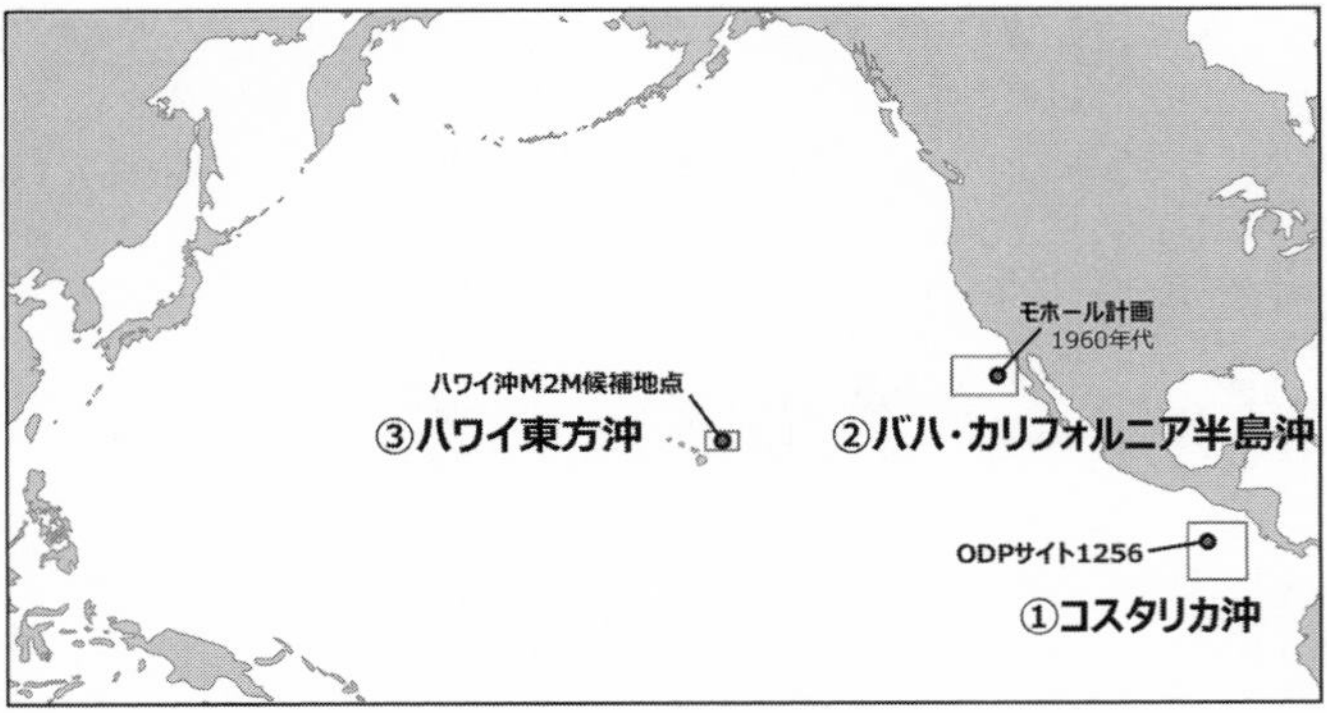

ートが不足しているなどの理由から、他の2つのサイトに比べて実現可能性が低い状況です。そうすると、M2Mの最初のターゲットとしての優先度は、①コスタリカ沖と③ハワイ東方沖に絞られます。①は中米のメキシコ南部からコスタリカにかけての沖合にあるココスプレートに位置し、複数のプレートが衝突する複雑な地質学的セッティングであるのに対して、③は広大な太平洋プレートの中央に位置するハワイ諸島の東方沖合にあり、地球を代表する典型的・平均的な海洋地殻に似た構造を持つといった特徴があります。

また、この2つのサイトの大きな違いとして、海洋地殻の形成年代と拡大速度が挙げられます。①のコスタリカ沖は、約1500万〜1900万年前に形成された比較的若い海洋地殻からなり、1年に片側が110ミリメートルの速さで拡大する海洋プレートです。一方、③のハワイ東方沖は、約8000万年前の白亜紀に形成され

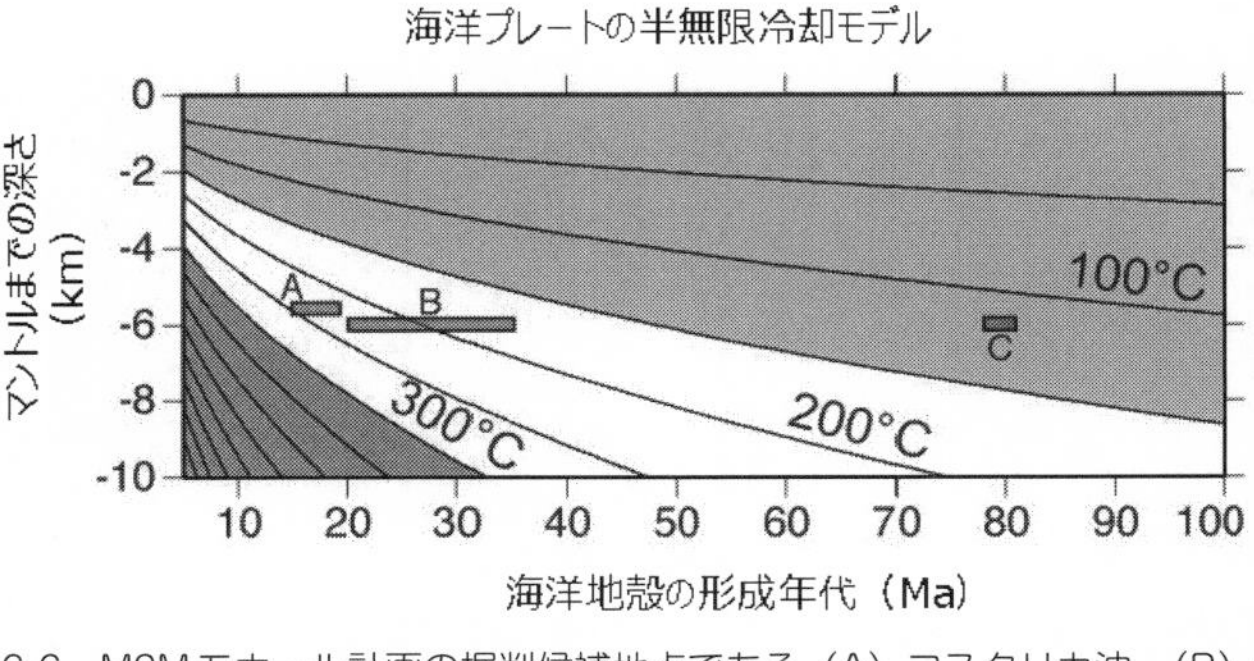

図6-6　M2Mモホール計画の掘削候補地点である（A）コスタリカ沖、（B）カリフォルニア半島沖、（C）ハワイ東方沖の海洋地殻の形成年代とモホ面の深度と現場温度（Umino et al., 2013を改変）。

た中程度に古い海洋地殻からなり、1年に片側約35ミリメートルの速さで拡大する海洋プレートです（地球の海洋地殻の平均年代は約6300万年であり、平均的な拡大速度は片側で1年あたり35〜50ミリメートル程度です。海嶺の軸に沿って、左右両方向に拡大していくため、ここでは片側の拡大速度としています）。

さらに、①のコスタリカ沖は若い海洋地殻であることから、モホ面の温度が250℃以上の高温に達することが予想され、③のハワイ東方沖は8000万年の間に海洋地殻が冷却し、モホ面の温度は150℃程度と予想されています（図6－6）。大水深・大深度掘削技術の側面からは、一方で、水深・掘削深度ともに深いハワイ東方沖の方がコスタリカ沖よりもハードルは高いといえるでしょう。他方、温度が低く、プレート衝突の影響を受けていないという点では、ハワイ東方沖に技術的なアドバンテージがあります。双方ともに、科学的・技術的な違いがありますが、惑星地球を代表する海洋地殻を探査・理解するという科学的意義や学術的なインパクトにおいて、③のハワイ東方沖が最初のM2M掘削候補地点として有力であると考えられています。

2020年7月、私たちは「ちきゅう」建造時からの達成目標の一つであるマントル到達への道筋を議論すべく、マントル掘削の有力な候補地の一つであるハワイ東方沖の海洋地殻の科学掘削を議論する国際ワークショップを企画しました。新型コロナウイルスの渦中であったため、対面ではなくオンラインの会合でしたが、4日間にわたった活発な議論の末に、「ハワイ東方沖の海洋地殻の掘削調査を将来のマントル掘削のパイロット孔プロジェクトとして位置付ける」という国際科学者コミュニティの合意が示されたのでした。その後、海野教授を筆頭に20名の代表提案者チームが結成され、同年10月1日にＩＯＤＰに科学提案が提出されました。

本パイロット孔プロジェクトでは、「ちきゅう」のライザーレス掘削システムを用いて、約8000万年前に形成されたハワイ東方沖のＭ２Ｍマントル掘削候補地点（水深約４２００メートル）を海底面から約２５００メートル掘削し、代表的な地層の岩石コアサンプルの採取と、ワイヤーライン・ロギング（船上からワイヤーを用いて検層ツールを吊り下げて孔内計測を行う手法）による物理化学データの採取を目指します。この掘削オペレーションは、ライザー掘削ではなく、ＢＯＰを設置しないライザーレス掘削ですので、既に確立された手法を使って掘り進めることができます。このパイロット孔プロジェクトの科学的課題は、以下の3点に集約することができるでしょう。

①　典型的な海洋地殻の構造と進化を明らかにする。
②　海洋地殻における水循環と流体－岩石反応の実態を明らかにする。
③　海洋地殻内の生命圏の実態と規模を明らかにする。

現在の地球上の海洋地殻が形成された平均年代は6300万年と考えられています。しかし、これまでに、人類は海洋地殻の平均年代に近い成熟した海洋地殻を1000メートル以上掘削したことがありません。そのため、枕状溶岩とシート状岩脈群から構成される上部地殻（第1・2層）とガブロから構成される下部地殻（第3層）の2／3層境界がどのような地質学的セッティングで、どのような深さに生じているのかについては、机上の仮説や理論の域を脱していません。

ハワイ東方沖の海洋地殻の平均的な拡大速度は、断層が支配的な低速拡大様式とマグマ活動が支配的な高速拡大

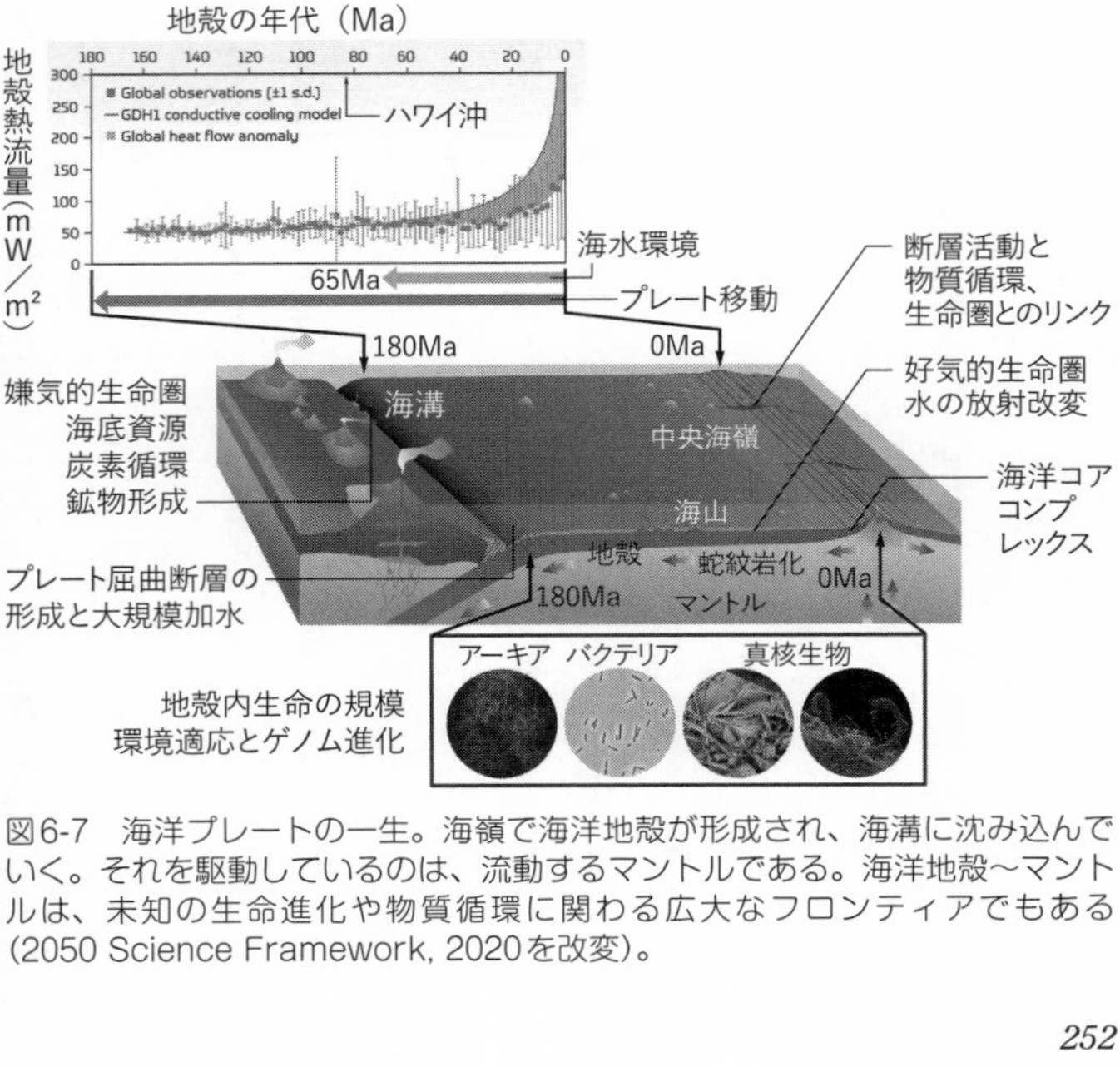

図6-7 海洋プレートの一生。海嶺で海洋地殻が形成され、海溝に沈み込んでいく。それを駆動しているのは、流動するマントルである。海洋地殻～マントルは、未知の生命進化や物質循環に関わる広大なフロンティアでもある（2050 Science Framework, 2020を改変）。

様式との中間にあたります。そこを「ちきゅう」で掘削調査するということは、地球の海洋地殻全体の形成プロセスを理解することにつながるはずです（図6－7）。

また、ハワイ東方沖のような代表的な海洋地殻の構造は、海嶺付近から現在の場所に至るまでの海洋底拡大プロセスの影響を受けているはずです。その過程では、地殻内に生じる亀裂や断層などの流体の流路（水みち）が生じているはずなのですが、それを掘削により直接的に観察・検証した例はありません。本パイロット孔掘削によってハワイ東方沖の海洋地殻の岩石コアサンプルが採取されれば、成熟した海洋地殻で起こっている水循環の実態とその空間的な規模、そして、過去から現在にかけての水－岩石反応や経年変化が明らかになるはずです。そして、その詳細な化学分析により、海洋地殻が二酸化炭素を鉱物として固定化することができるポテンシャルが明らかとなるでしょう。さらに、長期的な地球規模の炭素循環における熱化学・地化学的な交換反応の役割・法則を定量的に示すことができるかもしれません。また、本書でもご紹介してきたとおり、そのような水－岩石相互作用は、海洋地殻内微生物に居住可能（ハビタブル）な環境条件を与えます。

海洋地殻内における生命圏の規模と限界、そして、それを規定する環境要因とは何なのでしょうか？

生命の温度限界を下回る冷涼な海洋地殻環境では、岩石の亀裂や断層に沿って海水が浸透する限り、その隙間に生命が存在しているかもしれません（第2章参照）。それらの科学的な疑問は、ハワイ東方沖のような代表的な海洋地殻を掘削調査することによって、初めて、科学的に確かな証拠を示すことができるのです。

近い将来、「ちきゅう」により本パイロット孔掘削プロジェクトが実現すれば、その次のステップとして、下部地殻とモホ面を貫き、人類史上初となるマントル到達への具体的な道筋が見えてくるはずです。それは、アポロ計画による人類の月面着陸やＤＮＡの二重らせん構造の発見に匹敵する科学技術の偉業の一つとして、私たちの暮らす惑星地球に関する大きなパラダイムシフト（概念転換）につながることでしょう。

海底下生命圏探査と地球外生命探査

海底下深部や深海底熱水噴出孔のような、（人間の主観からみて）超極限的な環境に生息する微生物の研究をしていると、しばしば、火星やエウロパなど、地球外天体における生命居住可能性（ハビタビリティ）や生命探査について意見をもとめられます。私は小学校から中学校くらいまで、屈折望遠鏡で月や太陽系惑星、星雲などを観察することが大好きな天文少年でした（同時に、植物切片や近くの川に生息する微小動物の顕微鏡観察も大好きでした）。その名残もあって、20年以上も深海や地球内部の生命探査をしてきましたが、いまでも「はやぶさ」などの小惑星探査機の活躍や、火星のローバー（探査車）やヘリコプターによる地表探査、木星の衛星などの地球外惑星探査の話などを聞くと、とてもワクワクします。それらの宇宙フロンティア・ミッションには、必ずといってよいほど「生命の起源の解明」や「地球外生命の探索」といったキーワードが入っています。それほど、「我々はいったいどこから来たのか？」や「この宇宙に生命は我々だけなのか？」という疑問は、人類にとって自らの存在に新たな価値を与えうる根源的で魅力的な問いなのだと思います。

ＪＡＭＳＴＥＣに採用されてから間もない頃、私は有人潜水調査船「しんかい６５００」を用いて沖縄トラフ第四与那国海丘という場所にある液体二酸化炭素を湧出する海底熱水噴出孔周辺の堆積物環境を調査し、二酸化炭素固定を担う活動的な微生物群集が存在することを突き止めました（図６－８）。２００６年に米国科学アカデミー紀要という科学誌に発表した論文では、有機溶媒に似た性質を持つ液体二酸化炭素を湧出する堆積物環境に存在する微生物生態系について

図6-8　沖縄トラフ第四与那国海丘の熱水噴出孔と海底から海水に向けた液体二酸化炭素の自然湧出。「しんかい6500」により著者撮影。

報告しました。

この論文では、２００℃を超える熱水噴出孔の周辺から、堆積物中にたまった液体二酸化炭素がバブルのように湧き出る環境を調査した結果に基づき、海域における二酸化炭素地中貯留隔離（ＣＣＳ）や火星の極冠部付近（火星の極冠は二酸化炭素のドライアイスを主体とする1メートル以上の厚さの固体でできていると考えられています）に類似した模擬環境として重要であることを指摘しました。そういった特殊な環境において、どのような非生物学的な化学進化が起きているのかは、「生命の起源（化学進化）」に関する研究テーマとして大変興味深い対象です。

地球外生命探査の議論において、よく「生命がいるはず」という魅力的な言葉を耳にします。しかし、地球や火星、あるいは太陽から遠く離れた天体において、非生物学的なプロセスにより生命が誕生するメカニズムが解明されない段階においては、その仮定は科学的に十分な根拠があるものとはいえません。むしろ、「地球型生命が居住可能（ハビタブル）な物理化学的・エネルギー的条件が存在している」という証拠が重要です。たとえその環境にある一定の生命を育むハビタビリティの条件がそろっていたとしても、そもそも、その環境に適応・進化した生命がいなければ、その環境は生命が存在しないハビタブルな環境だということになるのです。また、地球にはない特性を持っている惑星や衛星などでの生命探査は、過去に生命の発生やハビタビリティが成立してしまっている現在の地球では見えない（あるいは、実証が困難な）現象を検証し、その原理・原則を見出すことにつながります。
「地球－人間システム」から宇宙全般に視座を広げた「惑星－生命システム」を理解するには、実は、深海や地球内部の生命探査だけでは限界があります。例えば、「はやぶさ」で採取された小惑星イトカワのサンプルをはじめ、隕石や海洋下部地殻（ガブロ）などで、複数の種類のアミノ酸や糖類が見つかっています。それらの、生命の骨格物質（ビルディング・ブロック）が地球内外に存在していることは、地球内外の両方の生命探査がなければ、不完全な科学ストーリーになってしまいます。

地球は太陽系の他の惑星や衛星の中で、唯一、惑星表層にプレートテクトニクスが存在する天体です。本書で紹介してきた海底下生命圏探査の知見をもとに、私は「地球表層の世界に匹敵する海底下生命圏の多様性創出は、実はプレートテクトニクスにより支配されている」と考えています。これは、一つの仮説に過ぎませんので、間違っているかもしれません。地球に付加体が大規模に作られ始めたのは、30億～20億年前と考えられています。その太古の昔から、海底下では微生物たちの環境適応とサバイバル・ゲームが繰り広げられ、そして大気水圏とも接点を持つプレートテクトニクスこそが、地球の表層世界と地下世界における生命進化の原動力であったと考えます（プレートテクトニクスに対してプルームテクトニクスという用語がありますが、生物圏の存在範囲が地球表層のプレート上に限られていることから、ここではプレートテクトニクスという言葉を用いています）。特に、主にウラン・トリウム・カリウムなどの放射性元素により生じる地球内部エネルギーの経時的な推移や、海洋を主体とする表層水圏環境の推移、地球表層を生物にとって有害な宇宙線から守る磁気圏や大気圏などのシール層の安定性とその行く末は、生命居住の持続可能性（サステナビリティ）を理解する上で、極めて重要な学術的な知識基盤となるはずです。

今後、21世紀中盤〜後半にかけての海洋・宇宙フロンティア科学は、各国の個別のプロジェクトが競合しあうのではなく、可能な限り一体的に推進していくべきなのかもしれません。「ちきゅう」を用いた海洋地殻の国際掘削調査プロジェクトを、実現可能なターゲットから段階的に実施し、最終的にマントルへの到達とサンプル採取が実現すれば、海と生命を育む私たちの惑星である地球の成り立ちと仕組み、生命の起源や進化、そして、過去から現在そして未来の地球生命システムに関する理解が飛躍的に拡大することは疑う余地がありません。そこで得られる科学的知見や技術革新は、私たちが住む地球のみならず、地球外天体における生命存在の可能性に対しても、これまでにない未来への洞察を与えることでしょう。

コラム

6

マントル掘削から未来へ

特別寄稿

平 朝彦

２０ＸＸ年、地球深部探査船「ちきゅう」による初のマントル到達をめざす掘削が行われます。水深４０００メートル、３００メートルの堆積層、さらに「モホ面」までは海底から６０００メートルです。

知求好子《ちきゅうよしこ》博士の主導のもとに行われたこの掘削は大成功し、人類ははじめてマントルまでの掘削を実現します。

もちろん、これは以前に刊行した著書『地球の内部で何が起こっているのか？』（光文社新書）という本の中で描いた架空の話です。本の中で、「ちきゅう」は、モホ面の下、マントル最上部を１０００メートル掘削することに成功し、海洋地殻の形成過程、海洋地殻微生物圏、モホ面の性質と成因、マントル最上部の物質と物性、マントル物質と海水との反応、マントルの生命の起源に関する役割、そしてマントル対流とプレート運動など、地球生命科学に画期的な成果をもたらしました。知求博士とその仲間の功績は世界の称賛の的となります。

ここでは知求博士の「その後」を想像してみたいと思います。

知求博士は、その後、海洋・地球・人間社会の研究を行う世界拠点「JMAX」の所長となり、いくつかの大きなプロジェクトが推進していた。

国際深海科学掘削計画は、さらに発展し、「国際地球・惑星科学掘削計画」となった。これは、地球の内部だけでなく、火星の地下生命圏、木星のエウロパや土星のエンケラドスなどの氷地殻と内部海を持った衛星での潜水・掘削による生命探査を目的とした壮大な計画である。

一方、「ちきゅう」の運用で得られた掘削技術を人間社会と地球の持続的未来に役立てようとする計画も民間企業の協力を得て進められ、それは、メタンハイドレートなどのエネルギー開発、海底資源の開発、二酸化炭素の海山・海洋地殻内への貯留、種々の廃棄物の掘削孔内への安全な処分などであり、これらの技術は地球生命科学の知見がベースとなっていた。また、地球温暖化とともに徐々に海水面が上昇しており、さらにグリーンランド氷床などの崩壊に伴ったカタストロフィックな上昇の危機が想定された。そのため、島嶼《とうしょ》諸国や沿岸低地帯に暮らす人々に対して、海上都市の建設を加速させることが世界的な急務となっていた。そこでは、海上都市地盤

図6-9　平朝彦博士。「ちきゅう」船上のウォルター・ムンク図書室にて(2012年9月)。

の探査やインフラの固定技術（アンカリング）の発展が必要となっており、これらの社会的ニーズに応えるため、浅海から深海までをカバーし、より多機能で自動化の進んだ新たな後継船「シン・ちきゅう」が建造された。

２０ＹＹ年、知求博士は、南鳥島を望む海上に浮かぶ「シン・ちきゅう」を訪れていた。海面に昇る朝日を眺めた時、約１００年前、最初のマントル掘削プロジェクト「モホール計画」を推進したハリー・ヘス博士、ウォルター・ムンク博士のことをふと思い出した。

――そう言えば、ムンク博士は「ちきゅう」を訪問し、関係者を励ましたと聞いたことがある。科学技術の進歩には、時間がかかる。しかし、その時間は一瞬とも言える、となぜか感じたのであった。

その時、後ろから声がした。掘削技術チーフの掘越新さんだった。「マントルに最初に届いた日の朝日と同じですね。美しい、そして、力を与えてくれる！」

知求博士の心に再び、熱い想いが湧き上がってきた。地球・惑星と生命の謎の解明、地球の持続性確保そして人間社会の安定のために、今後も皆と力を合わせて全力で走ろうと。

その時、「シン・ちきゅう」のドリルフロアから元気な声が聞こえてきた。

“Core on deck!”（コア　オン　デッキ！）

さあ、見に行こう！

エピローグ 地球－人間システムの未来に向けて

本書で紹介した約20年間の海底下生命圏の探究は、けっして私一人で行ったものではありません。人並外れた先見性と洞察力を持つ多くの先人たちの知恵やサポートがあってこそ、深海および海底下の生命圏フロンティアを切り拓く複数の国際調査プロジェクトを実現することができました。私は、ただただ五里霧中で、「ビビビッ！」の感性の赴くままに猪突猛進してきた一介の科学者に過ぎません。これらのプロジェクトを通じて、日本国内はもとより、世界各地の超一流の科学者たちと素晴らしい時間を共有し、友情を育み、そして多くの幸運に恵まれてきました。

２０１６年、「ちきゅう」船上で、過去３回の海洋科学掘削プロジェクトで一緒に乗船した、ロードアイランド大学のアート・スピバック教授に、これまでの感謝の意を伝えたところ、「幸運は準備された心にのみ宿るといいます。あなたは多くの準備をしてきたのです」という言葉をいただきました。これは、近代細菌学の開祖とも称されるフランスの細菌学者ルイ・パスツールの言葉です。それまで研究室や船上で過ごした日々が思い出され、何かジーンときて、涙が出そうになりました。そのような言葉をかけてもらったこと自体が、幸運であるとも思いました。

２０１１年3月11日に発生した東日本大震災とそれに伴う津波や原発事故は、私の人生に大きな影響を与えた出来事でした。大学で学んだ農芸化学や資源工学の世界から、知的好奇心の赴くままに深海そして海底下のフロンティア研究を進めてきた私にとって、自然科学のような基礎科学がいかに人間の持続的な発展や幸福度の向上に貢献していけるのか、その必要性と認識を再考する転機になりました。科学において真に忘れてはならない側面は、人間社会の持続可能性を希求しつつ、世代を超えた中・長期的なパラダイム（概念）の創出につながる基礎科学的知見の積み重ねなのではないのかという想いを強く持つようになりました。そのような考えや感覚は、震災前の私にはなかったものです。

２０１９年の12月、南カリフォルニア大学のケン・ニールソン教授からは、ロサンゼルスの空港からパサデナのご自宅に向かう車中で、「地球生物学は究極のサスティナブル科学である。私があなたを信じているように、自分の感性（インスピレーション）を信じなさい。やればできる！」と励ましを受けました。今その瞬間を思い起こせば、そのような楽しくも温かみのある会話や励ましこそが、私が受けた真の教育であったような気がします。

約46億年前の地球誕生から現在に至るまで、地球は多くの気候・環境変動を経験し、生命もまた、それらの変動に適応・進化することで幾多の絶滅の危機を乗り越えてきました。そして現在、地球温暖化や海洋酸性化が顕在化しているように、人為的な要因により地球の地圏、大気・

水圏、生命圏、そして人間圏を含む全てのサブシステムが、過去に類を見ない急激な速度で一体的に変化しています。私たちは、本来の地球システムの仕組みや変動に対してどう対峙《たいじ》し、人間社会の持続的な発展と幸福度を維持・向上していけばよいのでしょうか。この「地球－人間システム」の大変動は、将来の地球環境と人間の生活に直接的にフィードバックするものです。

では、地球－人間システムの変動メカニズムとは何なのでしょうか？　そもそも、惑星地球におけるハビタビリティとその進化を40億年以上支え続けてきた原動力とは何なのでしょうか？過去、現在、そして未来にかけて、気候・海洋変動と生態系はどのように連鎖しているのでしょうか？　人間活動の拡大や変化は、陸から海への物質循環の変化にどの程度影響し、都市機能や生態系とどのようにリンクしているのでしょうか？　そして、その行く末は？

私たち人間を含む地球の生態系において、微生物は有機物の一次生産者としての役割と、最終分解者としての役割を担っています。最終的に分解されたメタンや二酸化炭素や酢酸などの低分子の化合物は、再び一次生産を担う微生物により利用され、システム全体を安定的かつ持続的に保つ役割を果たしています。それは、40億年以上の地球と生命の共進化プロセスにおいて構築された合理的でエコな仕組みで、その機能性から人間社会が学ぶべき点、応用できることは多々あると考えます。また、その循環システムは太陽光が届く表層世界のみで完結しているのではなく、海底下の生命圏、そして、流動的なマントルとリンクしています。人間社会はその循環システムの中に存在していることを認識し、環境負荷を低減する（自然の修復プロセスの範囲内で活動する）ことで、「持続可能な地球共生型社会」を築いていける可能性があります。

私たちが暮らす地球システムと人間を含む生命・生態系との関わりを知らずに、未来の持続可能な地球－人間システムは語れません。止めることのできない時間軸の上で、絶えず流動的な性質を持つ地球－人間システムの変動メカニズムを理解するには、①安定性、②連動性、③適応性の3つの要素の実態や原理・原則を理解することが重要だと考えます。それらは個別分野の研究や限定的な地域・現象、刹那的な時間スケールの研究のみでは決して解決しない、グローバルで難しい問題です。しかし、この地球－人間システムの変動メカニズムへの理解こそが、世代を超えた人間の生活や多様性、幸福度の向上への科学の貢献になるのだと思います。

私たちは、海洋科学掘削などを通じて、地層に残された過去の記録から地球環境の変遷と生命の適応・進化を読み解こうとしています。「人新世《じんしんせい》」と呼ばれる人間の時代の記録は、やがて、海底下の堆積物や岩石に記録され、海底下の生命圏にも影響を与えるでしょう。現在は、地球史における6度目の生物大量絶滅期に突入したとの見解もあります。

「幸運は準備された心にのみ宿る」

私は、さっそく、地球－人間システムの変動メカニズムの理解に向けた準備に取り掛かることにしたいと思います。

謝辞

本書を執筆するにあたり、海洋研究開発機構の元理事長・東海大学海洋研究所所長の平朝彦教授には、第6章のコラムを執筆していただいたほか、「ちきゅう」による海底下生命圏の探究や人新世の未来、マントル掘削など、多くの助言をいただきました。日本ＣＣＳ調査株式会社顧問の石井正一氏には、経済社会や環境・エネルギー問題への対応などについて、ウィリアム・マクドノー教授をはじめとする東北大学の方々には、地球-人間システムについてさまざまなご示唆をいただきました。本書で取り上げたＩＯＤＰ第３２９・３３７・３７０次研究航海に関わる共同首席研究者、乗船・陸上研究者、船員、運航・掘削チーム、支援スタッフの方々に深く御礼を申し上げます。また、紙幅の都合により紹介することができなかった複数のプロジェクトや研究活動をサポートしてくださった数百名の関係者がいます。それらの方々にも、深く御礼を申し上げます。そして、講談社ブルーバックス編集部の柴崎淑郎さんにお世話になりました。

最後に、本書で紹介した掘削調査プロジェクトの大部分は洋上２ヵ月の国際航海であり、それらは家族の理解や支えがなければ決して実現しませんでした。ありがとう、そしてこれからもよろしくと、心からの感謝の意を表します。

ま行

や行

ら行

わ行

た行

な行

は行

さ行

数字・アルファベット

記号・単位

あ行

か行

N.D.C.452　270p　18cm

ブルーバックス　B-2231

DEEP LIFE《ディープ ライフ》　海底下生命圏《かいていかせいめいけん》

生命存在の限界はどこにあるのか

2023年５月20日　第１刷発行

著者　稲垣史生《いながきふみお》

発行者　鈴木章一
発行所　株式会社講談社
〒112-8001 東京都文京区音羽2-12-21
電話　出版　03-5395-3524
販売　03-5395-4415
業務　03-5395-3615
印刷所　（本文印刷）株式会社ＫＰＳプロダクツ
（カバー表紙印刷）信毎書籍印刷株式会社
製本所　株式会社国宝社

定価はカバーに表示してあります。

ISBN978-4-06-531933-8

発刊のことば

科学をあなたのポケットに

二十世紀最大の特色は、それが科学時代であるということです。科学は日に日に進歩を続け、止まるところを知りません。ひと昔前の夢物語もどんどん現実化しており、今やわれわれの生活のすべてが、科学によってゆり動かされているといっても過言ではないでしょう。

そのような背景を考えれば、学者や学生はもちろん、産業人も、セールスマンも、ジャーナリストも、家庭の主婦も、みんなが科学を知らなければ、時代の流れに逆らうことになるでしょう。

ブルーバックス発刊の意義と必然性はそこにあります。このシリーズは、読む人に科学的に物を考える習慣と、科学的に物を見る目を養っていただくことを最大の目標にしています。そのためには、単に原理や法則の解説に終始するのではなくて、政治や経済など、社会科学や人文科学にも関連させて、広い視野から問題を追究していきます。科学はむずかしいという先入観を改める表現と構成、それも類書にないブルーバックスの特色であると信じます。

一九六三年九月　野間省一